新編 火薬学概論

中原 正二
蓮江 和夫
甲賀 誠
伊達 新吾

産業図書

新編にあたって

　拙著『火薬学概論』は1983年の初版以来30年あまりになる．当時はまだパソコンのない時代だったので，例えば1箇所3行を削除したいときには，同じページ内で3行追加しなくてはならなかった．改版のたびにこの作業を行ってきたのである．

　この度，新たに防衛大学校関係の3人の著者が参加して下さることになり，『新編 火薬学概論』として再出発することにした．これからはパソコンが利用できるので，内容変更の自由度が遥かに大きくなった．この機会に多くの箇所で内容を変更し，またSI単位を全面的に採用した．今後とも，文殊以上の知恵を働かせ，火薬学の進歩発展に対応して，多角的な視点をもって即応してゆきたいと考えている．

　火薬は発破（爆破），弾薬，ロケット推進薬，花火（煙火），エアバッグなど多くの用途に使用され，社会に役立っている．火薬には製造，使用，貯蔵などどの場面でも保安の問題が付いてまわる．火薬と保安とは紙の表裏のように切っても切れない関係にある．火薬法規の中には火薬の保安技術，事故の経験と対策のすべてが凝縮している．火薬に携わる者はまず火薬法規の内容をよく知って身に付け，その精神を忠実に守ることが必要不可欠である．

　この位は手抜きしてもかまうまいとか，面倒だからこうやっておこうとかいういい加減な気持ち，いい加減なやり方で火薬類を取扱えば，手ひどいしっぺ返しを受けることになろう．一方，真面目にセオリー通り，面倒をいとわず，正直に作業すれば，火薬類は忠実な下僕となって立派に仕事してくれる．

　本書では保安問題を重視して，事故防止に必要な知識を，それぞれの事項において，わかり易く盛り込むように務めた．

　さらに本書は火薬の学問と技術全般について，その概要を体系的に平易に記述した．本書によって火薬学の全貌を知ることができるので，学生の教科書と

しても，社会人となってから火薬関係の実務に携わる場合にも役立つであろう．

2014年1月

中原　正二

序　文

　Nobel のダイナマイトおよび雷管の発明以来約 100 年間，火薬類の製造あるいは取扱いを行なう者は，Nobel の恩恵のもとに仕事をしてきた．

　ダイナマイトにはいろいろな品種があるが，基本的な型はすべて Nobel が創製している．そして，発破用の爆薬ではダイナマイトがここ 100 年間にわたって主流を占めてきた．また，爆薬を起爆させる雷管も，現在使用されているものの基本は Nobel が発明している．

　ダイナマイトと雷管は社会に非常に大きな貢献をしてきたが，その製造と取扱いが極めて危険であるという重大な問題点を持っている．この危険性については，火薬類であるから当然だというのが，世間および火薬関係者の受取り方であって，そこに何の疑問も持たれなかった．火薬類を取扱う以上は，常に事故の発生とは隣合わせで仕事することが宿命と考えられてきた．

　しかし，最近になってこの固定観念は打破されようとしている．硝安油剤爆薬および含水爆薬が普及してきたためである．

　これらの爆薬は，いずれも 1950 年代にアメリカで発明されたものであるが，ダイナマイトとは比較にならないほど安全である．一例を挙げると，発破現場で不発残留が発生した場合，ダイナマイトはビットのくりあてによって爆発し事故となる確率が非常に高いが，硝安油剤爆薬と含水爆薬は爆発の危険性がない．

　ダイナマイトは土堤で囲まれた工室で一工程の製造作業を行ない，次の工程は別の工室に半製品を運搬して行なう．しかし，硝安油剤爆薬と含水爆薬は土堤のない一つの建物内で，原料の混合から製品の包装まですべての工程を連続作業によって製造することができる．これも硝安油剤爆薬と含水爆薬がダイナマイトよりも格段に安全なためである．

　雷管はいまだに Nobel 時代と変らず危険である．しかし，火薬類はこの安

全化への道を今後とも進んでいくであろう．また，そうしなければ，他の機械による工法や化学的膨張剤などによって火薬類の使用分野は侵蝕されていくであろう．したがって，火薬類安全化への道は火薬学者および技術者の使命であるとともに，生き残るための方策でもある．

　このような火薬類の歴史の転換期にあたって，火薬学全体をもう一度ながめてみることは意義のあることである．しかし，従来のわが国の火薬学の成書は，採鉱土木火薬学に偏よっていて，火薬学全般を展望できるものがほとんどなかった．これは，わが国の火薬学の発展のためには，よい傾向とはいえないであろう．

　本書は火薬学全般について体系化するとともに，その概要を平易に解説したものである．これによって，火薬学の全貌を理解することができるであろう．また，学生の教科書として，卒業後の実務用として適すると思う．

　わが国の火薬産業の歴史を振り返ってみると，種子ヶ島にはじめて銃と火薬がもたらされて以来，すべて外国技術の導入と模倣の歴史である．現在，日本の火薬技術は欧米諸国とくらべて遜色ないところまで進んできた．しかし，これまでの主要技術で日本で発明，開発された技術は何もない．前記の硝安油剤爆薬および含水爆薬ももち論外国で生れ育ってからの導入であり，模倣である．本書がわが国の火薬技術と産業の発展に少しでも役立でば幸いである．

　本省の著作にあたっては，多くの文献を参考にしたが，特に故岡崎一正先生の講義プリントは非常に有益であった．また，畏友籠川昭憲氏，高山清氏，水野光哉氏，岸慶久氏らには文献その他で種々お世話になった．心から感謝の意を表する．さらに本書の出版を快諾され，種々御協力を賜わった産業図書株式会社の皆様に深謝する．

　昭和 58 年 6 月

著　　者

目　　次

新編にあたって
序　文

第1章　緒論 ··· 1
  1.1　火薬類 ·· 1
    1.1.1　爆発及び爆発物 ·· 1
    1.1.2　火薬類 ·· 1
    1.1.3　火薬類と燃料の相違点 ··· 2
    1.1.4　酸素バランス ··· 4
    1.1.5　後ガス ·· 5
  1.2　火薬類の分類 ··· 5
    1.2.1　法規による分類 ·· 5
    1.2.2　組成による分類 ·· 8
    1.2.3　用途による分類 ·· 8
    1.2.4　国連勧告に基づく分類 ··· 10
  1.3　火薬類の歴史 ··· 10

第2章　化合火薬類 ··· 15
  2.1　ニトロセルロース ·· 15
    2.1.1　製法 ·· 15
    2.1.2　性質など ·· 18
  2.2　ニトログリセリン ·· 19
    2.2.1　製法 ·· 20
    2.2.2　性質など ·· 22

- 2.3 ニトログリコール …………………………………………… 23
  - 2.3.1 製法 ……………………………………………………… 23
  - 2.3.2 性質など ………………………………………………… 24
- 2.4 四硝酸ペンタエリスリトール ……………………………… 24
  - 2.4.1 製法 ……………………………………………………… 25
  - 2.4.2 性質など ………………………………………………… 26
- 2.5 TNT …………………………………………………………… 26
  - 2.5.1 製法 ……………………………………………………… 27
  - 2.5.2 性質など ………………………………………………… 28
- 2.6 テトリル ……………………………………………………… 29
  - 2.6.1 製法 ……………………………………………………… 30
  - 2.6.2 性質など ………………………………………………… 30
- 2.7 RDX …………………………………………………………… 31
  - 2.7.1 製法 ……………………………………………………… 31
  - 2.7.2 性質など ………………………………………………… 33
- 2.8 HMX …………………………………………………………… 33
  - 2.8.1 製法 ……………………………………………………… 34
  - 2.8.2 性質など ………………………………………………… 34
- 2.9 DDNP ………………………………………………………… 35
  - 2.9.1 製法 ……………………………………………………… 35
  - 2.9.2 性質など ………………………………………………… 36
- 2.10 アジ化鉛 …………………………………………………… 37
  - 2.10.1 製法 …………………………………………………… 37
  - 2.10.2 性質など ……………………………………………… 38
- 2.11 トリシネート ……………………………………………… 38
  - 2.11.1 製法 …………………………………………………… 39
  - 2.11.2 性質など ……………………………………………… 39
- 2.12 テトラセン ………………………………………………… 40
  - 2.12.1 製法 …………………………………………………… 40
  - 2.12.2 性質など ……………………………………………… 41
- 2.13 その他 ……………………………………………………… 41

2.13.1　ピクリン酸 ·· 41
　　2.13.2　雷こう ·· 42
　　2.13.3　ニトログアニジン ··· 42

第3章　混合火薬
3.1　黒色火薬 ·· 45
　　3.1.1　組成 ··· 45
　　3.1.2　製法 ··· 45
　　3.1.3　性質 ··· 47
　　3.1.4　用途 ··· 47
3.2　発射薬 ··· 48
　　3.2.1　シングルベース発射薬 ·· 50
　　3.2.2　ダブルベース発射薬 ·· 54
　　3.2.3　トリプルベース発射薬 ·· 59
　　3.2.4　マルチベース発射薬 ·· 59
　　3.2.5　LOVA発射薬 ·· 60
　　3.2.6　要求される性能 ·· 60
　　3.2.7　用途 ··· 61
3.3　固体推進薬 ·· 62
　　3.3.1　ダブルベース推進薬 ·· 63
　　3.3.2　コンポジット推進薬 ·· 69
　　3.3.3　種類とその特性 ·· 74
　　3.3.4　用途 ··· 75

第4章　混合爆薬
4.1　ダイナマイト ··· 77
　　4.1.1　ダイナマイトの変遷 ·· 77
　　4.1.2　種類と組成 ··· 78
　　4.1.3　製造 ··· 82
　　4.1.4　性質など ··· 82
4.2　硝安油剤爆薬 ··· 83

4.2.1　製造 ……………………………………………… 85
　　4.2.2　性質など …………………………………………… 85
　4.3　含水爆薬 ………………………………………………… 86
　　4.3.1　製法 ………………………………………………… 87
　　4.3.2　性質など …………………………………………… 89
　4.4　カーリット ……………………………………………… 91
　4.5　硝安爆薬 ………………………………………………… 91
　　4.5.1　製法 ………………………………………………… 92
　　4.5.2　性質など …………………………………………… 92
　4.6　PBX ……………………………………………………… 93
　4.7　混合炸薬 ………………………………………………… 94
　　4.7.1　特徴 ………………………………………………… 94
　　4.7.2　製法及び性質 ……………………………………… 95

第5章　火工品 ……………………………………………… 97
　5.1　火薬系列 ………………………………………………… 97
　5.2　工業雷管 ………………………………………………… 99
　　5.2.1　構造 ………………………………………………… 99
　　5.2.2　性能 ………………………………………………… 101
　　5.2.3　試験法 ……………………………………………… 101
　5.3　電気雷管 ………………………………………………… 102
　　5.3.1　種類 ………………………………………………… 102
　　5.3.2　構造 ………………………………………………… 103
　　5.3.3　製法 ………………………………………………… 104
　　5.3.4　電気雷管の電流発火特性 ………………………… 106
　　5.3.5　性能 ………………………………………………… 109
　　5.3.6　試験法 ……………………………………………… 109
　　5.3.7　IC雷管（半導体集積回路雷管）………………… 111
　5.4　導火線，導爆線 ………………………………………… 111
　　5.4.1　導火線 ……………………………………………… 111
　　5.4.2　導爆線 ……………………………………………… 114

- 5.5 弾薬 ·· 115
  - 5.5.1 種類 ·· 115
  - 5.5.2 充填器材 ·· 119
  - 5.5.3 炸薬の充填 ·· 120
- 5.6 銃砲用雷管，火管及び起爆筒 ·· 121
  - 5.6.1 銃砲用雷管 ·· 121
  - 5.6.2 火管 ·· 122
  - 5.6.3 起爆筒 ·· 123
- 5.7 信管 ·· 124
  - 5.7.1 信管の持つべき条件 ·· 124
  - 5.7.2 構成 ·· 124
  - 5.7.3 分類 ·· 125
- 5.8 照明剤，着色照明剤，曳光剤 ·· 126
- 5.9 発煙剤 ·· 128
- 5.10 特殊火工品 ·· 129
  - 5.10.1 点火装置 ·· 129
  - 5.10.2 推力放出装置 ·· 131
  - 5.10.3 破壊分離 ·· 133
- 5.11 その他の火工品 ·· 135

第6章 火薬類の爆発現象 ·· 141
- 6.1 無煙火薬の燃焼 ·· 141
  - 6.1.1 燃焼機構 ·· 141
  - 6.1.2 発射薬としての無煙火薬の燃焼特性 ······································ 142
  - 6.1.3 推進火薬としての無煙火薬の燃焼特性 ···································· 144
- 6.2 コンポジット推進薬 ·· 146
  - 6.2.1 燃焼機構 ·· 146
  - 6.2.2 燃焼特性 ·· 146
- 6.3 爆薬の爆轟 ·· 146
  - 6.3.1 爆轟波の構造 ·· 146
  - 6.3.2 爆速に及ぼす要因の影響 ·· 148

6.3.3　爆薬の起爆 …………………………………………………… 152
　　6.3.4　爆轟圧と猛度 ………………………………………………… 153

第7章　火薬類の性能試験 …………………………………………… 155
　7.1　安定度 …………………………………………………………… 155
　　7.1.1　硝酸エステルの自然分解 …………………………………… 155
　　7.1.2　安定度試験法 ………………………………………………… 156
　7.2　感度 ……………………………………………………………… 162
　　7.2.1　火薬類と感度 ………………………………………………… 162
　　7.2.2　衝撃感度及び打撃感度 ……………………………………… 162
　　7.2.3　摩擦感度 ……………………………………………………… 171
　　7.2.4　熱感度 ………………………………………………………… 173
　　7.2.5　着火試験（耐火感度試験） ………………………………… 176
　7.3　仕事効果 ………………………………………………………… 177
　　7.3.1　火薬の力 f …………………………………………………… 177
　　7.3.2　仕事効果の試験法 …………………………………………… 179
　7.4　破壊効果 ………………………………………………………… 182
　7.5　爆轟速度 ………………………………………………………… 186
　　7.5.1　ドートリッシュ法 …………………………………………… 186
　　7.5.2　イオンギャップ法 …………………………………………… 187
　　7.5.3　光ファイバー法 ……………………………………………… 187
　7.6　安全度 …………………………………………………………… 188
　　7.6.1　メタン及び炭じんの爆発とその対策 ……………………… 188
　　7.6.2　安全度試験 …………………………………………………… 188

第8章　火薬類の貯蔵と消費 ………………………………………… 191
　8.1　保安距離，保安物件 …………………………………………… 191
　8.2　庫外貯蔵 ………………………………………………………… 193
　　8.2.1　庫外貯蔵数量 ………………………………………………… 193
　　8.2.2　庫外貯蔵の技術上の基準 …………………………………… 193
　8.3　火薬庫 …………………………………………………………… 196

  8.3.1　火薬庫の種類と貯蔵区分 ……………………………… 196
  8.3.2　最大貯蔵量 ………………………………………………… 197
  8.3.3　火薬庫相互間の距離 ……………………………………… 199
  8.3.4　火薬庫の保安距離 ………………………………………… 200
  8.3.5　貯蔵上の技術基準 ………………………………………… 201
 8.4　火薬類の消費 ………………………………………………………… 202
  8.4.1　消費の許可と運搬 ………………………………………… 202
  8.4.2　火薬類の取扱い …………………………………………… 203
  8.4.3　火薬類取扱所 ……………………………………………… 204
  8.4.4　火工所 ……………………………………………………… 205

第9章　発破の準備及び終了後の措置 ……………………………………… 207
 9.1　導火線発破 …………………………………………………………… 207
  9.1.1　導火線発破の特徴 ………………………………………… 207
  9.1.2　導火線発破の付属品 ……………………………………… 207
  9.1.3　導火線発破の注意 ………………………………………… 208
 9.2　電気発破 ……………………………………………………………… 208
  9.2.1　電気発破の特徴 …………………………………………… 208
  9.2.2　電気発破の付属品 ………………………………………… 208
  9.2.3　電気発破の注意 …………………………………………… 210
 9.3　導爆線発破 …………………………………………………………… 211
 9.4　爆薬の準備 …………………………………………………………… 212
 9.5　発破終了後の措置 …………………………………………………… 213
 9.6　不発と残留 …………………………………………………………… 214
  9.6.1　不発と残留の発生 ………………………………………… 214
  9.6.2　不発残留の発生原因と対策 ……………………………… 215
 9.7　火薬類の廃棄 ………………………………………………………… 218

第10章　発破（爆破） ………………………………………………………… 221
 10.1　発破の基礎 ………………………………………………………… 221
  10.1.1　Hauser の式 …………………………………………… 221

10.1.2　Hauser 式の修正 ……………………………………………… 222
　　10.1.3　発破係数 C ………………………………………………… 224
　　10.1.4　その他の要因 ……………………………………………… 227
10.2　トンネル等掘進発破 …………………………………………………… 231
　　10.2.1　心抜き発破 ………………………………………………… 231
　　10.2.2　払い発破 …………………………………………………… 233
　　10.2.3　トンネル等掘進における発破の設計 ……………………… 233
10.3　ベンチ発破（ベンチカット，階段発破） ……………………………… 235
10.4　坑道式発破 ……………………………………………………………… 237
10.5　制御発破 ………………………………………………………………… 239
10.6　小割発破 ………………………………………………………………… 241
10.7　構造物の爆破 …………………………………………………………… 243
10.8　土発破 …………………………………………………………………… 246
10.9　水中発破 ………………………………………………………………… 247
　　10.9.1　特徴 ………………………………………………………… 247
　　10.9.2　水中衝撃波 ………………………………………………… 248
　　10.9.3　発破方法 …………………………………………………… 248
　　10.9.4　火薬類の選定 ……………………………………………… 249
　　10.9.5　発破の設計と実施 ………………………………………… 249
10.10　氷の爆破 ……………………………………………………………… 251

第 11 章　爆発の影響 …………………………………………………… 253

11.1　爆風 ……………………………………………………………………… 253
　　11.1.1　爆風圧の特性 ……………………………………………… 253
　　11.1.2　爆風圧の測定方法 ………………………………………… 256
　　11.1.3　爆風による被害 …………………………………………… 257
11.2　地盤振動 ………………………………………………………………… 259
　　11.2.1　爆破による地盤振動の特性 ……………………………… 259
　　11.2.2　地盤振動の測定 …………………………………………… 261
　　11.2.3　爆破地盤振動による被害 ………………………………… 261
11.3　爆発騒音 ………………………………………………………………… 263

11.3.1　爆発騒音の特性 ………………………………………… 263
　11.3.2　爆発騒音の測定 ………………………………………… 265
　11.3.3　爆発騒音の影響 ………………………………………… 266
 11.4　飛石 …………………………………………………………… 268
 11.5　モンロー効果（ノイマン効果）……………………………… 271
　11.5.1　機構及び要因 ……………………………………………… 271
　11.5.2　モンロー効果の利用 ……………………………………… 273
 11.6　スポーリング（ホプキンソン効果）………………………… 275

第12章　爆発加工，爆発合成 ……………………………………… 277
 12.1　爆発加工の特徴と使用爆薬 ………………………………… 277
 12.2　直線爆轟波，平面爆轟波 …………………………………… 279
 12.3　爆発加工方法 ………………………………………………… 280
　12.3.1　爆発成形 …………………………………………………… 280
　12.3.2　爆発圧着 …………………………………………………… 281
　12.3.3　爆発接合 …………………………………………………… 283
　12.3.4　爆発硬化 …………………………………………………… 284
　12.3.5　爆発圧搾 …………………………………………………… 284
 12.4　爆発合成 ……………………………………………………… 285
　12.4.1　ダイヤモンドの合成 ……………………………………… 285
　12.4.2　ウルツ鉱型窒化ホウ素 …………………………………… 287
　12.4.3　爆発合成法の特徴 ………………………………………… 288

引用・参考文献　　289
索　引　　291

第1章

緒論

1.1 火薬類（explosives）

1.1.1 爆発及び爆発物（explosion and explosive substance）

爆発とは，何らかの原因により，圧力が急激に発生するか，又は解放する結果，激しく破裂したり，膨張したりする現象で，爆発音を伴う．

爆発には，物理的爆発と化学的爆発とがある．物理的爆発には，風船の破裂，タイヤのパンク，圧力容器の破裂，真空ガラスびんの破裂，火山の爆発などがある．これらはいずれも物理的現象であって，化学変化を伴わないものである．それに対して，化学的爆発の例としては，プロパンガスの爆発，自動車のエンジンの中でのガソリンの爆発，炭鉱でのメタンガスや炭じんの爆発，発破の際の火薬類の爆発などがある．これらの爆発は，いずれも化学変化を伴う燃焼の一形態としての爆発である．

爆発物（あるいは爆発性物質）は，次のように定義されている．熱力学的に不安定な平衡状態にある一つ又は多くの，均一又は不均一系物質であって，軽微な外部刺激によって，物理的又は化学的変化を起こし，周囲に急激な圧力の上昇を起こすものである．

1.1.2 火薬類

火薬類とは，爆発性物質のうちで利用価値のあるものである．利用価値のないものは，火薬類から除外される．そして，その一部に熱又は衝撃を加えると，急激な化学変化を起こし，熱量を放出すると同時に，多くの場合，多量のガス

を発生して，局部的に急激な圧力の上昇を起こし，高温ガス中の活性物質の作用によって，他の部分に引き続き急激な分解を起こす．

　火薬類の爆発は化学的爆発であって，燃焼の一形態である．ニトロセルロース，ニトログリセリン，TNT（トリニトロトルエンの通称），ダイナマイト，雷管などは，代表的な火薬類である．火薬類は本質的に不安定な物質である．火薬類には化合物と混合物とがあるが，多くの場合，可燃性成分と酸化性成分とを含有している．したがって，ガソリンやプロパンガスは空気が加わらないと爆発しないのに対して，火薬類は空気がなくても爆発する．ここに火薬類の不安定性の原因の一つがある．しかし，あまり不安定な物質は，危険すぎて実用的価値がない．例えば，アジ化銅は摩擦及び衝撃感度が高すぎるために，火薬類として実用化されていない．

　火薬類は大部分が爆発の際にガスを発生するが，無ガス延時薬のように，ガスを発生しないものもある．

$$2Si + PbO_2 \rightarrow SiO_2 + 2Pb$$

　火薬類は一部分で爆発が起きた場合，その部分の量が臨界量以上ならば，全体に爆発が伝播していく．この爆発を起こさせることを起爆あるいは点火という．起爆エネルギーが臨界量以下で，全体に爆発が伝播せず，途中で立ち消えすると，火薬類の本来の能力が十分発揮できないだけではない．例えば，残余の火薬類が発破孔内に残留していると，非常に危険で，事故の原因ともなりかねない．

1.1.3 火薬類と燃料の相違点

　石油，石炭，プロパンガスなどの燃料は，主として炭素と水素からなっており，燃焼の際には，空気中の酸素と反応して炭酸ガスと水になって，熱を発生する．代表的な燃料と火薬類について，1 kg あたりの発熱量を比較すると，表 1.1 の A 欄のようになる．これを見ると，火薬類は燃料よりも 1～2 桁も発熱量が小さいことがわかる．しかし，この場合，火薬類は空気中の酸素の供給を受けていないのに対して，燃料は酸素の供給を受けている．

　そこで，燃料の燃焼に必要な酸素量を加えて比較したのが，B 欄である．B 欄では両者の差はかなり縮まっているが，まだ燃料の方が若干発熱量は大きい．すなわち，火薬類は加熱源としては，燃料と比べてエネルギー的に特に有利で

1.1 火薬類

表 1.1 火薬類と燃料の発熱量の比較

物質名		A		B		C	
		kJ/kg	比	kJ/(物質＋必要酸素)kg	比	kJ/(物質＋必要酸素)l	比
水　素		121754	1	13514	1	6.7	1
ガソリン		54392	0.45	12134	0.90	19.7	2.93
炭　素	通常の場合	33054	0.28	8786	0.65	17.2	2.56
	液体酸素で燃焼した場合	33054	0.28	8786	0.65	11297	1690
火薬類	ニトログリセリン	6610	0.05	6610	0.49	10167	1620
	TNT	4270	0.04	4270	0.32	6569	950

はない．熱及びガスの発生速度が極めて急速である点に，火薬類の特徴がある．

燃料に必要な酸素を加えて，体積 1l あたりで比較したのが，C 欄である．この場合には，火薬類は水素やガソリンと比べて 2〜3 桁とはるかに発熱量が大きい．発破のときには，穿孔内に爆薬を装填して発破する．穿孔の費用を考えると，あまり大きな孔をあけることはできない．そのため，C 欄の体積による比較は実用的な意味を持っている．燃料のなかでも，炭素／液体酸素系は，火薬類と同等の発熱量を持っている．この混合物は液体酸素爆薬として，かつて実用されたものである．

火薬類の爆発は極めて急速であるから，そのエネルギー発生速度は一般の燃料と比較すると，桁外れに大きい．その一例として，半径 10 cm の球状の鋳造 TNT（TNT を熱して溶かし，型に入れて成形し，冷却してつくったもの）をその中心点で起爆した場合を考える．

TNT の融点は 80.75℃ であるから，これを融解させて球状にすることは容易である．鋳造 TNT の密度は 1.55 g/cm³ 程度であるから，

$$体積 = \frac{4}{3} \times \pi \times 10^3 = 4190 \text{ cm}^3$$

質量 = 4190 × 1.55 = 6490 g

鋳造 TNT の爆轟速度（爆速ともいう）は 6.8 km/s であるから，10 cm の距離を爆轟反応が進むに要する時間は，

$$0.10 \div 6800 = 0.0000147 \text{ s} = 1.47 \times 10^{-5} \text{s}$$

すなわち，14.7 μs である．

TNT の爆発熱は 4270 kJ/kg であるから，質量 6.49 kg の TNT の場合は，
$$4270 \times 10^3 \times 6.49 = 2.77 \times 10^7 \text{ J}$$
このエネルギーが $14.7\,\mu\text{s}$ に発生するのであるから，その発生速度は，
$$2.77 \times 10^7 \div (1.47 \times 10^{-5}) = 1.88 \times 10^{12} \text{ J/s}$$
$$= 1.88 \times 10^9 \text{ kW}$$
わが国の総発電設備量は 2011 年に 2.86×10^8 kW である．
$$1.88 \times 10^9 \div (2.86 \times 10^8) = 6.57$$
であるから，半径 10 cm の球状の鋳造 TNT は，日本の総発電設備量の約 7 倍のエネルギーを同一時間に発生していることになる．

1.1.4 酸素バランス（oxygen balance）

火薬類の成分中に十分な酸素があれば，爆発により炭素成分は二酸化炭素 CO_2，水素は水 H_2O，窒素は窒素分子 N_2 に変化する．カリウムは酸化カリウム K_2O 又は炭酸カリウム K_2CO_3 になる．

ニトログリセリンが爆発すると，次のように反応して，過剰の酸素が放出される．
$$4C_3H_5N_3O_9 \rightarrow 12CO_2 + 10H_2O + 6N_2 + O_2$$

TNT（$C_7H_5N_3O_6$），テトリル（$C_7H_5N_5O_8$）などは酸素が不足しているから，爆発の際に炭素成分の一部が一酸化炭素 CO 及び遊離炭素 C になる．爆発性化合物 $C_xH_yO_zN_u$ 1 g が爆発したとき，炭素は CO_2，水素は H_2O，窒素は N_2 になると仮定した場合，酸素の過不足量を g/g で表したものを酸素バランスという．

$C_xH_yO_zN_u$ の爆発反応は次のように表される．
$$C_xH_yO_zN_u \rightarrow xCO_2 + \frac{y}{2}H_2O + \frac{u}{2}N_2 - \frac{1}{2}\left(2x + \frac{y}{2} - z\right)O_2$$

したがって，酸素バランスは
$$\text{酸素バランス} = \frac{-\frac{1}{2}\left(2x + \frac{y}{2} - z\right) \times 32}{\text{分子量}} \text{ g/g}$$

酸素が過剰の爆発性化合物では酸素バランスは正となり，酸素がつり合っている場合は零，不足している場合は負となる．主な火薬類及び配合成分につい

て酸素バランスを表1.2に示す.

表 1.2　酸素バランス

物質名	1 g あたり酸素過不足量 (g/g)	物質名	1 g あたり酸素過不足量 (g/g)
硝酸アンモニウム	+0.200	ジニトロナフタリン	-1.374
硝酸カリウム	+0.392	ジニトロトルエン	-1.141
硝酸ナトリウム	+0.472	重油	-3.500
過塩素酸アンモニウム	+0.340	植物油	-2.150
ニトログリセリン	+0.035	軽油	-3.410
ニトログリコール	±0.000	でん粉	-1.185
ニトロセルロース (N=11.96)	-0.387	木粉	-1.370
PETN	-0.101	ナフタリン	-3.000
テトリル	-0.474	アルミニウム	-0.890
TNT	-0.740	ケイ素鉄 (Si=90%)	-1.070
RDX	-0.216	木炭	-1.370
HMX	-0.216	硫黄	-1.000

1.1.5　後ガス (fume)

　発破などで火薬類の爆発によって生成したガスを後ガスという.後ガスの成分は無毒であることが望ましい.

　坑内のように換気の悪い場所で使用する火薬類は,爆発後の坑内ガスの衛生上の見地から,酸素バランスは正にしなくてはならない.しかし,坑外あるいは露天で使用する火薬類はその必要がない.

　通常の火薬類の爆発で,特に衛生上問題になる有毒ガスとしては,一酸化炭素 CO,窒素酸化物 NOx ,二酸化硫黄 SO_2,硫化水素 H_2S 及び塩化水素 HCl がある.COは無色無臭であるから,その発見には検知管が必要である.NOx のうち,二酸化窒素 NO_2 は刺激と臭気が激しいから容易に発見できる.HCl はカーリットに成分として過塩素酸塩があるから,その爆発で発生する可能性があるが,強い刺激臭があるから直ちに発見できる.SO_2 と H_2S は硫化鉱及び硫黄の鉱山での発破により発生するが,ともに激しい刺激臭がある.

1.2　火薬類の分類

1.2.1　法規による分類

　火薬類取締法では火薬類は,火薬,爆薬及び火工品の3つに分類されている.

a．火薬 (low explosive, powder)

　火薬は推進的爆発の用途に使用されるものである．大砲の中で無煙火薬が爆発する場合，その爆発力は大砲を破壊してしまうほど激しいものであってはならない．高温高圧のガスの発生によって，砲腔，弾底など全面に圧力を及ぼし，その圧力によって弾丸が発射される．このような爆発を推進的爆発という．すなわち，銃砲の発射薬，ロケット推進薬などが推進的爆発をし，それによって弾丸やロケットを推進させる．

　爆発反応は，その反応伝播速度によって，爆燃と爆轟とに分かれる．爆燃 (deflagration) とは，音速以下の速度で伝播する急速燃焼である．爆燃には，ガスの膨張による推進力はあるが，衝撃波 (shock wave) は伴わない．一方，爆轟 (detonation) は音速以上の速度を有する急速燃焼であって，衝撃波を伴い，その破壊力は非常に激しい．

　火薬の燃焼は爆燃であって，爆轟ではない．そのために弾丸やロケットの推進に利用できるのである．もし爆轟すれば，銃砲やロケットを破壊する．火薬には，黒色火薬，無煙火薬，コンポジット推進薬，コンクリート破砕薬などがある．

b．爆薬 (high explosive)

　爆薬は発破など，破壊的用途に使用するものである．しかし，最近では，爆発力を制御して，成形，圧着，合成などにも利用されている．

　爆薬は爆轟する．したがって，その燃焼は音速以上の速度で伝播し，衝撃波を伴う．爆薬は起爆の難易によって，一次爆薬（起爆薬）と二次爆薬とに分かれる．一次爆薬は少量のエネルギーで容易に点火されて，爆轟状態になる．二次爆薬は雷管によって起爆するなど，かなりの量のエネルギーを集中的に与えないと，爆轟しない．与えるエネルギーが少ない場合や，二次爆薬の量が少ない場合には，火が着かないか，着いてもよく燃える程度である．

　一次爆薬にはDDNP（ジアゾジニトロフェノールの通称），アジ化鉛などがあり，二次爆薬にはニトログリセリン，TNT，RDXなどが含まれる．なお，硝酸アンモニウム（硝安，AN）や過塩素酸アンモニウム（過安，AP）を主とする鈍感な爆薬は，雷管で起爆しても爆轟せず，二次爆薬によって初めて起爆するので，三次爆薬ということがある．

c．火工品 (explosive articles, pyrotechnics)

火薬又は爆薬を利用して，爆発反応の生起，伝達，その他所望の目的に適合するように加工したものが，火工品である．工業雷管，電気雷管，実包，空包，信管，火管，導火線，導爆線，煙火，コンクリート破砕器，砲弾，爆弾，魚雷などが火工品に属する．

爆薬を紙，プラスチックなどで包装したもの，あるいは金属缶中に充填したものは，爆薬に属する．しかし，金属管体中に添装薬（二次爆薬）と起爆薬（一次爆薬）を充填し，金属製の内管をその上から圧入した工業雷管は火工品に属する．黒色火薬を麻糸，綿糸などで被覆してひも状にし，塩化ビニールなどで耐水性を持たせた導火線も火工品である．火工品は火薬又は爆薬よりも組立て，加工の程度が高いものといえよう．

火薬類の法規による分類を，表1.3に示す．

表1.3　火薬類の法規による分類

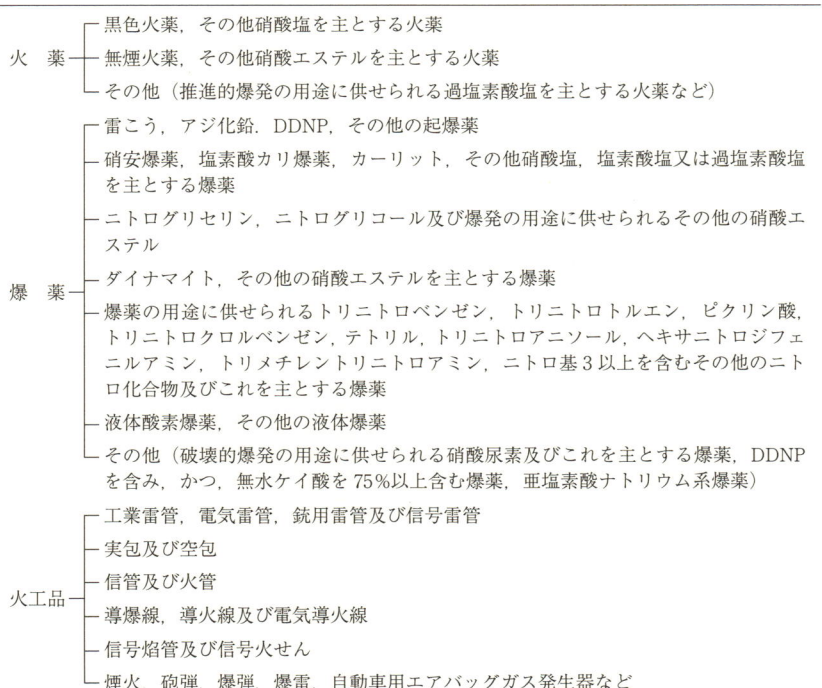

1.2.2 組成による分類

火薬類は化合火薬類と混合火薬類とに分けられる．

a．化合火薬類（explosive compound）

単一の化合物の火薬類であり，分子内に酸素を解放しやすい特有基を持っている化合物の場合が多い．しかし，全ての火薬類に酸素が含まれているとは限らない．表1.4のような特有基があると，火薬類となる．

表1.4 特有基による火薬類の分類

特有基	種　　類		例
N–O	硝酸エステル	$-\overset{\shortmid}{\underset{\shortmid}{C}}-ONO_2$	ニトログリセリン
	ニトロ化合物	$-\overset{\shortmid}{\underset{\shortmid}{C}}-NO_2$	TNT
	ニトラミン	$-\overset{\shortmid}{\underset{\shortmid}{C}}-\overset{\shortmid}{N}-NO_2$	RDX
	アミン硝酸塩	$-\overset{\shortmid}{\underset{\shortmid}{N}}\cdot HNO_3$	硝酸尿素
	雷酸塩	$O-N=C$	雷こう
N–N	ジアゾ化合物	$C-N=N-$	DDNP
	アジ化水素酸と誘導体	$-N=N=N-$	アジ化鉛
	長い鎖状窒素化合物の誘導体	$-NH-N=N-NH-$	テトラセン
	ヒドラジン誘導体	$-\overset{\shortmid}{N}-\overset{\shortmid}{N}-$	硝酸ヒドラジン

b．混合火薬類（explosive mixture）

混合火薬類には，燃料（可燃物）と酸化剤との混合物，2種類以上の火薬類の混合物，火薬類と可燃物，不活性物質あるいは酸化剤との混合物などの場合がある．燃料と酸化剤との混合物の場合には，成分がいずれも非爆発性物質である場合（黒色火薬など）と，成分のうちの一方が爆発性で他方が非爆発性の場合（DDNP/塩素酸カリウム点火薬）とがある．混合火薬類は表1.5のように分類される．

1.2.3 用途による分類

火薬類は用途により次のように分類される．

a．発射薬，推進薬（gun propellant, rocket propellant）

砲弾などを火砲から発射する火薬を発射薬といい，ロケットの場合には自らも燃焼しながら進んでいくので，推進薬という．無煙火薬，黒色火薬，コンポ

1.2 火薬類の分類

表 1.5 混合火薬類

種類	分類	例
火薬	硝酸塩を主とする火薬 硝酸エステルを主とする火薬 過塩素酸塩を主とする火薬 酸化鉛，過酸化バリウムを主とする火薬	黒色火薬 無煙火薬 コンポジット推進薬 コンクリート破砕薬
爆薬	硝酸塩を主とする爆薬 塩素酸塩または過塩素酸塩を主とする爆薬 硝酸エステルを主とする爆薬 ニトロ化合物を主とする爆薬 液体酸素爆薬 硝酸尿素あるいは亜塩素酸ナトリウムを主とする爆薬 DDNPを含みかつ無水ケイ酸を75％以上含む爆薬	硝安油剤爆薬，含水爆薬 カーリット ダイナマイト コンポジションB C型段発電気雷管用点火薬

ジット推進薬などがこれに属する．

b．爆破薬（blasting explosive）

鉱山や土木工事などで岩石の爆破（発破という）に用いる爆薬である．含水爆薬，硝安油剤爆薬，ダイナマイトなどがある．

c．炸薬（bursting explosive）

爆弾，砲弾，地雷などに装填して，炸裂させるための爆薬である．TNT，コンポジションBなどがある．爆破薬と炸薬とを総称して破壊薬（disruptive explosive）という．

d．点火点爆薬類（priming material）

火薬，爆薬を発火あるいは起爆させるための点火薬，起爆薬類ならびに雷管，導火線，導爆線などの火工品を含めて点火点爆薬類という．

e．伝爆薬（booster）

炸薬を確実に爆轟するために使用する爆薬である．炸薬は起爆薬で爆轟させようとしても，確実に爆轟するかどうかわからない．そこで，両者の中間に伝爆薬を介在させて，爆轟の確実性を期する．伝爆薬にはテトリル，PETNなどが使われる．硝安油剤爆薬や一部の含水爆薬は，雷管で起爆できないので，ダイナマイトなどを使用して爆轟させる．この場合のダイナマイトも伝爆薬という．

f．その他

弾薬，煙火などがある．なお，同じ爆発性物質でも，上記の用途に使用されない場合は，火薬類取締法の適用を受ける火薬類には属さない．例えば，ピク

リン酸が染料や農薬の原料として使用される場合には，法令上の火薬類ではない．しかし，それはピクリン酸が湿状で取り扱われるからであって，乾燥して爆発し得る状態になった場合は，火薬類取締法の適用を受ける．

1.2.4 国連勧告に基づく分類

1953年，国連に危険物輸送専門家委員会が設置され，1957年に同委員会でまとめた危険物の輸送に関する勧告が議決された．日本工業規格 JIS にも火薬類の取扱いの国際的調和を図るために，国連勧告に基づく分類が取入れられている．

国連勧告に基づく危険物の分類を表 1.6 に示す．国連勧告では危険物がクラス 1 からクラス 9 に分類され，火薬類はクラス 1 に属する．クラス 1 は更に危険区分 1.1 ないし 1.6 に分かれている．各危険区分の内容は次のとおりである．

表 1.6 国連勧告に基づく危険物の分類

危険区分	内容
1.1	大量爆発の危険性がある物質及び物品
1.2	大量爆発の危険性はないが，飛しょう危険をもつ物質及び物品
1.3	大量爆発の危険性はないが，火災危険及び弱い爆風危険若しくは飛しょう危険又はこれらの双方の危険性がある物質及び物品
1.4	顕著な危険性がない物質及び物品
1.5	大量爆発の危険性はあるが，非常に鈍感な爆発性物質
1.6	大量爆発の危険性がない，極めて鈍感な物品

別に隔離区分があり，13種類に分かれている．共存性が認められている組み合わせでなくては，同時に輸送できない．

1.3 火薬類の歴史

火薬の歴史をさかのぼると，二つの源流にたどりつく．一つは石油系焼夷剤で，後にヨーロッパに入って一層性能が向上し，ギリシャ火，海の火などと呼ばれる焼夷剤となった．

もう一つは黒色火薬で，中国で7～9世紀に発明され，こちらは前者よりもはるかに大きな流れとなって，火薬の歴史の主流を形成していった．

このように中国で黒色火薬が発明されたのは，中国で黒色火薬の一成分であ

る硝酸カリウムが天然に産出することと関係が深い．黒色火薬の他の成分の硫黄と木炭とは異なり，天然硝酸カリウムは世界中でも極く限られた地域にしか存在せず，中国にはあるが，ヨーロッパ及び日本にはない．練金術とは，安価な金属から高価な金属をつくり出し，又不老長寿の薬をつくる技術で，中国でも行われていた．この技術も黒色火薬の発明に役立っている．

ヨーロッパへの火薬の伝来は，中国からアラビアを経由して行われた．西暦紀元前1200年トロイ，前900年メソポタミア及び前500年ギリシャなどで火器が使われたが，これらは石油系物質，硫黄，木質などからなり，硝酸カリウムを含んでいない．いわゆる焼夷剤である．紀元670年頃，コンスタンチノープルのKallinikosが発明したギリシャ火も，ピッチ，硫黄，生石灰，石油などからなる焼夷剤である．これを水上に投げると，水面に拡がり，生石灰が水と反応して発熱し，ピッチ，石油及び硫黄に火が着く．このギリシャ火によって東ローマ帝国は数世紀にわたって，コンスタンチノープルをサラセン人から守ったという．

14世紀中葉には，中国とヨーロッパでほぼ同じ頃に銃が開発されている．しかし，その後，中国の火薬技術に発展が見られなかったのに対して，ヨーロッパの進歩は急速で，火縄銃が発明されたのは1450〜1470年頃である．1627年，チロルの鉱山家Weindleが，採鉱に初めて黒色火薬を使用して発破を行っている．

17世紀以降，種々の火薬及び爆薬が発明された．なかでも，スウェーデンのNobelは，1863年，雷こうを用いた工業雷管を発明し，ニトログリセリンを確実に爆轟させる方法を確立した．1866年，珪藻土にニトログリセリンをしみ込ませた珪藻土ダイナマイトを発明して，危険性のために各国政府から使用を禁止されていたニトログリセリンの安全性を高め，実用性のある優れた爆破薬にした．この2大発明によって，採鉱や土木工事に火薬類が広く使われるようになった．

1884年，フランスのVieilleはシングルベース無煙火薬を発明し，1888年，Nobelはダブルベース無煙火薬を発明した．これらの無煙火薬は発射薬として黒色火薬より優れていたので，発射薬は黒色火薬から無煙火薬に次第に切り替わっていった．

日本に最初に火薬類が出現したのは，1274年及び1281年に元軍が博多湾に

来襲したときであって，元軍は震天雷（鉄製容器に火薬を入れ導火線に火を着けて飛ばす兵器）を使用した．日本軍は火薬火器に驚き，悩まされた．しかし，当時の火薬火器は性能的にも取扱いの便利さの点でも，あまり魅力がなかったので，わが国ではほとんど普及しなかった．1543年（天文12年，ただし1542年，天文11年という説もある），種子島にポルトガル船が漂着し，わが国に銃と黒色火薬をもたらした．これが最初の伝来かどうかについて諸説あるが，このときは，戦国時代という時代的要請もあり，性能が良く，取扱いも比較的簡単だったので，たちまちのうちに全国に広まり，合戦に使われるようになった．

Nobelが雷管とダイナマイトを発明してから約100年間，種々改良が行われたとはいえ，これらNobelの発明品が採鉱及び土木工事用火薬類の主流を占めてきた．しかし，1955年のアメリカのAkreが硝安油剤爆薬を発明し，1957年，アメリカのCookが含水爆薬を発明して，最近はこれらの爆薬が産業爆薬の主流を占めている．

表1.7に火薬類とその利用に関する歴史を簡単にまとめた．また，日本における火薬類の歴史は表1.8のとおりである．

1.3 火薬類の歴史

表 1.7 火薬類とその利用に関する略史

年　代	記　　　事
7～9世紀	中国で黒色火薬が発明された.
667	Kallinikos ギリシャ火発明,焼夷弾の一種.
1044	「武経総要」に黒色火薬を使用した火器が記載されている.火薬の組成の一例；硝酸カリウム40%,硫黄14%,木炭14%,桐油,蝋など32%.
1232	中国で震天雷を戦争に利用.
1242	Roger Bacon（イギリス）黒色火薬について記載.
1313	Berthold Schwarz（ドイツ）黒色火薬を再発見し,大砲に利用.
1450～70	火縄銃が発明された.
1627	Kaspar Weindle（ハンガリー）黒色火薬を使用して採鉱発破.
1683	削岩機が発明され,穿孔発破技術が急速に進んだ.
1690	J. Kunckel（ドイツ）雷こうを発明.
1771	Woulfe（イギリス）インジゴからピクリン酸をつくった.
1786	Berthollet（フランス）塩素酸カリウム爆薬を創製.
1831	Bickford（イギリス）緩燃導火線を発明.
1832	Braconnot（フランス）キシロイジン（硝酸でん粉）を発明.
1838	Pelouze（フランス）パイロキシリン（ニトロセルロース）を発明.
1845	Schönbein（スイス）強綿薬を創製.
1846	Sobrero（イタリア）ニトログリセリンを発明.
1858	Griess（ドイツ）DDNP を合成.
1863	Nobel（スエーデン）雷こうを用いた工業雷管を開発.
1863	Wibrard（ドイツ）トリニトロトルエンを発明.
1866	Nobel 珪藻土ダイナマイトを発明.
1867	Ohlsson, Norrbin（スウェーデン）硝安系爆薬を発明.
1875	Nobel ブラスチングゼラチン（膠質ダイナマイト）を発明.
1884	Vieille（フランス）シングルベース無煙火薬を発明.
1888	Nobel ダブルベース無煙火薬バリスタイトを発明.
1890	Curtius（ドイツ）アジ化鉛を発明.
1891	Tollens（ドイツ）PETN を発明.
1896	Carlson（スウェーデン）過塩素酸爆薬カーリットを創製.
1899	Henning（ドイツ）RDX を発明.
1910～12	Claessen（ドイツ）不揮発性溶剤火薬を発明.
1955	Akre（アメリカ）アクレマイトを発明し,硝安油剤爆薬のもととなった.
1957	Cook（アメリカ）含水爆薬を発明.
1961	Du Pont 社（アメリカ）爆発圧着の特許を申請.
1963	Atlas 社（アメリカ）エマルション爆薬を開発.

表 1.8 日本における火薬類の歴史

年　代	記　　　事
1274 及び 81	元軍博多湾に来襲，震天雷及び投石機を使用した．
1543	種子島にポルトガル船が漂着し，わが国に鉄砲と火薬をもたらした．
1870	東京で雷こうと雷管の製造を始めた．
1876	陸軍板橋火薬製造所で黒色火薬を製造した．
1879	横浜モリソン商会が日本で初めてダイナマイトを輸入した．
1906	陸軍岩鼻火薬製造所でダイナマイトの製造を開始した．
1916	政府は初めて民間にダイナマイトの製造を許可した．
1917	民間で膠質ダイナマイトの生産を開始した．
1919	過塩素酸塩爆薬カーリットの生産が始まった．
1950	火薬類取締法が公告された．
1964	硝安油剤爆薬の生産が始まった．
1966	含水爆薬の研究が始まった（1974 年海外の技術を導入した）．
1974	コンクリート破砕機が火薬類として法の規制を受けるようになった．

第2章

化合火薬類

2.1 ニトロセルロース（nitrocellulose）

1832年，フランスのBraconnotは，でん粉，木綿，鋸屑などを濃硝酸に投入し，温めて溶解させ，水を加えると，燃えやすい白色の粉末又はかさ張った沈澱が生ずることを発見し，キシロイジンと名付けた．1838年，Pélouzeは木綿，亜麻，紙などを濃硝酸で処理して，可燃性物質をつくり，これをパイロキシリンと呼んだ．更に，1845年，スイスのSchönbeinは，硝酸と硫酸の混酸で木綿を処理して，高硝化度のニトロセルロースをつくり，その火薬的性質を発見した．

ニトロセルロースはセルロース（繊維素）の硝酸エステルで，正しくはセルロースナイトレート（cellulose nitrate）と呼ぶべきである．綿薬，綿火薬あるいは硝化綿ともいわれ，NCと略記される．

2.1.1 製法
a．硝化反応

工業的製法では，セルロースを硝酸と硫酸の混酸で硝化する．反応式は次のように表される．

$$[C_6H_7O_2(OH)_3]_n + xHNO_3 \xrightarrow{H_2SO_4} (C_6H_7O_2)_n(OH)_{3n-x}(ONO_2)_x + xH_2O$$

セルロースの単量体中には，上式でわかるように，3個のOH基がある．これが硝化反応によってONO_2基となる．

ニトロセルロースの窒素含有量を窒素量（nitrogen content）という．モノ，

ジ及びトリナイトレートの窒素量は，それぞれ6.77％，11.13％，14.14％である．13％を超えるような高硝化度のニトロセルロースを強綿薬，12～12.75％のものを弱綿薬，10％以下のものを脆綿薬という．

　原料セルロースとしては，コットンリンター，屑糸，パルプなどが使用される．その品質は，α-セルロースの含有量によって主として決定される．その他，不純物として，リグニン，ペントサン，マンナン，レジン，灰分，水分などがある．

　ニトロセルロースの製造では，混酸組成を変えることにより，生成するニトロセルロースの窒素量を変えている（表2.1）．そのとき生成する廃酸の組成も表に示す．廃酸は濾過ののち，濃度修正して再使用することが望ましいが，繰り返し使用には限度がある．適当なときに，硫酸と硝酸を分けて回収する．

表2.1　ニトロセルロースの窒素量と混酸，廃酸組成

| 硝化混酸組成(質量％) ||| 廃酸組成(質量％) ||| 窒素量 |
硫　酸	硝　酸	水　分	硫　酸	硝　酸	水　分	(％)
67　～67.5	22.5～23	10　～10.5	68　～69	20　～21	11　～11.5	13.2～13.4
62　～62.5	23　～23.5	14.5～15	63　～64	20.5～22	15.5～16	12.3～12.5
59　～60	22.5～23	17.5～18	60　～61	20　～21.5	18　～19	11.6～11.8
58.5～59.5	21　～22	19　～20	59　～61	19　～20.5	20　～21	10.6～11.2

　反応条件は次のとおりである．
硝化温度：5～15℃（強綿薬の場合），30～40℃（弱綿薬の場合）
混酸倍数（混酸／セルロース，質量比）：40～80倍
操作時間：デュポン式では仕込みに約5分，硝化に40分，遠心除酸機による除酸に10分である．漬込み式では反応時間は約2.5時間である．

　硝酸と硫酸の混酸による硝化では，窒素量が14％以上にはならない．その理由は，硫酸は水分を固定してエステル化平衡を有利に導く反面，生成したニトロセルロースを加水分解する傾向があるためである．したがって，もっと高硝化度の製品を得るためには，硫酸と同様に脱水性があって，しかも加水分解作用の少ない酸を選ばなくてはならない．硝酸／リン酸，硝酸／酢酸及び硝酸／酢酸／無水酢酸の混酸による硝化物は，水洗のみで十分安定なものになり，また，窒素量を14％以上に高めることができる．

b. 硝化装置

硝化装置にはトムソン式（置換式），セルウィヒ・ランゲ式（旋回式），デュポン式（撹拌式）などがある．このうち，現在使用されているのはデュポン式である．

デュポン式（図2.1）は，最初リンターの硝化用に開発されたものである．楕円形をした筒形反応器に，互いに反対方向に回転する撹拌機を持っている．セルロースと混酸の混合がうまくいくので，均質な製品が得られる．また，ほとんど密閉式であるから，酸からのガスが外部にわずかしか出ない．本硝化機を3階建工室の3階の床に据えつけると，作業の流れが順調である．1回の仕込量はリンター約10 kgとし，1～4基の反応器に対して2階に一台の遠心除酸機を備える．撹拌硝化ののち，ニトロセルロースを廃酸とともに遠心除酸機に落として除酸し，ついで多量の水とともに，1階の精製工程へ送る．

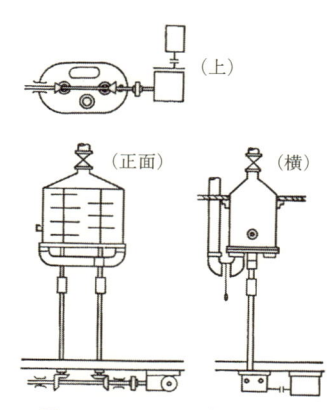

図2.1　デュポン式硝化装置

この装置は大量生産に適するので，わが国でも多くのメーカーが，それぞれ独自の工夫改良を加え，硝化装置として使用している．

c. 精製

硝化反応の終了後，ただちに多量の水でよく撹拌しながら水洗する．水洗には，通常下記の細断機類似の装置を使用する．次に，酸分除去のために，温水で長時間撹拌しながら煮洗する．煮洗槽には耐酸タイル内張りコンクリート槽，木槽，鉛張りの鉄槽などが使用される．煮洗は新しい水と取り替えて繰返し行う．10回の煮洗と5回の流水洗浄で合計60時間行ったという例もある．炭酸ナトリウムを水に対して0.015％添加して煮洗を行うこともある．

更に，細断機で細断して，繊維の内腔などに吸着されている酸分を除く．細断機は中央に隔壁のあるタイル内張りコンクリート製又は鋳鉄製楕円形槽で，鋼刃のついた回転ドラムがあり，これに対応して槽底には底刃がある．ニトロセルロースを水とともに還流させると，鋼刃と底刃の間で裁断される．細断時間は3～10時間である．

細断の次に精洗を行う．精洗機は細断機と類似した槽であるが，ただ，鋼刃のついた回転ドラムの代わりに，羽根車がついている．この中でニトロセルロースを撹拌環流させ，スチームを吹き込む．数時間ごとに水を取替えて，安定度試験に合格するまで行う．精洗の際に，一般のセルロイド及びニトロセルロースラッカー用硝化綿では加圧煮洗が可能である．ニトロセルロースは加圧煮洗すると重合度が低下し，したがって粘度が低下する．火薬用ニトロセルロースでは高粘度が要求されるが，一般硝化綿では比較的低粘度のものが要求されるので，加圧煮洗を行った方がよい．加圧煮洗は繊維の組織内の残酸分や不安定物の除去にも有効である．

　精洗したニトロセルロース中には，鉄粉，残存する長繊維，木片，砂じんなどが混入していることがある．磁石を備えているか，又はジグザグに障害物を設けた長い樋を多量の水とともに徐々に流下させて，鉄片，砂などを除き，更に細いスリットのある青銅製の振動ふるいにかけて，その他の夾雑物を分離除去する．

　分離を終わったニトロセルロースを水とともに濾過槽に移すと，ニトロセルロースは槽底の布上に残る．これを遠心分離機に仕込んで10〜30分間除水すると，水分30〜40％の湿綿薬になる．ニトロセルロースの精製をこのように厳重に行うのは，安定度試験に不合格のニトロセルロースは自然分解の危険性があるためである．

2.1.2　性質など

(1) 外観はセルロースと変わらない．一般に細断するので，製品は白色粉（厳密には短繊維状）である．真密度は $1.61〜1.69\,\mathrm{g/cm^3}$ であるが，見掛け密度は繊維状で $0.1\,\mathrm{g/cm^3}$，細断品で $0.3\,\mathrm{g/cm^3}$ 程度である．圧縮すると，$1.0〜1.3\,\mathrm{g/cm^3}$ くらいになる．

(2) 窒素量が高いほど，吸湿性は減少し，爆発熱は増大する．

(3) 水には不溶であるが，ベンゼンにはわずかに溶ける．その他の有機溶剤に対する溶解度は窒素量によって異なる．実用的に重要な溶剤に対する溶解性を表 2.2 に示す．

　　無煙火薬用溶剤として，アセトン，エチルエーテル／エチルアルコール (2/1) 混合溶剤，酢酸エチルなどが用いられる．

表 2.2　主要な溶剤に対するニトロセルロースの溶解性

	アセトン，酢酸エチル，酢酸アミル	エーテル／エチルアルコール(2/1)混液	エチルアルコール
強綿薬	可溶	不溶～難溶	不溶
弱綿薬	可溶	可溶	難溶～可溶
脆綿薬	難溶～不溶	難溶～不溶	不溶

　弱綿薬はニトログリセリン，ニトログリコール，又はエチルアルコール／樟脳などによって膠化（ゲル化）する．ニトログリセリン及びニトログリコールはダイナマイト用，エチルアルコール／樟脳はセルロイド用として，膠化に使用されている．

(4) 発火点は 185～190℃ で，火炎，スパーク，灼熱線などによって容易に着火する．窒素量が高いものほど，急速に燃焼する．

(5) 摩擦，衝撃に対して敏感で，静電気によって帯電しやすい．

(6) 直射日光，加熱及び長期間貯蔵によって，自然分解の危険性がある．特に，精製不十分で残存する痕跡の酸は，自然分解を促進する．したがって，精製を十分に行い，冷暗所に貯蔵する必要がある．湿綿薬の乾燥は高温乾燥を避け，40～50℃ の温風乾燥を行う．また，定期的に安定度試験を実施することが，法律で定められている．

(7) 水分又はエチルアルコール分を 23% 以上含有すれば，取扱いは安全になり，火薬類ではなく，危険物となる．貯蔵及び輸送には，このような方法がとられることが多い．

(8) 強綿薬（gun cotton）は無煙火薬用に，弱綿薬（collodion cotton）はダイナマイト，無煙火薬及びラッカー用に，脆綿薬（friable cotton）はセルロイド用に使用される．

2.2　ニトログリセリン（nitroglycerin）

　ニトログリセリンは正確には三硝酸グリセリン（glycerin trinitrate）と呼ばれるべきものである．NG と略記される．

$$\begin{array}{l} CH_2\text{—}ONO_2 \\ | \\ CH\text{—}ONO_2 \\ | \\ CH_2\text{—}ONO_2 \end{array}$$

ニトログリセリン

ニトログリセリンは1846年にイタリアのSobreroによって初めて合成された．その爆発性は早くから認められていたが，常温で液体で，しかも感度が鋭敏なため，その大規模な実用化は，1866年のNobelのダイナマイトの発明及び1888年の発射薬への応用まで待たなくてはならなかった．

2.2.1 製法

グリセリンを硝酸と硫酸の混酸で硝酸エステル化すると，ニトログリセリンになる．

$$C_3H_5(OH)_3 + 3HNO_3 \xrightarrow{H_2SO_4} C_3H_5(ONO_2)_3 + 3H_2O$$

硝酸単独でも硝化できるが，最高濃度の硝酸がグリセリンの10倍以上必要である．原料グリセリンは純度98.5％以上の高純度のもので，JISによって規格が定められている．混酸原料は濃硝酸（98％），濃硫酸（98％）及び発煙硫酸（23～30％ SO_3）で，混酸組成は$H_2SO_4/HNO_3=50/50$，混酸量はナサン式ではグリセリン量の4.5～5.0倍である．

製造装置には，バッチ法のナサン式と連続法のインジェクター式などがわが国では使用されている．

ナサン式（図2.2）は鉛製の硝化器を使用し，仕込み量は250～800 kgである．これに混酸を仕込み，冷却蛇管にブライン（かん水）（－10～0℃）を通して10℃に冷却する．

0.2 MPa以上の圧縮空気を反応器底の空気管の多数の孔から吹き出させて，空気撹拌する．次に，30～40℃に加温したグリセリンを混酸中に噴霧する．反応温度は17℃で，最高23℃に制御する．この温度になれば，グリセリンの注入を中止し，冷却を行う．

注入が終われば，分離促進剤（フッ化ナトリウム／珪藻土＝2/1混合物）を撹拌しながら加える．撹拌を止めると，約10分でニトログリセリンと酸が分離する．器底から前回の廃酸（押上用，15～20℃に冷却）を入れて液面を高め，

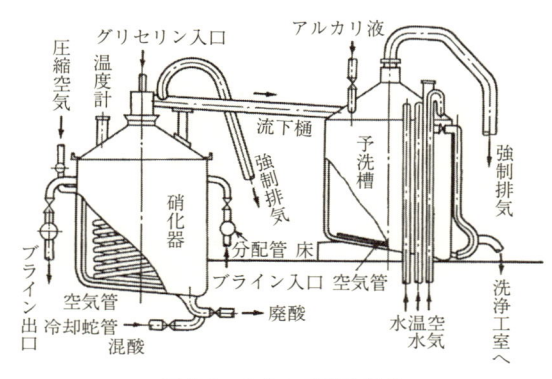

図 2.2 ナサン式硝化装置

分離したニトログリセリンを流下樋に通しオーバーフローさせて，予洗槽に送る．

予洗槽ではニトログリセリンと等量の水，ついで等量の2〜3％水酸化ナトリウム水溶液で，空気撹拌により洗浄する．予洗が終わったのち，等量の水酸化ナトリウムとともに，流下管により自然流下で洗浄槽に送る．洗浄槽では約2％の水酸化ナトリウム液で数回，更に温水により耐熱試験に合格するまで，空気撹拌で洗浄する．洗浄温度は40℃以下とする．最後に濾過槽で，フランネルや綿布などにより濾過し，水分及び夾雑物を除去する．水分除去のために，食塩を使用することがある．

インジェクター式（NAB式）（図2.3）は，1956年，スウェーデンで考案されたものである．この方法では混酸（硝酸/硫酸＝50/50）に廃酸を1/1.75の割合で配合し，0℃に冷却して硝化器中に噴出させる．50℃に予熱されたグリセリンがこれによって吸い出される．反応温度は40〜45℃で，反応は数秒で完結する．硝化能力は600 kg/hである．硝化温度50℃で警報のベルが鳴り，54℃で安全槽への電磁石が作用し，反応液が落下する．

インジェクターを出た反応液は冷却蛇管で冷却され，10 m離れたところにある防爆壁で囲われた遠心分離機でニトログリセリンと廃酸に分離される．遠心分離機は3000 rpmで回転し，0.05 m³/minの反応液を処理する．その中のニトログリセリン量は4.5 kgにすぎない．分離されたニトログリセリンは洗浄工室に送られる．廃酸の一部は混酸に配合し，残部は貯酸場へ行く．

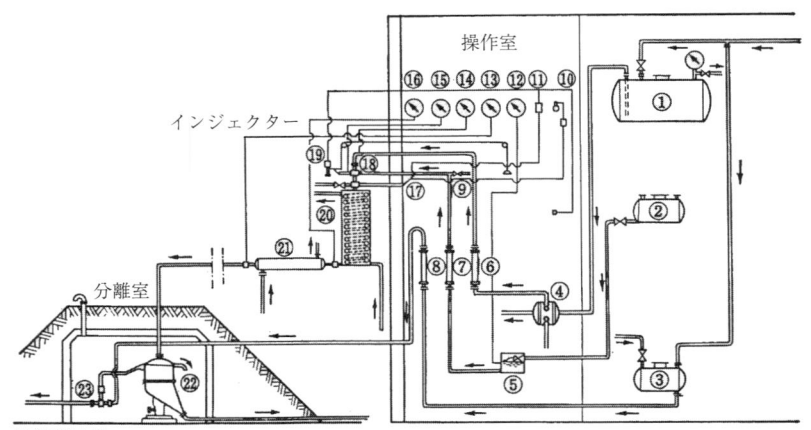

①混酸タンク，②グリセリンタンク，③洗浄タンク，④クーラ，⑤グリセリン吸引タンク，⑥酸流量計，⑦グリセリン流量計，⑧洗浄水流量計，⑨空気用ニードルバルブ，⑩警報ベル，⑪リレイ，⑫～⑰温度計，⑱インジェクター，⑲電磁石，⑳㉑冷却器，㉒遠心分離機，㉓水インジェクター

図2.3　インジェクター式連続硝化装置

この硝化法の特長は，次のとおりである．
(1) 他の方法よりも混酸濃度が低く，反応温度が高く，反応時間が短い．
(2) 工程の各部分におけるニトログリセリン量が少なく，しかも大部分がエマルションになっている．したがって，安全性が高い．
(3) 遠隔操作で運転でき，硝化装置中に機械的摩擦部分がない．
(4) 酸の供給はグリセリンの吸引を制御するので，安全である．

2.2.2　性質など

(1) 密度 1.60 g/cm^3（15℃）の油状の液体で，純粋なものは無色透明であり，甘味を有する．工業製品は8℃で凍結し，14℃で溶ける．一部が凍結したものは，液状のものよりも摩擦，衝撃に対して鋭敏である．したがって，安全上，凍結しないように管理する．
(2) 水に難溶で，エチルアルコール，アミルアルコールにはある程度溶け，メチルアルコール，温エチルアルコール，エチルエーテル，アセトン，氷酢酸，酢酸エチル，ベンゼン，トルエン，フェノール，ニトロベンゼン，クロロホルムにはよく溶け，ニトログリコール，ジニトロトルエン，TNTをよく溶

解する．
(3) 窒素量12％前後のニトロセルロースをゲル化する．できたゲル化物をニトロゲルといい，ニトロセルロース／ニトログリセリン＝7～8％／92～93％のニトロゲルはダイナマイトに使用する．
(4) 開放状態で極めて少量のニトログリセリンに点火すると，爆発しないで急速に燃える．しかし，密閉するか，又は量が多くなると，爆発する．発火点は約200℃，爆発熱は6610 kJ/kgであり，爆速には7.5～8 km/sの高爆速と，1.5～2 km/sの低爆速とがある．低爆速は薬径が小さい場合又は起爆力が弱い場合に起こる．
(5) 衝撃，摩擦には非常に鋭敏であるから，取扱いには特に注意が必要である．ニトログリセリン／アセトン混合物，ニトロゲル，水とのエマルションなどにすると，感度は低下する．
(6) 皮膚及び呼吸によって人体の循環器系に容易に吸収され，頭痛を起こす．
(7) 水酸化ナトリウムのエチルアルコール溶液で分解し，非爆発性物質となる．そのため，水酸化ナトリウム100 gを水150 mlに溶かし，エチルアルコール1 lを加えたものを分解処理液として用いる．ごく少量の場合には，木粉，小麦粉などに吸収させ，地上に細長くならべて焼却するのが，簡単である．
(8) ニトログリセリンはダブルベース及びトリプルベース発射薬の基剤ならびにダイナマイトの基剤として用いられ，また狭心症の医薬品にも使用されている．

2.3　ニトログリコール（nitroglycol）

2.3.1　製法

　ニトログリコール（二硝酸グリコール，Ngと略記する）は，エチレングリコールを硝酸と硫酸の混酸で硝化して製造する．しかし，工業的にはグリコール単独で硝化することはない．ニトログリコールはダイナマイト用に使用されるが，その場合，グリセリンとグリコールを混ぜて，一緒に硝化する．わが国ではニトログリコールによる作業者の中毒が発生したので，ニトログリコール含有量が制限され，ニトログリセリン／ニトログリコール＝62／38 まで許可されている．

$$\begin{array}{c} CH_2ONO_2 \\ | \\ CH_2ONO_2 \end{array}$$
ニトログリコール

反応式は次のとおりである.

$$(CH_2OH)_2 + 2HNO_3 \xrightarrow{H_2SO_4} (CH_2ONO_2)_2 + 2H_2O$$

グリコールは石油化学工業による合成品であるから,ダイナマイト用の規格品が容易に入手できる.原料酸はニトログリセリンの場合と同様である.

2.3.2 性質など

(1) 密度 $1.49\,g/cm^3$ ($15°C$) の無色の液体で,ニトログリセリンより若干水によく溶け,また,蒸気圧はニトログリセリンの数倍〜数十倍に達する.
(2) ニトロセルロースをゲル化する能力は,ニトログリセリンにまさっている.
(3) 発火点は $257°C$ (5s),爆発熱は $6918\,kJ/kg$,爆速はニトログリセリンと同程度で,やはり高爆速と低爆速がある.
(4) 凝固点は $-22.8°C$ で,ニトログリセリンとの混合物は更に凝固点が下がり,ダイナマイト用のニトログリコール38%のものは $-32°C$ である.したがって,ダイナマイトの不凍剤として,また,コスト低減のために,ニトログリセリンに混合している.
(5) ニトログリセリンより体内に吸収されやすい.ニトログリコールに曝露されると,初期症状として,頭痛,催吐感,めまいが起こる.更に曝露が続くと,全身の衰弱,疲労感,頭痛,あるいは四肢の疼痛が起こり,極端な場合には死亡することもある.その対策としては,局所排気など,換気設備の完備が必要である.また,保護具の着用により,直接皮膚に触れないようにする.

2.4 四硝酸ペンタエリスリトール(PETN)

ペンタエリスリトールテトラナイトレート(pentaerythritol tetranitrate)を通常PETN,ペンスリット(penthrite)と呼んでいる.

2.4 四硝酸ペンタエリスリトール

1891年，Tollensによって初めて合成された．工業的に使用されたのは，第一次世界大戦以降である．

$$\begin{array}{c} \text{CH}_2\text{ONO}_2 \\ | \\ \text{O}_2\text{NOH}_2\text{C}-\text{C}-\text{CH}_2\text{ONO}_2 \\ | \\ \text{CH}_2\text{ONO}_2 \end{array}$$
PETN

2.4.1 製法

原料のペンタエリスリトールは融点245℃以上で，純度99.5％以上のものを使用する．

ペンタエリスリトールを硝化してPETNを合成するには，次のような方法がある．
(1) 硝酸のみを使用する．
(2) 硝酸で硝化し，次に硫酸を加えて反応を完結する．
(3) 硫酸で溶解したのち，硝酸を加える．
(4) 硫酸で溶解したのち，硫硝混酸を加える．
(5) 硫硝混酸を使用する．

工業的には，(1)の方法によりペンタエリスリトールを硝酸だけで硝酸エステル化して製造する．この方法は硫酸を使わないので，操作が簡単で，廉価であり，廃酸を希硝酸として回収できる．しかし，濃度が低すぎると，不安定であるから，これを放置しておけば，徐々に温度が上昇し，ついには分解する可能性がある．そこで，反応には濃硝酸を多量に用いて，廃酸濃度を75％以上に保つようにする．

反応式は次のとおりである．

$$\text{C}(\text{CH}_2\text{OH})_4 + 4\text{HNO}_3 \longrightarrow \text{C}(\text{CH}_2\text{ONO}_2)_4 + 4\text{H}_2\text{O}$$

反応が終わったなら除酸し，2～3回水洗して100℃で常圧煮洗する．以上の洗浄工程を3回繰返す．3回目の常圧煮洗は，炭酸ナトリウムの水溶液で行う．更に，加圧煮洗5時間，水洗，常圧煮洗30分，水洗の順で洗浄を行う．ついで脱水し，水分15～20％とする．酸分は0.05％以下となる．PETNの輸送はこの程度の水分含有量で行う．乾燥は60℃以下の温風で行い，水分を0.3％以下にして製品とする．

原料ペンタエリスリトール中には少量のジペンタエリスリトール（I）が含まれており，これが PETN と同時に硝化されて，六硝酸ジペンタエリスリトール（II）となる．六硝酸ジペンタエリスリトールは PETN より衝撃，摩擦に鈍感であり，発火点も 100℃高いので，その混入により PETN は鈍性化する．

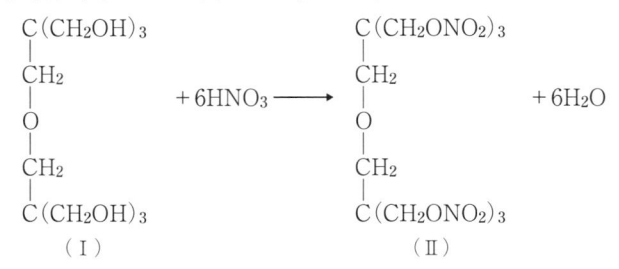

$$\begin{array}{c}C(CH_2OH)_3\\|\\CH_2\\|\\O\\|\\CH_2\\|\\C(CH_2OH)_3\\(\text{I})\end{array} \quad +6HNO_3 \longrightarrow \quad \begin{array}{c}C(CH_2ONO_2)_3\\|\\CH_2\\|\\O\\|\\CH_2\\|\\C(CH_2ONO_2)_3\\(\text{II})\end{array} \quad +6H_2O$$

2.4.2 性質など

(1) 無色斜方晶系の非吸湿性結晶で，密度は $1.77\,\text{g/cm}^3$，融点は 141.3℃である．
(2) 水には不溶で，メチルアルコール，エチルアルコール，エチルエーテル，ベンゼン，トルエン，四塩化炭素にはわずかに溶け，アセトン，酢酸メチルにはかなり溶ける．
(3) 発火点は 225℃（5s），爆速は軽く圧搾した場合（密度 $0.85\,\text{g/cm}^3$）は 5.33 km/s で，強く圧搾した場合（密度 $1.70\,\text{g/cm}^3$）は 8.3 km/s の高爆速である．
(4) 衝撃感度は鋭敏であるが，熱には比較的鈍感である．
(5) 実用化されている他の硝酸エステルよりも安定で，自然分解を起こしにくい．しかし，テトリルや RDX よりは安定度が低い．
(6) 50℃の硫化ナトリウム溶液によって徐々に分解されるので，廃薬処理法として用いる．しかし，PETN の廃薬処理法として最も実用的な方法は，アセトンに溶かして，その溶液を焼却することである．
(7) 導爆線の心薬，工業雷管又は電気雷管の添装薬及び砲弾の伝爆薬として用いられる．また，TNT との混合物はペントライトといい，炸薬となる．

2.5 TNT

2，4，6-トリニトロトルエン（2，4，6-trinitrotoluene）は TNT と略称さ

れている．

1863年にWilbrandがトルエンを硫硝混酸を使用し高温でニトロ化して，初めて合成したといわれる．1891年ドイツで工業的規模の製造が開始され，1901年にはピクリン酸に代わって主要な炸薬となった．

$$\underset{\text{TNT}}{O_2N-\underset{\underset{NO_2}{|}}{\overset{\overset{CH_3}{|}}{C_6H_2}}-NO_2}$$

2.5.1 製法

トルエンを硝酸と硫酸の混酸でニトロ化する．反応式は次のとおりである．

$$C_6H_5CH_3 + 3HNO_3 \rightarrow C_6H_2(CH_3)(NO_2)_3 + 3H_2O$$

原料トルエンは，110.6±0.1℃を含む1℃以内に97％（容量）以上，分留試験で留出するものを使用する．製法には，1段法，2段法，3段法及び連続法があるが，現在では連続法のみが工業的に用いられている．

図2.4はTNT連続製造装置の概略図である．出発原料のo-ニトロトルエン（ONT）は硝化器No.1からNo.5に向かって流れ，徐々にニトロ化が進行してTNTとなり，洗浄器に送られる．酸は逆にNo.5からNo.1に向かって流れ，また，酸のタンクからも供給され，その後，酸回収処理施設に行く．次の洗浄工程では4基の洗浄器を使用し，溶融状態のTNTを16％～17％亜硫酸ナトリウムNa_2SO_3水溶液（この方法をSellite法という）と温水で洗浄する．粗TNTは洗浄器No.1（No.2で使用した温水を使う）とNo.2で，温水により除酸する．No.3ではSellite法で精製し，No.4で温水洗浄する．No.1とNo.2の回収水は硝化反応で再利用し，No.3とNo.4からの廃水は，焼却処理する．

粒化器では冷水中に溶融TNTを滴下し，粒状にする．粒状TNTは粒化器の下部から水とともに排出し，濾過して，コンテナバックに湿状で仮収函する．濾過した水は冷却して，粒化に再利用する．湿TNTは必要に応じてフレーク化し，製品にする．

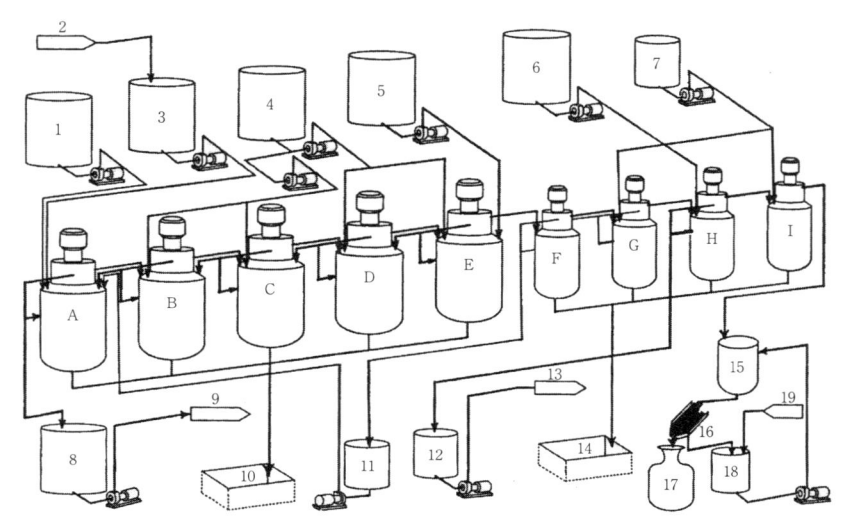

図 2.4　TNT の連続製造装置概略図

A～E：硝化器 No.1～No.5, F～I：洗浄器 No.1～No.4，1：ONT タンク，2：古酸（廃酸）分離工程，3：回収硝酸（55％）タンク，4：濃硝酸（93％）タンク，5：発煙硫酸タンク，6：亜硫酸ナトリウム水溶液タンク，7 温水タンク，8：古酸タンク，9 古酸分離工程，10：硝化器用緊急排出ピット，11：YW タンク，12：RW タンク，13：RW ピット，14：洗浄器用緊急排出ピット，15：粒化器，16：沪過器，17：TNT フレキシブルコンテナー，18：沪液タンク，19：補充水．
YW：TNT を洗った黄色い水．RW：TNT を亜硫酸ナトリウムで処理した赤黒い水．

2.5.2　性質など

(1) 無色又は淡黄色の結晶で，密度 1.654 g/cm³，融点は 80.75℃ である．
(2) 吸湿性がなく，水にはほとんど不溶で，硫酸，エチルアルコール，エチルエーテル，二硫化炭素，四塩化炭素にはわずかに溶ける．アセトン，酢酸メチル，ベンゼン，トルエンにはよく溶ける．JIS K 4813 による TNT の品質を表 2.3 に示す．
(3) 発火点は 475℃（5s）と高い．爆発熱は 4260 kJ/kg，爆速は密度 1.55 g/cm³ の鋳造 TNT で 6.8 km/s，密度 1.60 g/cm³ で約 7 km/s である．
(4) 摩擦，衝撃には比較的鈍感である．安定性は硝酸エステルと異なり，良好で，自然分解の傾向はない．金属と反応することもない．これらの性質とともに，TNT は融点が低いために炸薬として優れている．ただ，異物，特に

表2.3 TNTの品質（JIS K 4813による）

項目 \ 種類	等級1	等級2	等級3
形 状	フレーク状	結晶状	結晶状，粒状または粉状
色	淡黄色ないしにぶい黄色	淡黄色ないしにぶい黄色	淡黄色ないしにぶい黄色
凝固点（℃）	80.2 以上	80.2 以上	76.0 以上
水 分（%）	0.10 以下	0.10 以下	−
酸 度（硫酸として）（%）	0.01 以下	0.01 以下	0.01 以下
アルカリ度	なし	なし	なし
ベンゼン不溶解分（%）	0.05 以下	0.05 以下	0.01 以下
厚 さ（mm）	平均 0.64 以下 最高 1.02		
粒度 1190 μm 通過量（%）		95 以上	−

砂粒のようなものが混入すると，衝撃感度は著しく高くなるので，注意が必要である．

(5) 硫化ナトリウムに完全に溶解して，非爆発性物質を生成するので，TNTの廃薬処理に用いられる．

(6) TNT単独あるいは他の爆薬との混合物は，砲弾などの炸薬として大量に用いられている．温浴で加熱融解して，弾体に溶填する場合が多い．また，火薬類性能試験の基準爆薬でもある．弾体から溶出することによって，再使用が可能である．

2.6 テトリル（tetryl）

2, 4, 6-トリニトロフェニルメチルニトラミン（2, 4, 6-trinitrophenyl methyl nitramine）が正式名称であるが，以前はテトラニトロメチルアニリン（tetranitromethyl aniline）と呼ばれ，それを略して今でもテトリルといわれている．1877年にMartensが最初に合成し，第一次世界大戦以降爆薬として使用されるようになった．

$$\begin{array}{c} CH_3-N-NO_2 \\ O_2N-\underset{NO_2}{\underset{|}{C_6H_2}}-NO_2 \end{array}$$

テトリル

2.6.1 製法

標準的な製造法は，ジメチルアニリンを濃硫酸で硫化し，ついで濃硝酸を加えてニトロ化する方法である．反応終了後，反応物を静置して，廃酸中に溶解しているテトリルを晶出させる．次にテトリルを分離し，水洗して精製工程に移る．

$$\text{H}_3\text{C-N-CH}_3\text{-C}_6\text{H}_5 \xrightarrow{\text{H}_2\text{SO}_4,\ \text{HNO}_3} \text{(H}_3\text{C)(O}_2\text{N)N-C}_6\text{H}_2(\text{NO}_2)_3$$

精製法は，要求される品質によって異なる．通常の品質の場合は，2週間以上水蓄し，テトリル微粒子に付着している酸を浸出する．次に，80℃の温水で3〜5回，各10分間，撹拌洗浄する．高品位が要求される場合には，水洗ののち，ほぼ等量のアセトンに約50℃で溶解し，不溶解分を，金網を通して除去する．次に，水中に撹拌しながら流下して徐冷すると結晶が析出する．結晶を濾過し，2〜3回水洗する．

両方法とも，その後，粒子径をそろえるために，水中で篩分けを行い，除水して製品とするか，あるいは乾燥して製品とする．

2.6.2 性質など

(1) 十分に精製した直後の製品は，無色の結晶であるが，光にあたると黄色になる．密度は $1.73\ \text{g/cm}^3$，鋳造テトリルの密度は $1.62\ \text{g/cm}^3$，約 196 MPa で圧搾すると，密度 $1.71\ \text{g/cm}^3$ まで高めることができる．融点は 129.5℃である．
(2) 水にはほとんど不溶，エチルエーテル，エチルアルコールには難溶で，アセトン，ベンゼンには易溶である．
(3) 発火点は 257℃（5 s），爆発熱は 4556 kJ/kg で，爆速は密度 $1.62\ \text{g/cm}^3$ の鋳造品で 7.66 km/s，密度 $1.70\ \text{g/cm}^3$ では 7.85 km/s で，爆速は TNT よりはるかに速い．
(4) 摩擦，衝撃に対して TNT より鋭敏で，特に爆轟衝撃に対する感度は高い．したがって，TNT のような鈍感な爆薬に爆轟を伝達する伝爆薬として好適である．貯蔵安定性は TNT よりやや劣るが，実用上十分な安定性を有して

いる.
(5) 硫化ナトリウム含水物 NaS・9H$_2$O の 13％水溶液に撹拌しながらテトリルを徐々に加えると，テトリルは完全に分解して非爆発性で水溶性の物質になる．この反応はテトリルの廃薬処理に用いられる．
(6) 伝爆薬及び雷管の添装薬として使用されている．TNT と混ぜて爆破薬，炸薬となる．信管の起爆筒装薬としても使われている．

2.7 RDX

RDX は Research and Development Explosives の略称ともいわれており，シクロトリメチレントリニトラミン（cyclotrimethylenetrinitramine），ヘキソーゲン（hexogen），シクロナイト（cyclonite）などとも呼ばれている．1899 年，Henning が最初に合成した．PETN と同様，第二次世界大戦以降に強力な爆薬として登場し，第二次世界大戦中にはかなり大規模に使用された．

$$\begin{array}{c} H_2 \\ C \\ O_2N-N \quad N-NO_2 \\ | \quad\quad | \\ H_2C \quad CH_2 \\ \diagdown \;\; \diagup \\ N \\ | \\ NO_2 \end{array}$$
RDX

2.7.1 製法

a．硝酸法

古くから行われている方法である．純度 99.5％以上のウロトロピン（ヘキサメチレンテトラミンあるいはヘキサミンともいう）を大量の硝酸だけで硝化し，ついで水で希釈して RDX の結晶を析出させ，濾過する．

$$\text{ウロトロピン} + 4HNO_3 \longrightarrow \text{RDX} + 3HCHO + NH_4NO_3$$

濾過分離した廃液中には，ホルムアルデヒド HCHO が入っているため，非常に不安定で，時間の経過，温度上昇などにより，急激な自然分解を起こす危険性がある．低温希釈又は高温希釈して RDX を分離するとともに，ホルムアルデヒドを速やかに加熱分解して，この廃液を安定化する．

低温希釈法は，硝化液を氷水で希釈して $10 \sim 15 ℃$ の低温にし，迅速に炉過して結晶と廃液とを分離したのち，できるだけ早く廃液を熱分解塔で加熱して安定化する方法である．希釈器内では $35 \sim 40\%$ 硝酸になるように希釈する．硝酸濃度が 40% を越すと，比較的短時間に自然分解して危険だからである．希釈器から流出する希釈液と結晶を，数個の真空濾過器を一定時間ごとに切り替えて，連続的に濾過分離する．結晶は数回濾過水洗して，精製工程へ送る．

精製工程では，まず中和水洗槽に無水炭酸ナトリウムの希薄水溶液と結晶を入れ，撹拌しながら中和する．数回換水して水洗し，結晶を水とともに煮洗器に流入させる．$90 \sim 100 ℃$ で常圧煮洗し，真空濾過器で結晶を分離する．結晶は水分 10% 以上に保ち，乾燥しないようにビニール袋などに包装して収函する．

廃酸は自然分解を起こすおそれがあるので，速やかに熱分解塔に入れ，$90 ℃$ くらいに間接加熱して分解安定化する．塔頂からの分解ガスは HNO_3, CO_2, NO_2 などからなり，これをガス吸収塔に導き，水で吸収すると，約 50% の硝酸となるが，その量は少ない．熱分解塔の塔底からの廃液は $25 \sim 30\%$ の希硝酸となって多量に出てくる．これを濃硝酸とするのは手間がかかる．

高温希釈法は，希釈工程で $80 ℃$ くらいの高温に加熱し，RDX の晶出と廃液の安定化を同時に行い，冷却してから炉過分離する方法である．希釈器に流入する反応液に，計算量の水を連続的に注入して，約 $80 ℃$ に加熱する．廃液は分解し，安定化した 55% 硝酸を得ると同時に RDX の結晶を析出させる．これを $15 \sim 20 ℃$ に冷却して濾過器に送る．

収率は両方法とも理論量の約 70% で，品質も大差ない．

b．無水酢酸法

ウロトロピン，硝酸，硝酸アンモニウム，無水酢酸を使用し，次のように反応させる．

$$(CH_2)_6N_4 + 4HNO_3 + 2NH_4NO_3 + 6(CH_3CO)_2O$$
　　ウロトロピン

$$\longrightarrow 2(CH_2)_3(N \cdot NO_2)_3 + 12CH_3COOH$$
　　　　　　　RDX

この方法は，RDX の理論収量がウロトロピンに対して2倍モルである点に魅力がある．また，98％硝酸の使用量はほとんど理論量に近い量でよい．しかし，廃酸から無水酢酸を回収する設備が大きくなること，操作が比較的難しいことなどのために，大規模でなくては採算が取れない．収率は理論量の75〜80％くらいのようである．

2.7.2　性質など

(1) 無色の結晶で，融点は 204.1℃，密度は $1.816\,\mathrm{g/cm^3}$ である．19.6 MPa で圧搾すれば，見掛け密度は $1.73\,\mathrm{g/cm^3}$ となる．
(2) 水に不溶，エチルアルコール，ジエチルエーテル，ベンゼン，トルエンなどに難溶であり，アセトン，フェノールには若干溶け，温フェノール，温濃硝酸にはよく溶ける．

　冷濃硫酸には極めてゆっくり溶け，その溶液を放置すると，分解する．また，水酸化ナトリウム溶液により加水分解する．そこで，5％水酸化ナトリウム 20 g は RDX 1 g の加水分解に使用される．
(3) 発火点は 260℃（5s），爆発熱は 5936 kJ/kg である．爆速は，軽く圧搾したもの（密度 $1.0\,\mathrm{g/cm^3}$）では 6.08 km/s，強く圧搾したもの（密度 $1.70\,\mathrm{g/cm^3}$）では 8.5 km/s の高爆速である．
(4) 熱感度，衝撃感度はテトリルとほぼ同様である．摩擦感度及び DDNP やアジ化鉛による起爆感度はテトリルより敏感で，PETN より鈍感である．
(5) 伝爆薬，強力な炸薬，可塑性爆薬の成分として，単独あるいは他の物質と混合して使用される．TNT との混合物であるコンポジション B は炸薬としてよく使用される．雷管の添装薬にも用いられる．

2.8　HMX

　HMX は High Melting Point Explosives 又は High Molecular Weight Explosives の略称で，シクロテトラメチレンテトラニトラミン（cyclotetramethylenetetranitramine），オクトーゲン（octogene）などとも呼ばれる．

34   第2章　化合火薬類

$$\begin{array}{c}
NO_2 \\
H_2C-N-CH_2 \\
O_2N-N \quad\quad N-NO_2 \\
H_2C-N-CH_2 \\
NO_2 \\
HMX
\end{array}$$

2.8.1　製法

ウロトロピン，硝酸，氷酢酸，無水酢酸及び硝酸アンモニウムの反応によって，RDX とともにできるので，両者を分離する．反応条件の選択によって，HMX の収率を高めることが可能である．

その他に，ウロトロピンから，下記のようにポリリン酸などを使って，高収率で得る方法もあるが，工業的には前者の方法を用いて製造している．

ウロトロピン $\xrightarrow{\text{無水酢酸}}$ (中間体) $\xrightarrow{\text{硝酸-硫酸}}$ (中間体)

$\xrightarrow{\text{硝酸-ポリリン酸}}$ HMX

（Ac— は $CH_3-\overset{O}{\underset{\|}{C}}-$ を表す）

2.8.2　性質など

(1) 無色の結晶で，α，β，γ，δ の4種類の結晶形がある．各結晶形の性質を表2.4に示す．このうち，β 型が衝撃に対して最も鈍感であり，結晶として

表2.4　HMX の性質

結晶形	α	β	γ	δ
密度（g/cm³）	1.96	1.87	1.82	1.77
結晶形の安定性	準安定	安定	準安定	不安定

も安定しているので，使用されている．融点は275℃で，RDXよりも高い．
(2) 水及び有機溶剤に対する溶解性は，RDXに似ており，アセトンには比較的よく溶ける．
(3) 発火点は335℃ (5 s) で，RDXより高い．爆発熱は5730 kJ/kgである．爆速は，密度 1.70 g/cm^3 で 8.35 km/s で，1.89 g/cm^3 で 9.11 km/s であって，実用爆薬のうちで最高である．
(4) 熱安定性はRDXより良い．摩擦感度はRDXより若干鈍感だが，衝撃感度は逆に若干敏感である．
(5) RDX含有量は規格で2％以下となっている．RDXとHMXの分離には，アセトン，アセトン/1, 3-ジメチル尿素（10 ml/3 g），ジメチルホルムアミド，2-ニトロプロパン，55％硝酸，水酸化ナトリウム水溶液などが使用され，溶解度の差を利用して分離する．
(6) 炸薬として，また，コンポジット推進薬に使用する．

2.9 DDNP

ジアゾジニトロフェノール（diazodinitrophenol）を略称してDDNPという．
1858年，Greissがピクラミン酸のエチルアルコール溶液に亜硝酸ガスを導入して最初に合成し，1922年にDehnが起爆薬として使用し始め，1928年頃から工業的に利用されるようになった．わが国では，雷こうに代わって起爆薬として使用されている．

$$\underset{\text{DDNP}}{\begin{array}{c}\text{O}\\ \parallel \\ \text{O}_2\text{N}-\overset{}{\bigcirc}-\text{N}_2 \\ \text{NO}_2\end{array}}$$

2.9.1 製法
ピクラミン酸ナトリウムに塩酸酸性の水中で亜硝酸ナトリウムを加えると，ジアゾ化してDDNPが得られる．これを濾過し，水洗して製品とする．

反応式で示せば，次のとおりである．

$$4C_6H_2(NO_2)_3ONa + 6Na_2S + 7H_2O$$
$$\longrightarrow 4C_6H_2(NO_2)_2(NH_2)ONa + 6NaOH + 3Na_2S_2O_3$$
$$C_6H_2(NO_2)_2(NH_2)ONa + NaNO_2 + 2HCl$$
$$\longrightarrow C_6H_2(NO_2)_2ON_2 + 2NaCl + 2H_2O$$

通常は，これを水切り後，温風乾燥して製品とするが，特に精製したい場合は，温アセトンに溶解し，冷水中に注入して再結晶する．

ジアゾ化の際に，少量の界面活性剤，フェノール類，染料，撥水剤などを添加すると，流動性に富む粒状の DDNP が得られ，撥水性もあるので，起爆薬用にはこのような DDNP が使用される．点火薬用には，細かい結晶状の DDNP が用いられる．

2.9.2 性質など

(1) 黄色の針状又は板状の結晶であるが，日光があたると，黄褐色から暗褐色に変色し，爆発力は低下する．融点は 169℃ である（分解を伴う）．密度は $1.63\ g/cm^3$ であるが，針状結晶の見掛け密度は $0.27\ g/cm^3$ であり，これを 24 MPa で圧填すると，$0.86\ g/cm^3$ となる．

(2) 水又は冷エチルアルコールに溶けないので，水中又は水／エチルアルコール混合液中に貯蔵する．アセトン，アニリン，酢酸などにはよく溶ける．

(3) 発火点は 180℃ で，着火性が良い．爆速は 6.9 km/s（密度 $1.58\ g/cm^3$）で，

常用の起爆薬中では最も速い．起爆力に優れていて，特に非常に鈍感な爆薬の起爆に用いられている．
(4) 衝撃感度，摩擦感度はアジ化鉛より鈍感である．安定性は実用上問題ないが，アジ化鉛よりは劣る．強く圧搾すると，死圧（一定圧力以上に加圧すると，爆轟しにくくなる現象，又はそのときの圧力）がある．
(5) 水酸化ナトリウム水溶液によって容易に分解する．廃薬処理には，湿DDNPにその100倍の質量の10％水酸化ナトリウム液を加えて分解する．
(6) 雷こうに代わって工業雷管，電気雷管の起爆薬として用いられている．また，電気雷管の点火薬にも使用されている．

2.10 アジ化鉛（lead azide）

1890～1891年，Curtiusは初めてアジ化水素酸HN_3の鉛塩及び水銀塩をつくった．このような重金属のアジ化物には優れた起爆特性があり，起爆薬的性質を備えているが，工業的に使用されているのはアジ化鉛$Pb(N_3)_2$だけである．

2.10.1 製法

アジ化ナトリウムと硝酸鉛又は酢酸鉛をいずれも希薄水溶液にして反応させると，次式のように複分解して，アジ化鉛が合成される．

$$2NaN_3 + Pb(NO_3)_2 \longrightarrow Pb(N_3)_2 + 2NaNO_3$$

又は $2NaN_3 + Pb(CH_3COO)_2 \longrightarrow Pb(N_3)_2 + 2CH_3COONa$

純粋なアジ化鉛は，その製造，取扱いが極めて危険なので，一般には鈍性化したα型アジ化鉛を得るようにする．そのために，原料液中に少量のデキストリン又はゼラチンを添加する．

反応中に時々反応液を少量とって顕微鏡で結晶を見て，β型ができていないことを確認する．結晶の大きさを0.1 mm以下とし，針状結晶ができないように注意するが，結晶が細かすぎると，後の作業が困難になるので，原料液濃度，注入速度，撹拌速度，母液の酸度などを適当に調節する．一般に母液が酸性の場合には，生成したアジ化鉛を溶かして，収量を減少させるが，炭酸鉛，水酸化鉛などの不純物を析出させないために，いくらか酸性にする．

結晶は目開き0.5 mm以下の網を通して水蓄する．アジ化鉛は光線で白色か

ら淡黄色に変色するので，作業中は室内を薄暗くするなど，なるべく光をあてないようにし，水蓄容器には透明なものを用いない．ただし，アジ化鉛の結晶はあまり長時間水蓄していると，次第に生長して鋭敏になるといわれているので，できるだけ早く次工程に送って消費するようにする．

2.10.2 性質など

(1) 無色針状結晶で，α型（斜方晶系，密度 4.71 g/cm^3）とβ型（単斜晶系，密度 4.93 g/cm^3）の2種類の結晶形がある．β型は摩擦などに対して鋭敏すぎるために用いられず，α型が実用されている．

(2) 水及びエチルアルコールにはほとんど不溶である．したがって，水中又は水／エチルアルコール混合液中に貯蔵する．しかし，長時間の貯蔵は危険である．また，β型は水中においても自然爆発することがあるので，β型をつくらないよう十分注意が必要である．

(3) 発火点は345℃（5 s）で，熱に対して極めて安定性が良い．着火すると，直ちに確実に爆轟に入り，他の爆薬への起爆力では，起爆薬中で最も優れている．しかし，着火性が良くないので，トリシネートやテトラセンと混合して使用する場合が多い．爆速は密度 3.8 g/cm^3 で 5.5 km/s である．

(4) 摩擦，衝撃に敏感であり，特に摩擦には非常に敏感である．ただし，デキストリンなどの添加により，若干鈍感になる．また，死圧がない．

(5) 銅と容易に反応して，危険なアジ化銅になる．したがって，アジ化鉛の合成装置，アジ化鉛雷管の製造装置ならびに管体には，銅の使用は可能な限り避けるべきである．通常，管体にはアルミニウムを使用する．

(6) 5倍量の10％水酸化ナトリウム冷水溶液で分解するので，廃薬処理方法として用いられる．ただし，撹拌すると爆発することがある．

(7) 起爆薬として使用されるが，着火性が悪いので，トリシネートやテトラセンと混合して着火性を良くする．また，耐熱雷管の起爆薬として用いられている．

2.11 トリシネート（lead trinitroresorcinate）

トリニトロレゾルシン鉛，スチフニン酸鉛（lead styphnate）などともいわ

れる．中性塩と塩基性塩があるが，塩基性塩はあまり使われていない．中性塩は通常の製法では，1分子の結晶水のついたものができる．

（中性塩水和物）　　　　　　（二塩基性塩）

トリシネート

2.11.1 製法

トリニトロレゾルシンと炭酸ナトリウム及び少量の酢酸を熱湯に溶かし，これに硝酸鉛の熱溶液を加える．この溶液が冷えてくると中性塩の結晶が析出する．

トリニトロレゾルシン

トリシネート（中性塩水和物）

2.11.2 性質など

(1) 中性一水塩は，橙黄色又は赤褐色の結晶で，密度は $3.02\,\mathrm{g/cm^3}$ である．無圧搾の見掛け密度は $1.0\sim1.6\,\mathrm{g/cm^3}$ である．
(2) 水及びジエチルエーテル，エチルアルコール，アセトンなどの通常の有機溶剤にはほとんど不溶であるので，水中に貯蔵されることが多い．濃硫酸又は濃硝酸によって分解される．
(3) 発火点は 265℃（5s）であるが，火炎や電気火花を直接受けると，極めて着火しやすい．爆速は密度 $2.6\,\mathrm{g/cm^3}$ で $4.9\,\mathrm{km/s}$，$2.9\,\mathrm{g/cm^3}$ で $5.2\,\mathrm{km/s}$ である．起爆力は弱く，無圧搾の PETN は起爆できるが，196 MPa で圧搾し

たPETNは起爆できない．TNTやテトリルは起爆できず，膠質ダイナマイトの起爆も不確実といわれる．したがって，単独では雷管の起爆薬には適しない．
(4) 火炎や打撃により，高音を発して爆発する．静電気放電には極めて鋭敏で，$10\,\mu\text{J}$ の静電気放電エネルギーで発火する．乾燥，流入，移動，撹拌などにおける発火による多数の事故は，蓄積した静電気の放電に帰因する．したがって，製造，取扱い中における静電気放電による事故防止対策が強く望まれる．
(5) 過剰の炭酸ナトリウムを加えて分解すれば，鉛の大部分は炭酸塩となって沈澱し，トリニトロレゾルシンナトリウムの溶液ができる．この溶液を鉄のやすり層で処理し，硫酸で酸性にすると，ニトロ基が還元されて危険でなくなる．
(6) アジ化鉛の着火性を良くするために添加し，銃用雷管の起爆薬にする．また，耐熱電気雷管の点火薬にする．

2.12 テトラセン (tetracene)

テトラセンは，1910年，HoffmannとRothが初めて合成し，グアニルニトロソアミノアニルテトラセンの構造を与えた．

$$\begin{array}{c} \text{NH} \\ \| \\ \text{C—NH—NH—N=N—C—NH—NH—NO} \\ | \qquad\qquad\qquad\qquad \| \\ \text{NH}_2 \qquad\qquad\qquad\quad \text{NH} \end{array}$$

その後，Patinkinらの研究により，テトラゾリルグアニルテトラセンハイドレート

$$\begin{array}{c} \text{N—N} \\ \| \quad \quad \\ \quad\quad\text{CN=N—NH—NH—C—NH}_2\cdot\text{H}_2\text{O} \\ \text{N—NH} \qquad\qquad\qquad \| \\ \qquad\qquad\qquad\qquad\quad \text{NH} \end{array}$$

の方が妥当であることが認められている．テトラセンという名称はその略称である．

2.12.1 製法

アミノグアニジン塩（硝酸塩，硫酸塩，重炭酸塩など）を希酢酸の存在下で，

亜硝酸ナトリウムによりジアゾ化して合成する．

$$\underset{\text{重炭酸アミノグアニジン}}{\begin{array}{c}HN\\H_2N\end{array}\!\!>\!\!C-NH-NH_2\cdot HCO_3} \xrightarrow[\text{NaNO}_2]{\text{ジアゾ化}}$$

$$\underset{\text{テトラセン}}{\begin{array}{c}N-N\\\|\quad\|\\N-NH\end{array}\!\!>\!\!C-N=N-NH-NH-\overset{NH}{\overset{\|}{C}}-NH_2\cdot H_2O}$$

2.12.2 性質など

(1) 淡黄色のふわふわした軽い結晶で，密度は $1.7\,\text{g/cm}^3$ であるが，$19.6\,\text{MPa}$ で圧搾しても，密度は $1.05\,\text{g/cm}^3$ で，しかもこの程度の圧力で死圧になる．

(2) 水及び通常の有機溶剤（エチルアルコール，ジエチルエーテル，アセトン，ベンゼンなど）にほとんど不溶である．したがって，水又は水／エチルアルコール混合液中に貯蔵可能である．

(3) 発火点は $154\,\text{℃}$（$5\,\text{s}$）と低く，爆発熱は $2773\,\text{kJ/kg}$ で威力は弱いが，点火が容易で，発生ガス量が多い．

(4) $75\,\text{℃}$ 以下ならば安定であるが，$100\,\text{℃}$ では急速に分解する．衝撃には鋭敏である．

(5) $80\,\text{℃}$ 以上の熱湯によって分解するので，廃薬処理に利用できる．水酸化ナトリウム水溶液でも分解する．

(6) 単独では起爆力が弱いが，他の起爆薬と混合して銃用雷管の爆粉（ばうふん）に使用される．打撃感度と着火性が良くなり，更に発生ガス量が多くなるためである．

2.13 その他

2.13.1 ピクリン酸（picric acid）

2, 4, 6-トリニトロフェノールをピクリン酸という．酸性であるために金属を腐蝕し，金属と反応して鋭敏な金属塩をつくる．かつては炸薬として用いられていたが，現在では使用されていない．ただ，DDNP の原料及び農薬原料には使われている．

$$\underset{\text{ピクリン酸}}{\chemfig{O_2N-benzene(-OH)(-NO_2)(-NO_2)}}$$

2.13.2 雷こう (mercury fulminate)

$Hg(ONC)_2$ の分子式を持つ．水銀,硝酸及びエチルアルコールから製造する．以前は，雷管起爆薬として使用されていたが，現在わが国では，全く生産されていない．水銀が高価で，しかも公害の原因となるためである．

2.13.3 ニトログアニジン (nitroguanidine)

1877年，Rousselin がニトログアニジンを初めて合成した．しかし第二次世界大戦までは実用されなかった．なお，ニトログアニジンは，国内では，火薬類取締法第2条に規定されている火薬類に該当しないが（第5類危険物（自己反応性物質）），海外では火薬類に該当する．

$$\underset{\text{(液体)}}{\begin{array}{c} NH-NO_2 \\ | \\ C=NH \\ | \\ NH_2 \end{array}} \quad \text{又は} \quad \underset{\text{(固体)}}{\begin{array}{c} NH_2 \\ | \\ C=N-NO_2 \\ | \\ NH_2 \end{array}}$$

ニトログアニジン

a．製法

カルシウムシアナミド $CaCN_2$ を加水分解して，更に二酸化炭素と水を作用させると，ジシアンジアミドになる．ジシアンジアミドと硝酸アンモニウムとを加熱溶融すると，硝酸グアニジンになる．硝酸グアニジンも混合爆薬の成分として用いられるが，これを濃硫酸で脱水すればニトログアニジンになる．

$$2CaCN_2 + 2H_2O \longrightarrow Ca\!\!\begin{array}{c} NH-CN \\ NH-CN \end{array} + Ca(OH)_2$$

$$\text{Ca}\!\begin{array}{l}\diagup\text{NH--CN}\\\diagdown\text{NH--CN}\end{array}\!+\text{CO}_2+\text{H}_2\text{O}\longrightarrow\begin{array}{l}\diagup\text{NH--CN}\\\text{C}=\text{NH}\\\diagdown\text{NH}_2\end{array}+\text{CaCO}_3$$
ジシアンジアミド

$$\begin{array}{l}\diagup\text{NH--CN}\\\text{C}=\text{NH}\\\diagdown\text{NH}_2\end{array}+2\text{NH}_4\text{NO}_3\longrightarrow 2\begin{array}{l}\diagup\text{NH}_2\cdot\text{HNO}_3\\\text{C}=\text{NH}\\\diagdown\text{NH}_2\end{array}$$
硝酸グアニジン

$$\begin{array}{l}\diagup\text{NH}_2\cdot\text{HNO}_3\\\text{C}=\text{NH}\\\diagdown\text{NH}_2\end{array}\xrightarrow{\text{濃硫酸}}\begin{array}{l}\diagup\text{NH--NO}_2\\\text{C}=\text{NH}\\\diagdown\text{NH}_2\end{array}$$
ニトログアニジン

　硝酸グアニジンは硝酸とグアニジンの反応によってもつくられる．硝酸グアニジンの脱水を効率良く行うためには，95％硫酸を氷冷し，撹拌しながら乾燥硝酸グアニジンを少量ずつ加えて，温度が10℃以上にならないようにする．結晶が全部溶けたのち，直ちに乳状溶液を割氷／水の中に注入し，沈澱が完了するまで氷冷を続ける．次に濾過，水洗し，水で再結晶する．収率は理論量の約93％である．

b．性質など

(1) 白色結晶で，α型（偏平針状）とβ型（板状）の2つの結晶形がある．ともに融点は232℃，密度は$1.715\,\text{g/cm}^3$である．
(2) 非吸湿性であるが，温水にはかなり溶け，100gの水に対して，25℃では0.44g，100℃では8.25g溶ける．ジエチルエーテルに不溶，アセトン，エチルアルコールには難溶で，硫酸には可溶である．
(3) 発火点は275℃（5s）で，安定度はTNTと同程度であり，分解に際してはガス発生量が多い．この点，発射薬成分としては有利である．
(4) 衝撃，摩擦に対して鈍感である．
(5) 爆速は密度$1.0\,\text{g/cm}^3$で5.46km/s，$1.55\,\text{g/cm}^3$で7.65km/sで，同密度のTNTやテトリルより高爆速を示す．
(6) 炸薬としての応用範囲は狭い．トリプルベース発射薬の基剤として用いられ，燃焼温度の低下と消炎効果を有する．

第3章

混合火薬

3.1 黒色火薬 (black powder, gun powder)

3.1.1 組成

　黒色火薬は，可燃物として木炭と硫黄，酸化物として硝酸カリウム KNO_3 を混合した3成分の混合物である．硝酸カリウムの代わりに硝酸ナトリウム $NaNO_3$（天然にはチリ硝石として産出）を使用することもあるが，吸湿性が大きいので，注意を要する．

　黒色火薬の配合比は，表3.1のように，品種によって異なっている．

表3.1　黒色火薬の品種と配合比

品　種	KNO_3 (%)	S (%)	C (%)	外　観
黒色粉火薬	58～70	16～26	10～20	0.1 mm 以下
黒色鉱山火薬	65～70	10～20	10～20	3～7 mm 球状，光沢あり
猟用黒色火薬	73～79	8～12	10～17	直径 0.4～1.2 mm，光沢あり
黒色小粒火薬	73～79	8～12	10～17	直径 0.4～1.2 mm，光沢なし

3.1.2 製法

　硝酸カリウムは純度99.5％以上，塩化物0.03％以下，水分0.2％以下のものを使用し，硫黄は99.5％以上の純度のものが使用される．木炭は軟らかくて，灰分の少ないものがよいので，はん，柳などが使われる．火薬用としては収炭

率（得られた木炭と原料木材の質量比）が0〜45%である．

　黒色火薬の製造フローシートを図3.1に示す．

- 二味混和：鉄製又は青銅製のボールミルに木炭と青銅製ボールを入れて回転し，次に硫黄を入れて回転し，混合する．
- 三味混和：内面が革張りの木製ボールミルに3成分と樫製ボールを入れて回転する．最近は真ちゅう製の多室型連続混合機が使用され，ゴム球によって各室を移動する間に磨砕する．

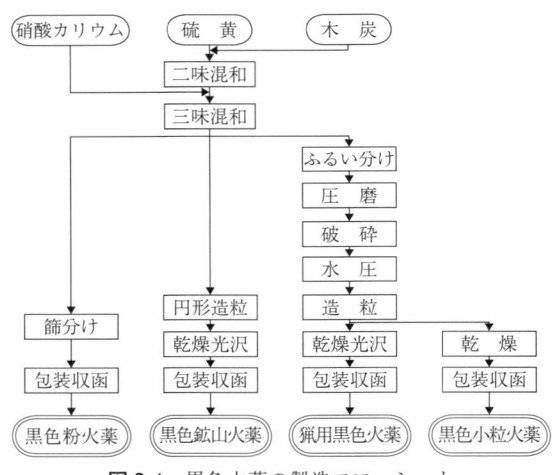

```
硝酸カリウム   硫　黄    木　炭
      ↓         ↓        ↓
        二味混和
           ↓
        三味混和
           ↓
    ┌──────┼─────────┬──────┐
    │      │         │      │
    │   円形造粒   ふるい分け
    │      │      圧　磨
    │      │      破　砕
    │      │      水　圧
    │      │      造　粒
  篩分け    │    ┌────┼─────┐
    │   乾燥光沢 乾燥光沢  乾　燥
  包装収函 包装収函 包装収函 包装収函
    ↓      ↓       ↓       ↓
 黒色粉火薬 黒色鉱山火薬 猟用黒色火薬 黒色小粒火薬
```

図3.1　黒色火薬の製造フローシート

- 圧磨：内径約2mの鉄皿の上を各5tの一対の鉄製動輪が回転し，移動する．皿と動輪の間には50mm以上の間隔を保つ．粉薬は時々注水し，水分を4.5〜6.5%に保ちながら圧磨して，密度1.4〜1.6 g/cm^{3}にする．この工程で密度が大になり，燃焼性が均一で，薬勢が強くなる．
- 破砕：2段ロールにかけて破砕し，順次ロールの間隔を狭めて，2mm以下の粒子径にする．
- 水圧：破砕薬を綿布で包んで銅板にはさみ，5.88〜11.8 MPaで圧搾して見掛け密度1.75〜1.85 g/cm^{3}にする．
- 造粒：上，中，下3対の青銅ロールで，所望の粒子径になるよう粉砕する．粉砕中に火薬の水分が所定量以下にならないよう，注意する．
- 円形造粒：木製ドラムに種薬を入れ，ドラムを回転し，水を注ぎながら少

量ずつ三昧薬をふりかけるように仕込む．粉状三昧薬は種薬のまわりに付着して球に生長する．直径 3～7 mm のものを篩分ける．過大の粒は砕いて，小粒とともに次の作業の種薬にする．仕上り品の水分は 10～15％である．
- 乾燥：乾燥枠に広げ，60℃以下の温風で水分が約 1％になるまで乾燥する．
- 光沢：木製ドラムに少量のグラファイトとともに仕込み，ゆっくり回転させる．粒子表面が金属光沢を帯び，ち密で平滑な製品が得られる．静電気発生防止にも役立つ．

3.1.3 性質
（1）色は黒く，吸湿性がある．
（2）発火温度は，粉火薬で約 290℃，粒状薬で約 300℃である．火炎に対して鋭敏で，着火しやすい．摩擦，打撃，静電気にも鋭敏である．
（3）燃焼速度は条件によって異なるが，数 cm/s～400 cm/s である．爆轟はしない．
（4）木炭は酸化して熱と二酸化炭素を発生する．また，打撃感度を鈍化する効果を持つ．硫黄は着火温度を下げ，ガス発生量を増し，火炎を大きくし，打撃感度を高めるとともに，爆発生成物中の一酸化炭素と青酸の生成を抑制する．
（5）爆発すると，固体物質が約 55％，気体が約 45％（0.3～0.4 m³/kg）発生する．爆発熱は 2930～3140 kJ/kg である．
（6）安定で，長年貯蔵しても変質せず，直射日光にさらされても変化しない．

3.1.4 用途
ａ．黒色粉火薬
見掛け密度 0.85～1.00 g/cm³ で，水分は 1.7％以下である．導火線（燃焼速度 0.71～1.0 cm/s）及び速火線（燃焼速度 30～100 cm/s）の心薬，火管又は点火薬包に収容して無煙火薬の点火薬，信管の延時薬，延期薬，発煙弾及び照明弾の放出薬，更に演習弾などの弾着標示薬，煙火用として用いる．

ｂ．黒色鉱山火薬
石切場などで大形石材採取の発破に用いる．導火線だけで着火するので，雷

管はいらない．見掛け密度 0.9〜1.0 g/cm^3 で，燃焼速度は 300〜400 m/s である．

c．猟用黒色火薬

燃速の精密な調整が困難であることや，エネルギーが小さい割に急燃性のため最大圧が高いこと，煙が出ること，銃砲が汚れること，吸湿性があることなどの理由のために，発射薬は主として無煙火薬に替わったが，黒色火薬を愛好する人もいる．

d．黒色小粒火薬

見掛け密度は 0.85〜1.00 g/cm^3 である．煙火の打上げ，口火などに用いる．煙火の玉と筒の間にすき間があるので，揚薬は低圧力でも速く燃える必要がある．黒色粉火薬にも，無煙火薬にもその能力はない．黒色小粒火薬には，その性能がある．玩具用乱玉の発射薬にもなる．

3.2　発射薬（gun propellant, gun powder）

発射薬はその爆燃によって発生するガス圧によって，弾丸などを発射するために使用する火薬である．爆轟して衝撃波を発生してはならない．最初の発射薬には黒色火薬が使われていたが，その後，無煙火薬（smokeless powder）に替わった．

無煙火薬はニトログリセリン，ニトロセルロースなどを主剤とする火薬で，発射薬，推進薬として使用されている．発砲の際に，黒色火薬と異なり，煙が少ないので，無煙火薬といわれている．

1864 年，プロシア（現在のドイツ）の Schultze はニトロセルロースに硝酸カリウム，硝酸バリウムのような酸化剤，木材パルプ，パラフィンなどを配合して火薬をつくり，シュルツェ火薬と呼んだ．1882 年，イギリスの会社でもニトロセルロースに上記硝酸塩，色素及び少量の有機物を加え，ジエチルエーテル／エチルアルコールで一部膠化して，猟用無煙火薬をつくり，これを E.C. 火薬と称した．しかし，これらはいずれも燃焼が速すぎるため，散弾銃用としては適するが，火砲用発射薬として用いられるには至らなかった．

1884 年，フランスの Vieille はニトロセルロースをジエチルエーテル／エチルアルコール混合液で膠化させ，これをロールで高密度の均質な薄板状とし，四角形に切断，乾燥して最初の本格的な無煙火薬をつくった．これは砲用発射

薬として優秀性が認められたので，1886年，フランス政府は当時の陸軍大臣Boulangé将軍の功績をたたえて，B火薬と名付け，陸軍の制式火薬に採用した．

1888年，スウェーデンのNobelは窒素量約12%の弱綿薬とニトログリセリンとがゼラチンを形成する性質を利用して，溶剤を使用しないでその混合薬を加熱ロールにかけて何回か練って十分に膠化させ，一定の形状にした無煙火薬をつくり，これをBallistiteと呼んだ．1889年，イギリスのAbelらは強綿薬とニトログリセリンの混合物をアセトンで練って膠化，成形し，乾燥して溶剤を揮散させる形式の無煙火薬を発明して，Corditeと命名した．これらB火薬，Ballistite及びCorditeは，いずれも現在の無煙火薬の基本型となっている．

Ballistiteは無溶剤形式の火薬であるが，弱綿薬とニトログリセリンとが溶け合って膠化するには，両者の混合割合がほぼ1/1に限定される．そのため，ニトログリセリン量が多くて，薬勢が強すぎるという問題点があった．しかし，膠化剤（不揮発性溶剤）として，これにセントラリットを加えると，弱綿薬の混合割合を任意に増加させられるため，薬勢の調整が容易になった．この形式の無溶剤火薬（不揮発性溶剤火薬）は，ドイツのClaessenによって1910〜1912年に開発され，1912年から生産に入った．

第一次世界大戦中に無煙火薬の消費量が増加し，ニトログリセリンの十分な生産量が確保できなくなったので，各国でその一部をジニトロトルエン，TNTのような芳香族ニトロ化合物に置き換えることが試みられた．ニトロ化合物を加えると，爆発温度の低い火薬ができ，焼食と砲口炎が減少する．のちにニトログリセリンとニトロ化合物を含む火薬が旧ソ連（現在のロシア）で採用された．

ニトログリセリンをニトログリコールで置き換える試みは失敗したが，二硝酸ジエチレングリコール（DEGN）$O_2NO-CH_2-CH_2-O-CH_2-CH_2-ONO_2$では成功した．ニトログリセリンよりもニトロセルロースをよく膠化するので，火薬の製造が容易になり，より均質な薬粒ができ，また，爆発熱が小さく，銃砲腔のいたみが少ない．

第二次世界大戦中，ドイツとイギリスで，無煙火薬にかなりの量のニトログアニジンを加えるようになった．無煙火薬を改良する試みとしては，PETN，RDX，あるいはHMXを配合する研究が現在行われている．また，液体推進薬の研究も行われた．

3.2.1 シングルベース発射薬 (single base gun propellant)

ニトロセルロース（NC）だけが活性成分の基剤で，これに溶剤，NCの自然分解を防止するための安定剤，初期の燃焼速度を緩和させる緩燃剤，砲口炎を減少させる消炎剤などを添加して，性能を向上させ，特定の目的に適合させる．

小火器，小中口径火砲及び空砲の発射薬として用いられる．

a．原　料
- 基剤：ニトロセルロース（NC）
- 溶剤：エチルアルコール　　　C_2H_5OH
  　　　ジエチルエーテル　　　$C_2H_5OC_2H_5$
  　　　酢酸エチル　　　　　　$CH_3COOC_2H_5$
- 安定剤：ジフェニルアミン　　$C_6H_5NHC_6H_5$
- 緩燃剤（又は表面膠化剤）：ジニトロトルエン　　$C_6H_4(NO_2)_2$
  　　　　　　　　　　　　　ジブチルフタレート　$C_6H_4(COOC_4H_9)_2$
  　　　　　　　　　　　　　流動パラフィン
- 消炎剤：硫酸カリウム　　　K_2SO_4
  　　　　硝酸カリウム　　　KNO_3
  　　　　硝酸バリウム　　　$Ba(NO_3)_2$
- その他：グラファイト（光沢剤，帯電防止剤）

b．製法　溶剤圧伸法

シングルベース発射薬の溶剤圧伸法による製造フローシートを図3.2に示す．

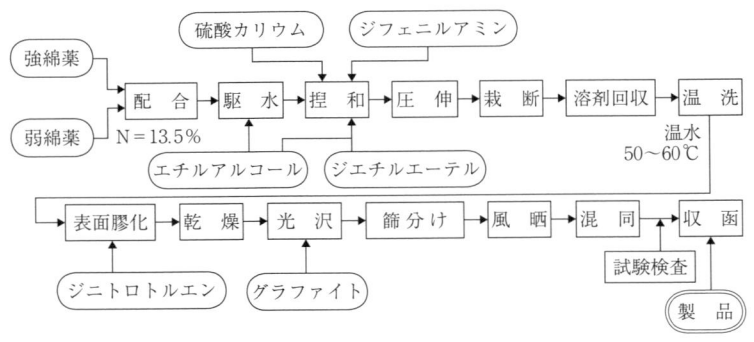

図3.2　シングルベース発射薬，溶剤圧伸法の製造フローシート

3.2 発射薬

- 配合：シングルベース発射薬は，多くの場合，窒素量 13.15％の製品が要求されるので，ジエチルエーテル／エチルアルコールに不溶の強綿薬（窒素量 13.35％前後）と可溶の弱綿薬（窒素量 12.6％前後）とを 7/3 くらいの割合で水中で混合撹拌する．この配合比のニトロセルロースの混合溶剤に対する溶解度は約 35％で，膠化成型には最適である．土砂，鉄粉などの異物と長繊維を除去して，真空脱水機で水分 50～60％に脱水する．
- 駆水：ニトロセルロースはこの含水量ではエーテルと混和せず，膠化が不十分になる．一方，ニトロセルロースを乾燥すると，発火の危険性が増す．そこで，水分をエチルアルコールで置換する．駆水機は同一円周上に 90°間隔で配置された 4 本の杵と，4 個の可動する臼からなる．杵は水圧で作動し，その径によって掛かる水圧が異なる．
- 仕込み：ニトロセルロース 20 kg（乾燥換算）を仕込み，3.9～4.9 MPa で圧搾する．
- 予圧：臼は 90°回転し，95～96％エチルアルコール 20 l を加えて，1.4～1.5 MPa の圧力で圧搾する．この工程でエチルアルコールをニトロセルロースに均一に浸透させるとともに，残留気泡を完全に除去する．
- 本圧：13.7～14.7 MPa で圧搾する．エチルアルコール残量は約 20％，水分は 1.5％となる．
- 取り出し：塩化ビニールの内袋を持ったアルミニウム容器に収納する．
- 捏和：溶剤のジエチルエーテルと不足分のエチルアルコール，安定剤のジフェニルアミン $C_6H_5NHC_6H_5$，消炎剤の硫酸カリウムなどを添加して，2～3.5 時間混ぜる．Werner 型捏和機が通常使われる．この捏和機は，一方が 20～30 rpm，他方が 40～60 rpm と回転数が異なり，反対方向に回転する 2 つの撹拌機を持っている．外側にジャケットがあり，薬温を 30℃ 以下に保つ．ジエチルエーテル／エチルアルコール（質量比約 2/1）はニトロセルロース 100 部に対して 70～100 部使用する．
- 圧伸：水平又は垂直の水圧プレスにより，乾燥工程中での収縮を考慮して設計されたダイスを通して圧伸する．完成火薬の寸法よりもダイスの寸法が 20～40％大きい．薬面圧は 14.7～29.8 MPa，圧出速度は 2～4 kg/min である．管状薬，単孔管状薬，七孔管状薬などがある．
- 裁断：圧伸されて出てきたひも状の発射薬を，溶剤を含んでいるうちに，

切断する．裁断機は回転円板上に多数の刃がついていて，圧伸薬の送り速度，円板の回転数，刃数などを調節して，所定の長さに切断する．

- 溶剤回収：大気中に揮発したガス（主としてジエチルエーテル）の回収と，火薬中に 30～40％残存する溶剤の回収とがある．活性炭に吸収させ，水蒸気で脱着し，水蒸気で希釈された溶剤を冷却して回収する．活性炭は熱風乾燥したのち，冷却して再使用する．火薬中の溶剤回収はタンク式又は回転ドラム乾燥器で行う．あまり急速に吸引回収してはならない．

- タンク内での溶剤回収：タンク内に金網を設け，網上に薬粒を厚さ約 30 cm に広げ，約 65℃の温風を循環通過させ，温風の一部を凝集器に導いて，溶剤回収する．所要時間は約 50 時間である．

- 回転ドラム内での溶剤回収：回転ドラム中に薬粒を仕込み，ジャケットに温水を通し，ドラムを回転して，14.7 hPa 程度で減圧吸引する．約 20 時間運転する．溶剤回収を終了したならば，静電気事故を防止するために，薬面を均一に散水してから取り出す．

- 溶剤回収の際の注意事項：ジエチルエーテル及びエチルアルコールと空気の混合気体は，爆発範囲が広いので，人体及び火薬の帯電，衝撃による火花などで着火しやすい．十分に注意が必要である．

- 温洗：残った数％の溶剤の回収は，空気乾燥では長時間を要し，また，長時間の高温は保安上好ましくない．火薬を布製の袋に入れて，50～60℃の木製温洗槽中に 30～90 時間仕込み，残留溶剤を 2％以下にする．温洗により，短時間に安全に薬勢の調節ができ，薬勢の経時変化が少なくなる．また，風晒時間を短縮できる．

- 表面膠化：小火器用発射薬は急燃性ではあるが，燃焼の初期に緩慢に燃焼し，次第に燃焼速度を増加させるようにする．このように漸燃性にすることにより，腔圧の上昇を防ぎ，弾道性の向上をはかる．そのための緩燃剤として，ジニトロトルエン（DNT）あるいはジブチルフタレートを薬粒表面にコーティングする．

    回転ドラムに火薬約 100 kg，水約 100 kg を仕込み，ジャケットの温度を約 80℃に保ち，ジニトロトルエン 12％以下，ジフェニルアミンをその 1％程度粒状で加え，約 3 時間回転する．

- 乾燥：温洗，表面膠化を終わった薬粒は，かなりの水分を含んでいるの

3.2 発射薬

で，最終水分に近づけるように乾燥する．乾燥方法にはタンク式と室式の2方法がある．いずれも50℃付近の温風で乾燥する．乾燥後の水分は次のとおりである．

用途	小火器用	火砲用	空砲用
乾燥後の水分(%)	1.0	0.60	1.26

- 光沢：グラファイトで表面処理し，帯電防止とすべりをよくして，填薬性能を向上させる．光沢機に薬粒と0.1～0.4%のグラファイトを入れ，約30 rpmで約2.5時間回転させる．この際,見掛け密度が0.7 g/cm^{3}から0.8～0.9 g/cm^{3}になる．
- 篩分け：薬粉や異物の除去のために，金網を通す．金網は接地（アース）し，粉じんの飛散及び静電気による発火を防ぐ．
- 風晒（ふうせい）：例えば小火器では，水分0.1%の増加が砲の弾丸の初速を4～5 m/s, 圧力を4.9～5.9 MPa減少させる．このように水分は弾道性能に影響を与えるので，水分調整をし，すぐれた弾道性能を与え，薬勢の経時変化をなくすことが目的で風晒を行う．恒温恒湿装置を使用し,温度16～25℃とし，相対湿度55～70%の調湿空気を約1時間送り込む．
- 混同：ロット内のばらつきを少なくするために行う．回転ドラム式と塔式がある．混同機の容量は小型で200～300 kg, 大型で2000 kgである．混同中に水分の変動がないよう，温度と湿度に留意する．また，装置の金属は全て接地して帯電防止をはかる．

表3.2は溶剤圧伸法によるシングルベース発射薬の組成例である．

表3.2 溶剤圧伸法によるシングルベース発射薬の組成例

形式 原材料	火砲用			小口径
	M1	M6	M12	
ニトロセルロース（N=13.15%）	85.0	87.0	97.7	98.3
ジニトロトルエン	10.0	10.0		
ジブチルフタレート	5.0	3.0		
硫酸カリウム			0.75	1.0
ジフェニルアミン	1.0	1.0	0.8	0.50～0.90
グラファイト				少量
表面膠化剤（DNT）				1.0～12.0

3.2.2 ダブルベース発射薬 (double base gun propellant)

ニトロセルロースとニトログリセリン又はジエチレングリコールジナイトレートを基剤とし，更に性能向上と製造を容易にするために，種々の添加物を添加している．

ダブルベース発射薬では，溶剤を使用する溶剤圧伸法と溶剤を使用しない無溶剤圧伸法と無溶剤圧延法がある．

拳銃などの小火器，ロケット，無反動砲，戦車砲，機関砲などの発射薬に使用されている．

a．原料

- 基剤：ニトロセルロース (NC)
  ニトログリセリン (NG) $C_3H_5(ONO_2)_3$
  ジエチレングリコールジナイトレート $O_2NOCH_2CH_2OCH_2CH_2ONO_2$
- 溶剤：エチルアルコール
  アセトン $(CH_3)_2CO$
- 安定剤：エチルセントラリット*

$$\begin{array}{c} H_5C_6 \\ H_5C_2 \end{array} N - \underset{\underset{O}{\|}}{C} - N \begin{array}{c} C_6H_5 \\ C_2H_5 \end{array}$$

アカルダイトⅡ

$$\begin{array}{c} H_3C \\ H \end{array} N - \underset{\underset{O}{\|}}{C} - N(C_6H_5)_2$$

2-ニトロジフェニルアミン $(2-NO_2)(C_6H_4)NHC_6H_5$

o-トリルウレタン*

[構造式: 2-メチルフェニル-NH·COOC$_2$H$_5$]

フェニルベンジルウレタン

$$H_5C_2O - \underset{\underset{O}{\|}}{C} - N \begin{array}{c} CH_2C_6H_5 \\ C_6H_5 \end{array}$$

　　　　ミネラルゼリー*

*は表面膠化剤の機能も兼ねる．

緩燃剤，消炎剤及び光沢剤は，シングルベース発射薬の場合と同じである．

b．製法

(1) 溶剤圧伸法

ダブルベース発射薬の溶剤圧伸法による製造フローシートは，図3.3のとおりである．

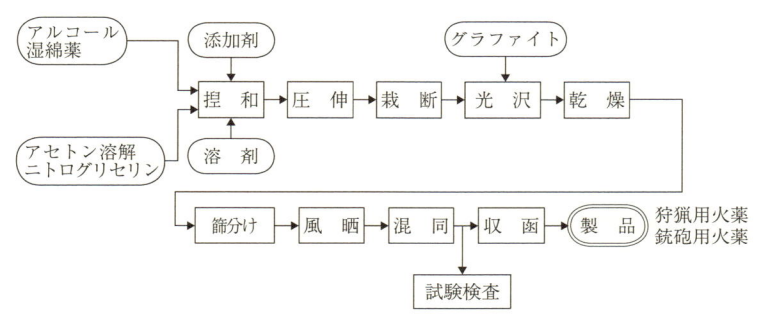

```
アルコール    添加剤              グラファイト
湿綿薬  ┐      │                     │
        ├─→ 捏和 → 圧伸 → 栽断 → 光沢 → 乾燥
アセトン溶解┘   │                                │
ニトログリセリン 溶剤                             │
                                                  ↓
              篩分け → 風晒 → 混同 → 収函 → 製品 ─ 狩猟用火薬
                                         │          銃砲用火薬
                                       試験検査
```

図3.3 ダブルベース発射薬，溶剤圧伸法の製造フローシート

- 捏和：Werner型捏和機にエチルアルコールで駆水したニトロセルロースを仕込み，アセトンで希釈したニトログリセリンを上からサイホンで加える．トリプルベース発射薬ではこの段階でニトログアニジンを添加する．エチルアルコール及びアセトンの追加分，その他の添加剤も加え，薬温を20〜40℃に保って，2〜4時間捏和する．作業者はエアラインマスクを着用し，溶剤蒸気を吸入しないようにする．
- その他：その他の工程はシングルベース発射薬の場合と同様である．ただ，薬粒から揮散する蒸気中にニトログリセリンが存在し，危険性が高いために，溶剤の除去はするが回収は行わない．組成の例を表3.3に示す．

(2) 無溶剤圧伸法

無溶剤圧伸法によるダブルベース発射薬の製造フローシートを図3.4に示す．

- 混合：水を張った槽に，水分25〜30％の湿綿薬を仕込み，圧縮空気で撹拌しながらニトログリセリン，不揮発性溶剤，スラリー状にした添加剤を

表 3.3 溶剤圧伸法，ダブルベースおよびトリプルベース発射薬の組成例

ニトロセルロース	77.45	58.75	57.75	22.0	20.0
（窒素量）	（13.15%）	（13.25%）	（13.25%）	（13.15%）	（13.15%）
ニトログリセリン	19.50	40.00	40.00	21.5	13.0
KNO₃	0.75	−	1.50	NQ 54.7	NQ 60.0
Ba(NO₃)₂	1.40	DNT 0.50	−	−	−
安定剤	ECT 0.60	ECT 1.25	DA 0.75	ECT 1.5	ECT 2.0
グラファイト（光沢用）	0.30	0.30	0.30	0.1	−

DNT：ジニトロトルエン　　　NQ：ニトログアニジン
ECT：エチルセントラリット　DA：ジフェニルアミン

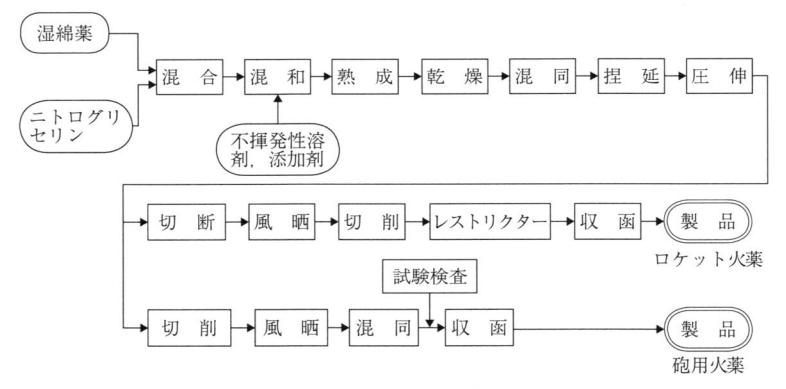

図 3.4 ダブルベース発射薬，無溶剤圧伸法の製造フローシート

静かに流入させる．これらは全てニトロセルロースに抱き込まれ，溶け込んで粥状物となる．これを水圧機又は遠心分離機にかけて水分 20〜30% とする．ニトログリセリンはほとんど逃げ出さず，豆腐のおからのようになる．このブロックを砕き，篩にかけて細かい粒子とし，布袋に入れて次工程に送る．

- 混和，熟成：Werner 型捏和機に，この薬を仕込み，前工程で添加しなかった添加剤を，十分に分散するように，篩を通して加え，混和する．混和が終わったならば，目の粗い布袋に入れて，数週間放置し，熟成する．
- 乾燥，混同：熟成した薬を乾燥室内の棚に並べ，50℃の温風で水分が 15% くらいになるまで乾燥する．この程度の水分にすると，捏延の際に

ロールに張りつき，しかも十分練成を行っても発火の心配がない．次に，ロット構成に必要な量を混同し，篩分けして小粒とし，一捏延分ずつ小袋に秤量採取する．
- 捏延：膠化を完全にするために行う．内筒を熱湯又は水蒸気で加熱したロールを通して薬を練成し，厚さ 2～3 mm の薬板とする．二つのロールの回転数を変え，高速ロールに薬板が張りついて回転しながら，低速ロールで練成されるようにする．次に等速ロールの間を通過させて，平板を更に薄くし，完全に膠化させる．この作業で発生しうる異物の混入と薬板内の気泡は，発火の原因となる．発火した場合には，直ちに消火できるような装置を備えておくことが必要である．
- 圧伸：薬板を巻いて圧伸機の装薬筒に仕込み，ジャケットに湯を通して薬を温め，静かに予圧をかけて気泡をなくし，用途に応じて希望の薬粒を得るように設計されたダイスを通して，圧伸成形する．
- 切削：無溶剤圧伸法による火薬は，大口径火砲発射薬として用いられるが，ロケット推進薬にも用いられる．ロケット推進薬用の場合には，風晒ののち，旋盤のバイトを絶えず冷却しながら切削し，必要な寸法にする．切削くずは直ちに水ジェットで吸引して，除去する．
- レストリクター巻付け：ロケット推進薬用薬粒は燃焼させる面を除いて，レストリクター（伝火防止剤）をつける．レストリクターには，酢酸セルロース，エチルセルロースなど燃焼しにくい合成樹脂フィルムが使われ，接着剤を使用して，剥離しないように巻付ける．端面には成形された合成樹脂を接着する．接着がうまくいかないと，燃焼面積が拡大し，燃焼圧力の増大により異常燃焼を起こす．

無溶剤圧伸法によるダブルベース発射薬の組成例を表 3.4 に示す．

(3) 圧延法

圧伸法ではダイスを通して圧出成形するのに対して，圧延法ではロールにかけて圧し延ばし，薬板にする．圧延法は，溶剤法と無溶剤法のいずれにも用いることができる．図 3.5 は無溶剤圧延法によるダブルベース発射薬の製造フローシートである．無溶剤圧伸法と異なる工程は，捏延以降である．
- 圧延：等速ロール又は異速ロール，あるいは両者の組合わせで圧延する．捏延工程と比較して，薬厚を厳密に規制する点が異なっている．

表 3.4 無溶剤圧伸法によるダブルベース発射薬の組成例

	JPN（米）	JP（米）	（ロシア）
ニトロセルロース	51.50	52.15	56.50
（窒素量）	(13.25%)	(13.25%)	(12.20%)
ニトログリセリン	43.00	43.00	28.00
DEP	3.25	3.00	−
ECL	1.00	0.60	4.50
K$_2$SO$_4$	1.25	1.25	1.50（外割）
DNT	−	−	11.00
CB あるいは GP	0.20（外割）	−	0.50（外割）※メチルセルロース
蜜蠟	0.02（外割）	−	0.08（外割）

DEP：ジエチルフタレート　ECL：エチルセントラリット
DNT：ジニトロトルエン　CB：カーボンブラック
GP：グラファイト

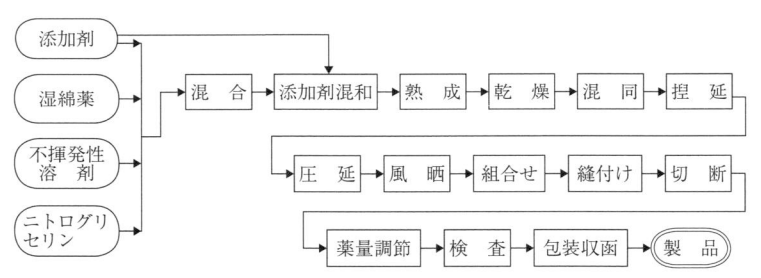

図 3.5 無溶剤圧延法の製造フローシート（ダブルベース発射薬）

- 仕上げ工程：帯状薬は薬板を回転刃を備えた装置で割いてつくる．立方体の薬粒は，帯状にしたものをギロチンで裁断する．薬板に穴あけと切断が一挙に行える装置で裁断する方法もある．円盤状の薬粒はシートから打ち抜いてつくる．

溶剤圧延法では，特殊ローラを用い，圧延された火薬は直ちに裁断される．この工程は全て水中又は湿潤状で行われ，また，圧力がかかるところもないので，保安上有利である．小，中口径砲用に使われる．

無溶剤圧延法では，圧延された薬板は，所定の形状に切断され，何枚か重ね合せてミシンで縫い合わされる．板状発射薬，特に迫撃砲用に使用される．

3.2.3 トリプルベース発射薬 (triple base gun propellant)

ニトロセルロース,ニトログリセリン(又はジエチルグリコールジナイトレート)及びニトログアニジンを基剤とする.安定性や薬勢を低下させることはなく,燃焼温度の低下が可能で,焼食が少なく,砲口炎を減少することができる.
戦車砲,りゅう弾砲など大口径砲に使用する.

a. 原料
- 基剤:ニトロセルロース
    ニトログリセリン又はジエチレングリコールジニトラート
    ニトログアニジン
- 安定剤:エチルセントラリット
- 消炎剤:硫酸カリウム
    氷晶石　Na_3AlF_6
- 燃焼抑制剤:ピログルタミン酸カルシウム　$(C_6H_5NO_3)_2Ca$
    DL－アラニン　　　　　　　　$CH_3CH(NH_2)COOH$
- 溶剤,光沢剤などはダブルベースと同じである.

b. 製造法
溶剤圧伸法で,ダブルベースの場合と同様に製造する.

3.2.4 マルチベース発射薬 (multi base gun propellant)

トリプルベース発射薬に爆薬 RDX,HMX などを添加した発射薬である.エネルギーが高い,燃焼温度が高くならない,取扱い感度が低くなるなどの利点がある.
りゅう弾砲用であるが,戦車砲,機関砲にも使用可能であろう.

a. 原料
- 基剤:トリプルベースの基剤の他に,RDX 又は HMX
- 安定剤:エチルセントラリット
    アカルダイト II
- 消炎剤:硫酸カリウム
    硝酸カリウム
    氷晶石

b. 製造法　トリプルベース発射薬と同じである.

3.2.5　LOVA 発射薬（low vulnerability gun propellant）

非脆弱性あるいは，高安全性発射薬を略して，LOVA 発射薬という．被弾による衝撃や灼熱破片が原因で発射薬が発火する確率を低下させることを目的としている．

基剤は RDX，バインダーは難燃化ニトロセルロースなどで，可塑剤，安定剤を配合している．戦車砲用に使用される．

a．原料
- 基剤：RDX
  - 鈍感化 RDX
- バインダー：セルロースアセテートナイトレート（CAN）
  - セルロースアセテートブチレート（CAB）
- 可塑剤：ブタントリオートトリナイトレート
  - ニトラトエチルニトラミン
  - トリメチレングリコールナイトレート
  - トリメチレングリコールジナイトレート
- 安定剤：エチルセントラリット
  - アカルダイト II
  - 2-ニトロジフェニルアミン

b．製造法　トリプルベース発射薬と同じである．

3.2.6　要求される性能

発射薬は弾道性，射撃効果及び安全性について，次のような性能が要求される．

a．弾道性

(1) 薬勢が強く，しかも発射された弾丸の弾道性にばらつきが少ない．薬勢は火薬の力 f（7.3.1 項参照）が大きいほど，強くなる．f は燃焼熱と生成ガス量によって決まる．燃焼熱があまり大きいと，燃焼温度が高くなり，焼食の原因になる．そのため，燃焼熱はある程度で制限される．結局，生成ガス量が多い火薬が有利ということになる．形状，寸法が規格どおりで，薬質が均一であり，初速及び最大腔圧のばらつきを小さくすることにより，弾丸の弾道性のばらつきも小さくなる．

(2) 経年変化が少ないこと．揮発性のある残存溶剤及び水分は，初速と腔圧に影響を与えるので，これらの量が一定になるように管理する．
(3) 季節による変動が少ないこと．初速及び腔圧の温度と湿度による変動が少ない組成とする．
(4) 砲身の焼食が少ないこと．燃焼温度が高くならないようにする．
(5) ロット差が少ないこと．

b．射撃効果
(1) 射弾散布が小さいこと．そのためには形状，寸法，薬質などを均一にする．
(2) 初速のばらつきが小さいこと．
(3) 煙が少なく，一次火炎及び二次火炎が少なく，また煙や燃焼残渣が少ない組成にする．

c．安全性
(1) 貯蔵安定性が良好であること．ニトロセルロースとニトログリセリンの自然分解が起こらないよう，よく精製すること，貯蔵温度と湿度が高くならないこと及び有効な安定剤を選択することが必要である．
(2) 製造及び取扱いが安全なこと．打撃，摩擦，静電気に対して安全なように，工程及び製造設備を選ぶこと．製品についてもこれらに対して安全なことが要求される．また，製品にニトログリセリンの浸出がないこと．
(3) 腔発を起こさないこと．発射薬が燃焼する前に，薬粒がくずれてこなごなになったために爆轟し，腔発が起こったことがある．この原因として，$-30°C$という低温において薬粒がくずれたことがあった．このようなことのないようにする．
(4) 製造が容易で，コストが安いことも必要である．

3.2.7 用途
(1) 銃砲用発射薬：3.2.1～3.2.5項参照
(2) 特殊火工品用発射薬：救命浮力体などのガス発生装置，火薬駆動ピストン及びベローズなどに使うパワーカートリッジ用，航空機搭乗員脱出装置の放出用などに使用される．
(3) びょう打銃，ロープ投射銃など特殊銃用の発射薬．
(4) キルンガン発射薬：セメントキルン，平炉などの鉱さい破壊用滑腔銃に使う．

3.3 固体推進薬（solid rocket propellant）

ロケットは，内蔵された燃料を燃焼させ，発生した高温・高圧の燃焼ガスをノズルから超音速で噴射することによって推進する．ロケットなどの飛翔体が内蔵している燃料を推進薬という．推進薬は外部から供給されるエネルギーにより着火し，その後は推進薬自身が発生したエネルギーによって自立燃焼を継続できる．推進薬は化学反応により燃焼ガスを発生するために必要な燃料成分と酸化剤成分から構成されている．そのため，大気中の空気を利用することなく燃焼できるので，宇宙空間や水中でも燃焼できる．

1944 年，ドイツで開発された V2 号ロケットに用いられた推進薬は，エチルアルコールと液体酸素を組み合わせたものであり，燃料も酸化剤も液体であることから，液体推進薬と呼ばれる．また，液体推進薬を用いたロケットは液体ロケットと呼ばれている．液体推進薬として用いられる酸化剤には，液体酸素，四酸化二窒素，過酸化水素などがあり，燃料には液体水素，ヒドラジン，ガソリン，ケロシンなどがある．これらの組み合わせによって，異なった燃焼特性を得ることができる．

燃料成分と酸化剤成分が固体となっている固体推進薬もある．これらを用いたロケットは固体ロケットと呼ばれている．固体推進薬は，均質型推進薬と不均質型推進薬の 2 種類に大別できる．均質型推進薬に属するものとしては，ダブルベース推進薬がある．主成分はニトロセルロースとニトログリセリンである．これらが膠質化しており，化学的に均質になっている．この推進薬の基本的な性状は，3.2.2 項で述べたダブルベース発射薬とほぼ同じである．一方，不均質型推進薬に属するものとしてはコンポジット推進薬がある．これは，酸化剤成分である固体酸化剤粒子と燃料成分であるバインダー（binder：燃料兼結合剤）を混合，硬化させたものである．固体酸化剤粒子をバインダーが取り囲んでおり，化学的に不均質になっている．

固体推進薬は，「推進的爆発の用途に供せられる火薬」として火薬類としての適用を受ける．一方，液体ロケットで用いられている液体燃料と液体酸化剤は火薬類ではないので，本書では固体推進薬について説明する．

中国の明時代（1368〜1662 年）の飛槍は，黒色火薬の燃焼ガスを後方に噴

射して，その反動で槍を飛ばす武器で，これが最初のロケット兵器であろう．18世紀末，インド南部の王子 Ali は，金属管を使用して，長さ3mの竹製の安定棒が付いた質量35kgのロケット兵器を開発した．その射程は2.4kmだった．命中精度は良くなかったが，多数使用したので，イギリス軍は非常に苦戦した．これに刺激されて，イギリスの Sir William Congreve 大佐は，1802年頃，4～5mの安定棒，質量11～12kg，射程約5kmのロケットを開発した．

固体ロケット推進薬は，1930年代には無煙火薬が主流であったが，1940年代にはコンポジット推進薬が研究されるようになった．銃砲弾は旋条すること（ライフリング）によって，命中精度が良くなった一方で，ロケット弾は命中精度が悪かったために，一時衰退したものの，その後，誘導方法が良くなり復活した．

3.3.1　ダブルベース推進薬（double base propellant）

ダブルベース推進薬は，ニトロセルロースとニトログリセリンを混合して成型した推進薬である．この推進薬には，ハロゲン化物が含まれていないこと，また，金属燃料が含まれていないことから，代表的な無煙性推進薬でもある．

a．原料
- 基剤：ニトログリセリン，ニトロセルロース
- 可塑剤：ジメチルフタレート，ジエチルフタレート，トリアセチン
- 安定剤：エチルセントラリット，2-ニトロジフェニルアミン
- 燃焼触媒：サリチル酸鉛，ステアリン酸鉛，サリチル酸銅，ステアリン酸銅
- 不透明化剤：カーボン
- 消炎剤：硝酸カリウム，硫酸カリウム
- 振動燃焼抑制剤：アルミニウム，ジルコニウム，炭化ジルコニウム
- 高エネルギー添加剤：RDX，HMX

表3.5にダブルベース推進薬の組成を示す．

表3.5　ダブルベース推進薬の組成

成分	ニトロセルロース	ニトログリセリン	その他
組成（%）	50～55	40～45	<10

b．製法

ダブルベース推進薬の製造方法は，無溶剤法，溶剤法と注型法の3種類に大別できる．どの製造方法を採用するかは，推進薬グレインの大きさ，直填の必要性，燃焼性能などを考慮して決定される．

- **無溶剤法**

無溶剤法は，ダブルベース推進薬の成型時に熱で推進薬を軟化させ，これに圧力をかけて所定の形状に成型する方法である．この製造フローシートを図3.6に示す．圧伸薬では直径150 mm程度まで製造可能である．無溶剤法は製造可能な組成範囲が比較的狭いが，大量生産に適した製造方法であり，圧延薬は短秒時モータ用の推進薬などに，圧伸薬はロケット弾などに使用される．

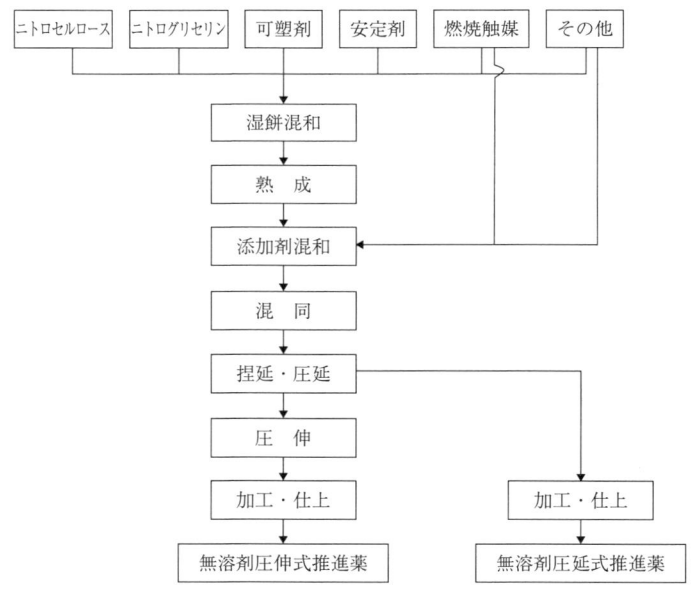

```
ニトロセルロース  ニトログリセリン  可塑剤  安定剤  燃焼触媒  その他
        ↓            ↓          ↓      ↓       ↓        ↓
                        湿餅混和
                          ↓
                        熟　成
                          ↓
                      添加剤混和
                          ↓
                        混　同
                          ↓
                      捏延・圧延
                     ↓          ↓
                   圧　伸
                     ↓            ↓
                  加工・仕上    加工・仕上
                     ↓            ↓
              無溶剤圧伸式推進薬  無溶剤圧延式推進薬
```

図3.6　ダブルベース推進薬製造フローシート（無溶剤式推進薬）

(1) 湿餅混和：水の入った混和槽に湿綿薬を仕込んで撹拌し，これにニトログリセリン，安定剤，可塑剤，その他の添加剤を仕込み，均一に混合する．安全のため，添加剤類は篩分けして異物除去しておく．混合の終わったスラリーは，遠心分離機で水分を20％程度まで減らし，容器に詰めて保管する．

この段階の火薬はおから状の粉薬であり，湿餅薬と呼ばれる．この保管工程では，ニトロセルロースとニトログリセリンのゲル化が進行するため，熟成工程とも言う．

(2) 添加剤混和：水溶性の成分は湿餅混和工程では添加できないため，この添加剤混和工程で添加する．塊をほぐした湿餅薬と添加剤を Werner 型捏和機に仕込み，均一に混合する．

(3) 混同：湿餅混和や添加剤混和作業は 1 回 100 kg 程度のバッチ作業であるため，数トンの均一な 1 ロットの火薬を製造する際は，バッチ製造した湿餅薬を均一に混同する必要がある．このため，混同機に湿餅薬を仕込んで混ぜ合わせる作業を何回も行い，全体を均一な状態とする．この混同が終わった火薬を混餅薬という．

(4) 捏延・圧延：捏延工程では，混餅薬を温水で加温した 2 軸ローラで練ってシート状の火薬を製造する．このローラは異速ローラであり，薬板は片側のローラに巻付いた状態で練り上げられる．圧延工程では，折り重ねた薬板を等速ローラに通す作業を何回も行い，気泡を除去して均一な薬厚の薬板に成型する．無溶剤圧延式推進薬は，この圧延工程で最終薬厚に延ばされた後，必要な形状に裁断・加工されて完成品となる．

(5) 圧伸：加温した圧延薬板をカーペットロールと呼ばれるロール状に丸め，これを圧伸機に入れて圧伸すると棒状のグレインが製造できる．圧伸機のダイスピンに所定の形状のものを使用することで，星型内孔や丸穴内孔のグレインを成型できる．圧伸時の内部歪を除去するため，圧伸後に一定時間加温してアニーリング（熱処理）を行う．

(6) 切削・加工：旋盤などの機械を使用してグレインを所定の形状に加工する．安全面から，切削速度は金属加工に比べて非常に低速で行う．必要によっては水をかけながら加工する場合もある．その後，レストリクター接着などを行って完成品となる．

• 溶剤法

溶剤法は，ダブルベース推進薬に溶剤を加えて練り合わせ，所定の形状に成型した後で溶剤を乾燥する方法である．この製造フローシートを図 3.7 に示す．溶剤法で製造できる火薬は直径 20 mm 程度までであり，薬厚が薄いため，燃焼時間の短いロケットモーターやガスジェネレーターに使用される．

```
┌─────────┬──────────┬───────┬───────┬─────────┬───────┐
ニトロセルロース ニトログリセリン 可塑剤 安定剤 燃焼触媒 その他
└────┬────┴────┬─────┴───┬───┴───┬───┴────┬────┴───┬───┘
                         ↓
                      ┌──────┐
                      │ 捏 和 │
                      └──┬───┘
                         ↓
                      ┌──────┐
                      │ 圧 伸 │
                      └──┬───┘
                         ↓
                      ┌──────┐
                      │ 乾 燥 │
                      └──┬───┘
                         ↓
                      ┌──────────┐
                      │ 裁断・仕上 │
                      └────┬─────┘
                           ↓
                   ┌──────────────┐
                   │ 溶剤圧伸式推進薬 │
                   └──────────────┘
```

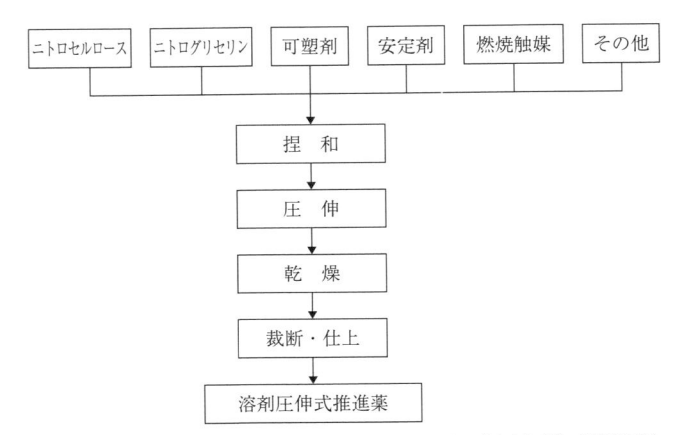

図 3.7 ダブルベース推進薬製造フローシート（溶剤圧伸式推進薬）

(1) 捏和：Werner 型捏和機にニトロセルロース，ニトログリセリン，安定剤，その他成分と溶剤を仕込み，所定時間練り合わせて，捏和薬と呼ばれる粘土状の火薬にする．ニトロセルロースに水分が多いとニトログリセリンとのゲル化が進まないため，エチルアルコールで駆水したニトロセルロースが使用される．捏和に使用する溶剤は，アセトン／エチルアルコールやエーテル／エチルアルコールの混合溶剤が使用される．

(2) 圧伸：捏和工程で製造された捏和薬は圧伸機により，ダイスピンを通して圧伸して所定の形状に成型する．その後，適当な長さに切断し，乾燥皿に並べて乾燥を行う．

(3) 乾燥・裁断：乾燥工程では，温風により推進薬中の溶剤を除去する．その後，必要な長さに裁断し，推進薬が完成する．

- **注型法**

注型式推進薬は，推進薬を鋳型中で硬化させて製造するものであり，圧伸法よりも大きなサイズの推進薬を製造できる．比較的広い組成範囲で推進薬を製造でき，架橋タイプの推進薬を用いればモーターケースへの直填製造も可能である．注型式には2種類あり，一つは微粒子状に加工したニトロセルロースを使用し，コンポジット推進薬と同様に混和機を使用して推進薬スラリーを混和後，鋳型に真空下で注型するスラリーキャスト方式である．もう一つはキャスティングパウダー（あるいはベースグレイン）と呼ばれるダブ

ルベース粒状薬を鋳型に充填し，これにキャスティングソルベントと呼ばれる膠化液を浸透し，硬化させるグレインキャスト方式である．これらの製造フローシートを図 3.8 と図 3.9 に示す．

＜スラリーキャスト方式＞

(1) 混和：縦型の混和機にニトログリセリンや可塑剤，その他の燃焼触媒などの成分を仕込んで混合し，これに微粒子状の球状ニトロセルロースを加えて混和する．この球状ニトロセルロースは，ニトロセルロースを溶剤で溶かして球状に造粒した直径 30 μm 程度の微粒子で，安定剤などを含有している．混和作業は，推進薬スラリー中の気泡を除去するためにコンポジット推進薬と同様に加温状態で真空混和される．

(2) 注型・硬化：真空注型槽にセットした鋳型中に推進薬スラリーを真空注型する．注型後は規定の時間，50～60℃の温度で加温して推進薬を硬化させる．

(3) 離型・切削加工：硬化した推進薬を離型後，所定の形状に仕上げ加工を行う．端面部分などは必要に応じてレストリクタの接着を行う．推進薬内部やレストリクタと推進薬間に気泡，剥離があると燃焼性能に異常が生じるため，X線などにより内部欠陥の有無を検査する．

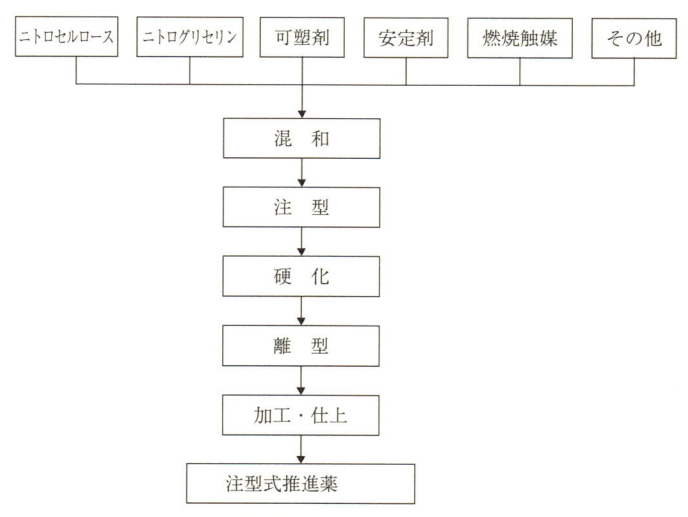

図 3.8 ダブルベース推進薬製造フローシート（スラリーキャスト方式）

```
┌──────────┐ ┌──────────┐ ┌──────┐   ┌────────────┐ ┌──────┐ ┌──────┐
│ニトロセルロース│ │ 燃焼触媒 │ │その他│   │ニトログリセリン│ │可塑剤│ │安定剤│
└─────┬────┘ └────┬─────┘ └──┬───┘   └──────┬─────┘ └──┬───┘ └──┬───┘
      └───────────┴──────────┤              └──────────┴────────┘
                             ▼                         ▼
                  ┌────────────────┐          ┌──────────────────┐
                  │キャスティングパウダー│          │キャスティングソルベント│
                  └────────┬───────┘          └─────────┬────────┘
                           ▼                            ▼
                      ┌────────┐                   ┌────────┐
                      │ 充 填  │                   │ 脱 泡  │
                      └────┬───┘                   └────┬───┘
                           ▼                            │
                      ┌────────────┐◀───────────────────┘
                      │キャスティング│
                      └────┬───────┘
                           ▼
                      ┌────────┐
                      │ 硬 化  │
                      └────┬───┘
                           ▼
                      ┌────────┐
                      │ 離 型  │
                      └────┬───┘
                           ▼
                      ┌──────────┐
                      │加工・仕上 │
                      └────┬─────┘
                           ▼
                      ┌──────────┐
                      │鋳造式推進薬│
                      └──────────┘
```

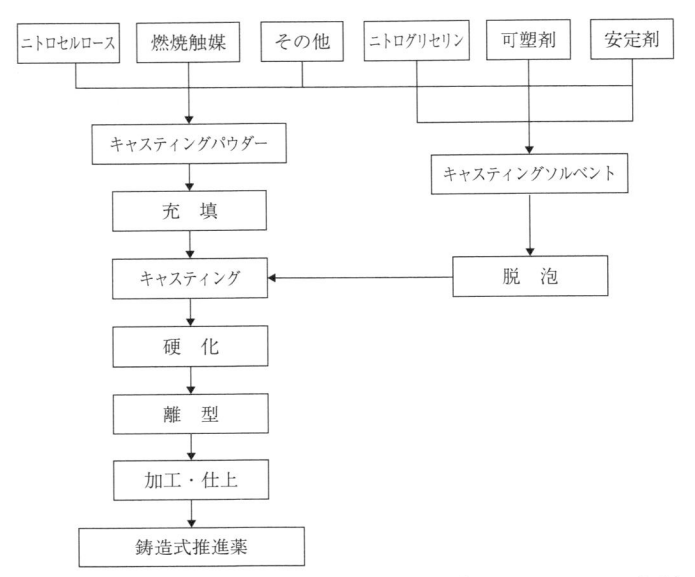

図 3.9 ダブルベース推進薬製造フローシート（グレインキャスト方式）

＜グレインキャスト方式＞

(1) 充填：レストリクターを施工した鋳型にキャスティングパウダーを高密度で均一に充填する．キャスティングパウダーは約 1 mm 程度の大きさの燃焼触媒を含んだダブルベース粒状薬であり，溶剤圧伸法で製造される．充填時の流動性や静電気を低減するため，キャスティングパウダーはグラファイト光沢されることが多い．鋳型への充填は，篩を通して落下させるスクリーンローディング法が一般的である．

(2) キャスティング：鋳型の底部からニトログリセリンと可塑剤，安定剤の混和液であるキャスティングソルベントを圧入し，キャスティングパウダーの隙間に浸透させる．推進薬中に気泡が残らないよう，キャスティングソルベントは事前に脱泡しておき，圧入時は鋳型内に均等に浸透させることが必要である．

(3) 硬化：キャスティングが終了した鋳型を 50～60℃で加温し，キャスティングパウダーをキャスティングソルベントでゲル化して，均一な推進薬グレインを得る．

(4) 離型・切削加工：硬化が完了した推進薬は放冷後，鋳型から離型する．推進薬を所定の形状に切削加工し，必要に応じてレストリクターの接着などを行う．また，X線検査を行って内部欠陥を検査する．

3.3.2 コンポジット推進薬（composite propellant）

コンポジット推進薬は固体酸化剤粒子とバインダーを混合，硬化させたものである．バインダーは高分子化合物であり，燃料としてだけでなく，結合剤としての機能も有している．更にエネルギーを増加させるために，金属粉が用いられる．バインダーの可塑性や酸化剤粒子とバインダーとの接着性を改善するために，可塑剤やボンディング剤（結合剤）が添加されている．また，燃焼速度の制御のために燃焼触媒，振動燃焼を抑制するために振動燃焼抑制剤なども添加されている．

a．原料
- 酸化剤

過塩素酸アンモニウム，過塩素酸カリウムあるいは硝酸アンモニウムの粉末が酸化剤として使用される．

(1) 過塩素酸アンモニウム：酸化力に優れているとともに，燃焼した際に低分子の燃焼生成物を発生させ，発生ガス量が多くなる．また，吸湿性も小さいために，取扱いが容易である．現在，コンポジット推進薬の酸化剤として最も多く使用されている．ただ，燃焼ガス中に塩化物を含むために，酸性雨などの原因となり，環境に悪影響を及ぼす．

(2) 硝酸アンモニウム：全部が気体になるので，ガス発生量が多く，発煙が少ない．しかし，硝酸アンモニウムは吸湿性が大きく，また，常温付近に転移点があるために，体積変化を起こし，推進薬に亀裂が入る原因となること，着火性と自立燃焼性が悪いこと及び比推力が小さいことが欠点である．そのため，防湿性を良くし，結晶転移防止剤や燃焼触媒を添加することが必要である．

- バインダー

ポリブタジエン，ポリエステル，ポリウレタン，アジ化ポリマーなどが使用されている．主要なバインダーについて，それらの概要を説明する．

(1) ポリブタジエン：分子の末端にカルボキシ基又は水酸基のついたポリブタ

ジエンが使用されている．現在，両末端水酸基ポリブタジエンが，バインダーとして最も広く使われている．燃焼性が大きく，優れた機械的性質を持ち，耐寒性や耐衝撃性などに優れている．

(2) ポリエステル：2価アルコールと二塩基酸からなる不飽和ポリエステルで，縮重合する．低粘度であるために注型に適し，室温硬化ができ，硬化の際の気体の発生がなく，価格が安い．硬化時の発熱が大きく，機械的性質が不十分であるため，硬化収縮により内部ひずみが大きいのが欠点である．

(3) ポリウレタン：ポリオールとジイソシアネートの付加反応によってつくる．収縮が極めて少ない．有効酸素が多く，燃焼生成ガスの分子量が低く，高推力が得られる．しかし，水分と反応して二酸化炭素を発生するので，製造工程中は水分管理を厳重に行う必要がある．

(4) ポリエチレン：エチレンの高重合体であり，鎖状構造をしている．二重結合がないために，分子内に水素を多く含んでいる．したがって，燃焼した際，燃焼生成ガスの分子量が低くなり，高比推力が得られるために，ハイブリッドロケットの燃料として適している．しかし，機械的性質が悪い．

(5) アジ化ポリマー：炭化水素系高分子化合物にアジド基を付加したバインダーをいう．このバインダーの生成熱は正であり，アジド基が熱分解する際に発熱して，高温の分解ガスを発生する自己燃焼性のあるポリマーである．

バインダーには次のような性能が要求される．

(1) 重合硬化の際に多量の熱を発生せず，成型に高温や高圧を必要としないなど，成型が容易で，また，気泡の原因となる揮発性成分を出さず，硬化前後の体積変化が少ないこと．

(2) 比推力を大きくするため，炭素が少なく，水素と酸素が多くて，燃焼熱の大きいもの．

(3) 燃焼生成物が気体で，その平均分子量が小さいこと．ガス量が多くなり，比推力を大きくし，有利である．一方，固体生成物は煙の原因となるので不利である．

(4) 点火が容易で，酸化剤と容易に反応して，安定な燃焼を示すこと．燃焼速度が圧力の影響をあまり受けないこと．燃焼中に絶対に爆轟に転移しないこと．

(5) 機械的強度に優れ，低温及び高温の物性も良いこと．

(6) 水分の影響を受けず，貯蔵安定性が良く，長期貯蔵ができること．
(7) レストリクターとの接着性が良いこと．鋳造グレインではモーターケースによく密着すること．
(8) 取扱いが安全かつ容易で，なるべく価格が低いこと．

- 硬化剤及び可塑剤

 ポットライフ（バインダーに硬化剤を加えてから，注型その他の作業ができなくなるまでの時間）を適当にし，硬化の際の内部発熱と内部ひずみを少なくするため，また，長期貯蔵における熱安定性と老化防止のため，適当な硬化剤と可塑剤を使用する．

 硬化剤には，パラキノンジオキシム，トルエンジイソシアネート，1,2-トリス（2-メチルアジリデニル）フォスフィンオキサイド，イソフォロンジイソシアネートなどがある．可塑剤にはジオクチルアジペート，イソデシルペラルゴネート，ジオクチルフタレートなどがある．

- 燃焼触媒

 過塩素酸アンモニウム系では酸化鉄やフェロセンなどの鉄系化合物，硝酸アンモニウム系ではクロム酸塩などの遷移金属化合物が燃焼触媒として用いられる．

- その他の添加物

 金属燃料や振動燃焼抑制剤として，アルミニウム，マグネシウム，ベリリウム，ホウ素，ジルコニウム，炭化ジルコニウムなどが添加されている．

b．製法

コンポジット推進薬の製造方法には，大きく直填法とブロックボンディング法に分けられる．ここでは，それぞれの製造方法について示す．

＜直填法＞

直填法は，コンポジット推進薬をモーターケースに直接注型する方法であり，最も一般的に実施されている方法である．製造フローシートを図 3.10 に示す．

(1) 前処理：直填法に限らず，コンポジット推進薬を製造する場合は，主要成分及びモーターケースなどについての前処理を実施する必要がある．主要成分の前処理としては，乾燥，粉砕，篩分けなどが実施される．酸化剤成分は，充填した時に最密充填に近い状態にするために，粒子径の組み合わせを調整する．

第3章　混合火薬

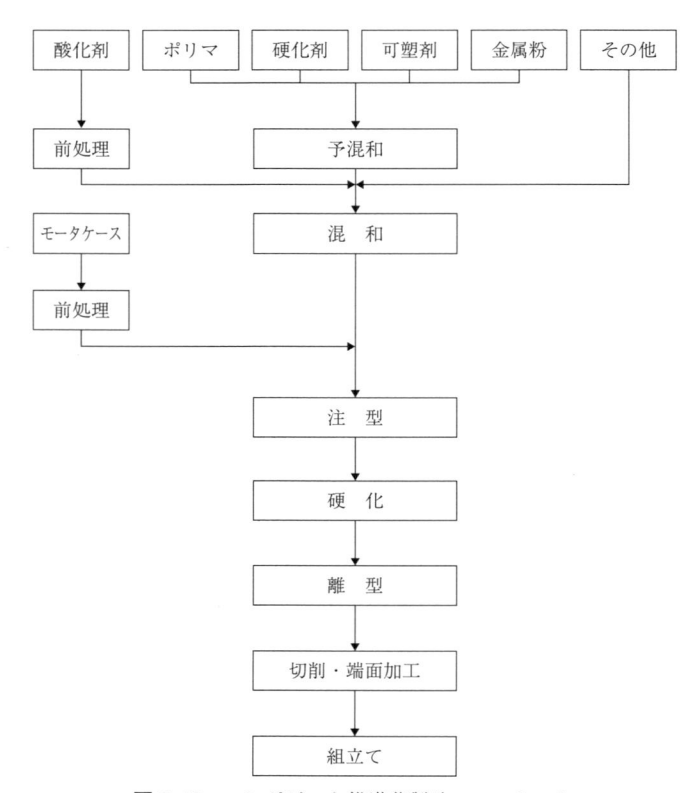

```
[酸化剤]  [ポリマ]  [硬化剤]  [可塑剤]  [金属粉]  [その他]
   │         │        │        │        │        │
   ↓         └────────┼────────┘        │        │
[前処理]          [予混和]                │        │
   │                  │                  │        │
   │             [混　和]  ←─────────────┴────────┘
[モータケース]        │
   │                  │
[前処理] ─────────────┤
                      ↓
                  [注　型]
                      ↓
                  [硬　化]
                      ↓
                  [離　型]
                      ↓
              [切削・端面加工]
                      ↓
                  [組立て]
```

図 3.10　コンポジット推進薬製造フローシート

　モーターケースについては，モーターケース内面が推進薬の火炎によって破損しないように，ゴム材などをインシュレーション（断熱材）として施す．また，インシュレーションを施さない時は，推進薬のバインダーと同様の成分あるいはそれにカーボンブラックなどを混合して耐熱性を向上させたライナーをモーターケース内面に施す．インシュレーション表面にも推進薬との接着性を良くするためにライナーが塗布される．

(2) 予混和：予混和工程では，バインダーとして使用する成分（ポリマー，可塑剤，金属粉など）を，酸化剤と混合する前に，均一に分散するまで混合する．アルミニウムなどの金属粉の表面をポリマー成分で濡らしておくことは，その後の酸化剤成分を添加したときの粘度低下を防止するだけでなく，酸化

剤粒子との直接接触を防ぐことができ，保安上重要である．
(3) 混和：混和工程では，酸化剤成分と予混和したバインダー成分並びに硬化剤などを混和する．また，必要に応じて燃焼触媒や振動燃焼抑制剤を添加する．混和時の粘度を下げるために混和機外周に通されたジャケットに温水などを通して一定温度に加温される．また，混和中は推進薬中の気泡の除去や硬化剤成分の反応に影響する水分を除去するために，混和は減圧下にて行われることが一般的である．成分が均一に分散されていないと推進薬の機械強度が低下することがあるため，混和は十分に時間をかけて実施される．
(4) 注型：注型工程では，減圧下で混和された推進薬を所定のモーターケースを組み込んだ鋳型に流し込む．モーターケースには，注入の前に所定の内孔形状にするための内孔ピンが所定の位置に挿入される．推進薬注型時には気泡が混入しないようにモーターケースを組み込んだ鋳型内を減圧にする．粘度が低く流動性の良い推進薬は，上方からモーターケース内への自然落下の注型が可能であるが，粘度が高いものや流動性が低いものは圧搾空気等を用いて圧力をかけて注型する．
(5) 硬化：注型終了後，硬化剤とポリマーの反応を促進して推進薬を硬化させる．硬化は推進薬を注型したモーターケースのまま実施され，通常50〜80℃の温度で硬化させる．所定の強度を有する硬さに硬化したら加温を終了する．硬化終了後は，急激な温度変化を避けるために緩やかに常温まで温度を冷却していく．
(6) 離型：硬化終了後，推進薬内孔ピンを引き抜く．
(7) 切削・端面加工：所定の寸法にそろえるために，推進薬の端面を切削などにより加工する．また，燃焼形態によっては燃焼面を制御するためのゴム材などのレストリクターを貼り付けることもある．

＜ブロックボンディング法＞

ブロックボンディング法は，直填法とは異なり，直接モーターケース内に推進薬を注型せずに，所定の鋳型に注型後にモーターケースにその推進薬を装填する方法である．その製造方法は，予混和から硬化までは直填法と同じである．
(1) 前処理：所定の寸法が確保できる鋳型を準備する．鋳型には硬化後に推進薬が離型しやすいように離型剤などが内面に塗布される．
(2) 離型：硬化終了後に鋳型から推進薬を抜き出す．内孔を内孔ピンで成型し

た場合は同時に引き抜く．
(3) 切削加工：離型された推進薬を所定の寸法にするため，端面を切削加工する．また，内孔をピンで成型しない場合は，切削により内孔を切削加工する．
(4) ボンディング：切削加工された推進薬ブロック側面や端面にゴム材などのレストリクターを塗布する．これをインシュレーション施工されたモーターケース内に装填する．燃焼時の圧力バランスの取り方により，装填時に推進薬ブロックとインシュレーションとを接着する場合としない場合がある．

表3.6にコンポジット推進薬の組成例を示す．

表3.6　コンポジット推進薬の組成例

成分	酸化剤	バインダー	金属粉	その他
組成 (%)	60〜90	10〜20	0〜20	<5

3.3.3　種類とその特性

ダブルベース推進薬の変性品をも含めて，主要なコンポジット推進薬には次のような推進薬がある．
(1) 過塩素酸アンモニウム系推進薬：酸化剤としての過塩素酸アンモニウムを用いたコンポジット推進薬であり，最も標準的な推進薬である．製造も取扱いも非常に優れているが，有煙性である．燃焼ガス中に塩化物を含むために，酸性雨などの原因となり環境に悪影響を及ぼす．
(2) コンポジット化ダブルベース（CMDB）推進薬：ダブルベース推進薬の成分に過塩素酸アンモニウムなどの酸化剤，更にアルミニウム，RDX，HMXなどが添加されることがある．これによって，ダブルベース推進薬より比推力を向上できる．
(3) コンポジットダブルベース（CDB）推進薬：ダブルベース推進薬の成分にバインダーを添加した推進薬である．これによって，ダブルベース推進薬の低温下での機械的物性を改善できる．
(4) ニトラミン系推進薬：バインダーとRDX又はHMXを主剤としており，過塩素酸アンモニウム，アルミニウム，可塑剤などが添加されることがある．この推進薬は燃焼した際，高温を発生し，分子量の小さなガスを発生するために，比推力が優れている．

成分の組み合わせによって，さまざまな推進薬が製造できる．用途に応じ

て，必要な性能を持つ推進薬が選定される．表3.7は各種固体推進薬について，その性能を比較したものである．低温物性と直填性では，コンポジット推進薬とCDB推進薬が優れている．耐老化性ではCMDB推進薬に問題がある．比推力ではダブルベース推進薬がやや低い．ダブルベース推進薬の燃焼速度は温度や圧力の影響が小さいが，その他の推進薬は大きく影響を受ける．燃焼ガスの無煙性と非腐蝕性は，CMDB推進薬と過塩素酸アンモニウム系推進薬が劣っている．ニトラミン系推進薬も添加物によってはやや悪くなる場合がある．

表3.7 各種固体推進薬の性能比較

	圧伸式ダブルベース	注型式ダブルベース	CMDB	CDB	過塩素酸アンモニウム系コンポジット	ニトラミン系コンポジット
密度 (g/cm^3)	1.6～1.7	1.5～1.6	1.6～1.8	1.5～1.7	1.7～1.9	1.6～1.8
低温伸び ($-40°C$ %)	1～3	3～10	3～10	20～100	20～50	20～40
直填性	悪 い	やや悪い	やや悪い	優 秀	優 秀	優 秀
耐老化性	良	良	やや悪い	優 秀	優 秀	優 秀
比推力 I_{sp}(s)	200～210	220～210	210～230	220～240	230～250	220～250
圧力指数 n	-0.1～0.2	-0.3～0.2	0.3～0.7	0.2～0.6	0.3～0.4	0.3～0.6
無煙性	優 秀	優 秀	やや悪い 白 煙	優 秀	悪 い 白 煙	優秀～やや悪い
燃焼ガスの腐蝕性	優 秀	優 秀	やや悪い	優 秀	悪 い	優秀～やや悪い
用 途	小型モータ用，防衛用，量産向き	大型モータ用，量産向き	用途少ない	小型～大型モータ用，ダブルベースの性能向上	大型ロケット用，おもに観測用，防衛用	防衛用

3.3.4 用途

固体推進薬を用いたロケットは，液体推進薬を用いた場合と比較して，構造が簡単で小型化が可能であり，故障の発生が少なく，信頼性が高いなどの特長を持っている．一方，固体推進薬は液体推進薬より比推力が小さく，燃焼時間が短く，燃焼の制御が任意にできないという欠点もあった．最近は，固体推進薬の性能が向上してきて，宇宙開発用や軍事用の広範囲な分野に使用されるようになった．

固体推進薬の用途の一例は次のとおりである．
(1) 大型ロケット打ち上げ用補助ロケット用
(2) 小型・中型ロケット用
(3) 各種ミサイル用（軍用）
(4) 航空機の離陸補助用及びエンジンの始動用
(5) 消火ロケット，救命索ロケット用
(6) 航空機搭乗員脱出装置用

第4章

混合爆薬

4.1 ダイナマイト (dynamite)

4.1.1 ダイナマイトの変遷

　ニトログリセリンあるいはニトログリコール，又はこれらの混合物にニトロセルロースを配合して膠化したニトロゲルを基剤とし，これを6%を超えて含有する爆薬をダイナマイトといい，発破に使用する．

　Nobelはニトログリセリンの爆破薬としての優れた性能に着目し，1864年に雷こうを金属管体に充填した工業雷管を発明して，ニトログリセリンの爆轟方法の確立に成功した．そこで，Nobelはニトログリセリンを製造し，これを液体のままびんあるいは缶に入れて世界各地に販売した．液体のニトログリセリンは非常に鋭敏であるから，各所で爆発事故が発生し，世界各国はニトログリセリンの使用を禁止した．Nobelの工場でも爆発によって，弟Emilと信頼する技術者Hertzmannを失っている．

　しかし，Nobelはこれにくじけることなく，ニトログリセリンの製造及び取扱いの安全化について研究し，1866年，ニトログリセリンを珪藻土にしみ込ませた可塑性の爆薬を発明して，ダイナマイトと名付けた．珪藻土は不活性物質であるから，ニトログリセリンの爆発を助長することはない．そこで，Nobelは活性吸収剤について研究し，硝酸カリウム，硝酸ナトリウムのような酸化剤及び木粉，でん粉のような可燃物をニトログリセリンに混合する方法を発明した．ストレートダイナマイト及びアンモニアダイナマイトがそれである．これらの爆薬は感度が鋭敏であり，気温の上昇などでニトログリセリンがしみ

出す心配がある．そのため，わが国では製造されていない．

　更に，Nobel は窒素量12%程度のニトロセルロース7～8%がニトログリセリン92～93%によりゲル化されて，可塑性になることを発見し，1875年，ブラスティングゼラチン（わが国では松ダイナマイトあるいはニトロゲルという）を発明した．現在のダイナマイトはこのニトロゲルを基剤として，種々の物質を添加したものである．このようにして，坑内用，坑外用，炭坑用など，幅広い用途に対して優れた性能を示すダイナマイトが製造されるようになった．

　ダイナマイトはニトログリセリンの融点の8℃前後で凍結する．凍結したダイナマイトは取扱いが危険で，しばしば事故が発生していた．ニトログリセリンにニトログリコールを添加すると，融点が下がり，凍結しないようになる．このようなダイナマイトを不凍ダイナマイトという．第二次世界大戦以前にはグリコールは高価であったが，戦後には石油化学工業の発達によって価格が下がり，グリセリンよりも安くなった．そのため，ニトログリコールを積極的に多く配合する方向に進み，わが国ではニトログリコール／ニトログリセリンが38/62までニトログリコールを添加することが認められている．このニトログリコール配合比のダイナマイトは凍結温度が約−37℃で，日本の気候ではまず凍結の心配がない．一方，ニトログリコールの配合は2.3節で記した原因によって薬害問題を引き起こした．

　ダイナマイトは，Nobel の発明以来，100年以上も発破用爆薬の主流を占めてきた．しかし，製造と取扱いが危険なこと，価格が高いことなどの問題があった．1950年代になって，硝安油剤爆薬と含水爆薬が発明された．ともに製造及び取扱いがダイナマイトよりはるかに安全なこと，硝安油剤爆薬はダイナマイトより格段に廉価なことのため，現在では硝安油剤爆薬の生産量は発破用爆薬の70%以上を占め，また，含水爆薬もダイナマイトに取って代わっている．

4.1.2　種類と組成
a．全般

　ダイナマイトには，ニトロゲル系ダイナマイトと混合ダイナマイトがある．ニトロゲル系で，ニトロゲルを約18%以上含有するダイナマイトは，餅あるいは羊かんのような外観をしており，膠質ダイナマイトという．ニトロゲルが6～18%で粉状のものは，粉状ダイナマイトという．

ニトログリセリンをニトロセルロースでゲル化せずに，吸収剤に吸収させた爆薬を混合ダイナマイトという．不活性吸収剤の珪藻土に吸収させたものが，珪藻土ダイナマイト，活性吸収剤を使用した爆薬がストレートダイナマイト及びアンモニアダイナマイトである．すなわち，次のようになる．

$$\text{ダイナマイト} \begin{cases} \text{ニトロゲル系ダイナマイト} \begin{cases} \text{膠質ダイナマイト} \\ \text{粉状ダイナマイト} \end{cases} \\ \text{混合ダイナマイト} \begin{cases} \text{珪藻土ダイナマイト} \\ \text{ストレートダイナマイト，アンモニアダイナマイト} \end{cases} \end{cases}$$

b．原料

(1) ニトログリセリン及びニトログリコール：わが国では，混合液中にニトログリコールが38％以下（通常，20〜38％）のものを用いている．
(2) ニトロセルロース：原料に綿リンターを使用し，窒素量は12.0〜12.2％のものが多い．風乾で水分を5〜15％にする．
(3) 硝酸アンモニウム：ニトロゲルの価格が高いので，最近の傾向はニトロゲルの配合比をできるだけ減らして，硝酸アンモニウムの配合比を増す方向にある．硝酸アンモニウムは白色結晶で，爆発的に分解する性質を持っている．しかし，吸湿性があり，固化しやすいという欠点がある．

硝酸アンモニウムには表4.1のような転移点がある．このうち重要なのは32.5℃の転移点である．夏季にはこの温度を上下することがある．そのたびに容積変化が起こり，粒子表面の破壊や包蔵水分の放出がある．そのため，硝酸アンモニウムの固化が発生する．固化を防止するには，硝酸アンモニウムに固化防止剤を添加する．硝酸アンモニウムの製造からダイナマイトの消費までの全ての過程で硝酸アンモニウムが吸湿しないように管理するなどの方法を講じなくてはならない．

表4.1 硝酸アンモニウムの転移点

転移点（℃）	−18	32.5	84.2	125.2	169.6	
結晶形	正方晶形又は六方晶形	斜方両錐晶形	斜方晶形又は単斜晶形	正方晶形又は六方晶形	等軸晶形	液相
容積変化 (cm^3/g)		−0.016	0.022	−0.0079	0.013	

(4) 硝酸ナトリウム，硝酸カリウム：ともに酸化剤（酸素供給剤）で，桜ダイナマイトの主要成分である．硝酸ナトリウムは榎ダイナマイトにも後ガスをよくする目的で配合されている．
(5) 可燃剤：爆発の際に燃焼して多量の熱とガスを発生し，爆発温度を高め，爆力を向上させる作用をする．密度の調整，ニトログリセリンの吸収，成形性の改善などの役割も持っている．木粉あるいはでん粉を使用する．
(6) ニトロ化合物：ジニトロトルエン，TNT，まれには RDX，PETN などが使われる．ニトログリセリンの代替物になる，ニトロゲルの膠化を助ける，成型性を良くするなどの目的で使用される．
(7) 減熱消炎剤：炭鉱用ダイナマイトではメタン及び炭じんの着火防止のために，減熱消炎剤を添加し，爆発温度を下げ，火炎の発生を少なくする．食塩，塩化カリウムなどがある．

c．膠質ダイナマイト

松ダイナマイト（ブラスティングゼラチンともいう）はニトログリセリン及びニトログリコール 92～93％とニトロセルロース 7～8％からなるニトロゲルだけでできているダイナマイトである．表 4.2 に膠質ダイナマイトの組成の一例と特徴を示す．現在はほとんど製造されていないが，他のダイナマイトはいずれも，松ダイナマイトに混和剤を配合したものである．したがって，松ダイナマイトは膠質ダイナマイトの基本形といえる．そのため，ニトロゲルにおけるニトログリセリン，ニトログリコール及びニトロセルロースの配合比は，どのダイナマイトでも松ダイナマイトと同じである．

d．粉状ダイナマイト

表 4.3 はニトロゲル 6～18％で粉状のダイナマイトの組成と特徴を示したものである．粉状ダイナマイトは炭鉱用と大発破用に限定される．

e．混合ダイナマイト

ニトロセルロースを使用せず，ニトログリセリンを吸収剤に吸収させた半膠質状のダイナマイトである．珪藻土ダイナマイトは今日では全く製造されていない．ストレートダイナマイトとアンモニアダイナマイトはアメリカでは製造されているが，製造，取扱いが危険なため，わが国では製造されていない．その組成例は表 4.4 のとおりである．

表4.2 膠質ダイナマイトの組成（％）と特徴

品名	ニトロゲル	ニトロ化合物	硝酸塩	木粉その他	減熱消炎剤	特徴
松ダイナマイト	100	-	-	-	-	水中, 坑内用, 威力大, 吸湿性ない
桜ダイナマイト	48～55	-	34～42	8～12	-	同上
特桐ダイナマイト	35～54	-	39～60	2～8	-	水中, 坑内, 坑外用, ダイナマイトで威力最強
新桐ダイナマイト	20～35	0～5	57～70	2～10	-	坑内, 坑外用, 威力大
3号桐ダイナマイト	18～24	0～9	65～75	1～11	-	同上
2号榎ダイナマイト	20～27	2～9	50～72	4～8	-	坑内用, 後ガスよい
あかつきダイナマイト	5～20	0～10	60～85	1～5	-	坑外, 大口径用, 経済的
桐ダイナマイト（深海用）	30～40	2～7	50～60	6～11	-	水中用
GX-1号ダイナマイト	50～60	1～3	35～45	4～12	-	水深300mで爆速6km/s 24時間耐水
S新桐ダイナマイト	30～40	-	42～50	4～12	-	水中用
S特桐ダイナマイト	50～65	4～10	15～25	-	-	〃
GS特桐ダイナマイト	36～49	-	35～50	2～8	-	〃
海底発破用爆薬1号	50～54	5～9	19～26	15～19	-	〃
アーバナイト	50～54	2～6	36～44	2～6	-	市街地用
1号特梅ダイナマイト	18～23	4～8	50～55	1～3	20～26	炭鉱用
3号特白梅ダイナマイト	18～20	-	46～50	2～4	25～27	〃

表4.3 粉状ダイナマイトの組成（％）と特徴

品名	ニトロゲル	硝酸塩	木粉その他	ニトロ化合物	食塩	特徴
EqS爆薬	9～12	50～55	5～10	-	30～34	炭鉱用
大発破用爆薬	6～7	75～78	3～6	10～15	-	大発破用

表4.4 混合ダイナマイトの組成（％）と特徴

品名	ニトログリセリン	硝酸アンモニウム	硝酸ナトリウム	木粉	その他	特徴
40％ストレートダイナマイト	39.0	-	45.5	13.8	1.7	ニトログリセリンの浸出の心配がある. 膠質ダイナマイトより危険
40％アンモニアダイナマイト	16.5	31.4	37.5	9.2	5.4	ストレートダイナマイトのニトログリセリンを減少させて, 同等の威力を持つ

4.1.3 製造

ダイナマイトの製造フローシートを図4.1に示す．

- 膠化：ニトログリセリンとニトログリコールの混合物にニトロセルロースを混合すると膠化する．混合比は松ダイナマイトの場合と全て同じである．ニトログリセリンだけの場合には，膠化速度が遅いので，加温して予捏和を行っていた．現在ではニトログリコールの配合比が多いので，予捏和の必要はなく，混合すれば常温に放置したままで膠化する．混合容器は銅，アルミニウムなど軟質性の金属で，撹拌には竹又は木を使用する．

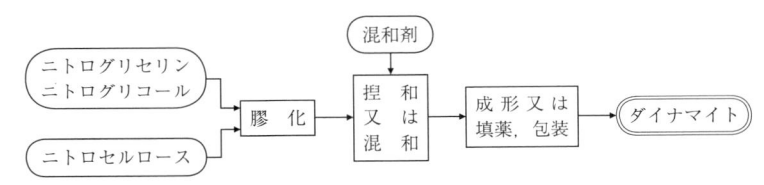

図4.1 ダイナマイトの製造フローシート

- 捏和又は混和：その他の配合成分を一括して混和剤という．混和剤はそれぞれ乾燥粉砕し，篩分して異物を除いて，あらかじめ1回の混合量を計量して混合機に入れておく．混合の形式は膠質ダイナマイトの場合に捏和といい，粉状ダイナマイトの場合に混和という．混合機には，普通，縦型のプラネット式が使用されている．
- 成型又は填薬及び包装：膠質ダイナマイトは圧伸機で圧伸し，所定の口径と薬長にして包装する．しかし，現在では手作業は特殊品に限られ，大部分が自動機械によっている．自動機械にはローレックス式があり，圧延し切断してから，直方体のものの包装と円筒形への成型を同時に行っている．粉状ダイナマイトはビアッチ式自動填薬包装機械によって，填薬と包装を行っている．

4.1.4 性質など

(1) 爆力の強いものから弱いものまであり，用途により選択が可能である．
(2) 殉爆性が良い．耐水耐湿性も良い．
(3) 大部分が酸素バランスが正で，後ガスがよく，坑内で使用できる．

(4) 松ダイナマイトは製造直後には爆速が7 km/s以上であるが，次第に爆速が低下し，不発残留することがある．これを老化といい，気泡が抜けるために起こる．もう一度捏りなおせば，元の爆速に戻る．
(5) 表4.5にダイナマイトの主な性能を示す．
(6) 凍結したダイナマイトは感度が高く，取扱いが危険である．しかし，わが国の気候では，ニトログリコール入りの現在のダイナマイトは，凍結の心配がない．
(7) ニトログリコールによる中毒を防ぐため，直接ダイナマイトに触れないこと．また，工室の排気を十分に行うことが必要である．
(8) ニトログリセリンがダイナマイト包装紙から浸出した場合には，注意して拭きとり，燃やすか，水酸化ナトリウムのエチルアルコール溶液で分解する．そのダイナマイトはすみやかに消費するか，廃棄する．
(9) ダイナマイトは製造，取扱いが硝安油剤爆薬や含水爆薬と比較すると，危険であり，注意を要する．例えば，孔内の不発残留爆薬にビット（のみ）をくりあてると，硝安油剤爆薬，含水爆薬では爆発の危険性はほとんどないが，ダイナマイトは高い確率で爆発し，事故の原因となっている．
(10) ダイナマイトは貯蔵安定性があまり良くない．したがって，一定期間ごとに安定度試験を行うことが，法規により義務づけられている．

4.2 硝安油剤爆薬 (ammonium nitrate fuel oil explosive)

英文の頭文字をとってANFO爆薬あるいはアンホ爆薬ともいう．硝酸アンモニウム94％と油剤6％とを基準とし，金属粉などの鋭感剤を含まず，6号雷管1本では起爆できない爆薬である．

1921年，ドイツのOppauで，倉庫に山積みして固結した約4500 tの硫硝安混成肥料（硫酸アンモニウム／硝酸アンモニウム（1/2（モル比））複塩）の一部を，ダイナマイトで発破して崩す作業をしていたところ，爆発が起きて，死者行方不明者669名，負傷者1952名を出す大災害となった．それ以来，硝酸アンモニウムの爆発性に関心が持たれるようになった．

1947年，アメリカのTexasで肥料用硝酸アンモニウム3200 tが船内で爆発した．このときは陸上の工場でも殉爆して，560名の死者と3000人以上の負

第4章 混合爆薬

表 4.5 ダイナマイトの性能

品名	状態	耐湿耐水性	見掛け密度 (g/cm³)	酸素過不足量 (g/g)	鉛とう試験[1] (cm³)	弾道振子[2] (mm)	爆速 (km/s)	落つい感度[3] (級)	殉爆度[4]	後ガス	安全度[5] (g)
松ダイナマイト	膠質	優	1.6	—	550〜650	90〜95	7〜7.5	3〜4	6〜8	良	—
桜ダイナマイト	〃	良	1.45〜1.55	+0.02〜+0.043	320〜360	71〜76	5.5〜6.1	3	5〜7	最優良	—
特桐ダイナマイト	〃	〃	1.40〜1.50	+0.014〜+0.015	430〜480	85〜91	6.5〜7.2	4	6〜8	優 良	—
新桐ダイナマイト	〃	〃	1.35〜1.45	+0.015〜+0.022	320〜450	80〜87	6.3〜7.0	5	5〜7	〃	—
3号桐ダイナマイト	〃	〃	1.30〜1.45	+0.015〜+0.023	380〜430	80〜86	5.5〜6.5	5〜8	4〜6	〃	—
2号榎ダイナマイト	〃	〃	1.30〜1.45	+0.015〜+0.030	370〜430	79〜85	5.8〜6.5	5〜8	4〜6	最優良	—
あかつきダイナマイト	〃	〃	1.25〜1.35	+0.015〜+0.047	370〜430	75〜85	5.0〜5.5	5〜8	2〜6	良	—
カヤツト	粒状	吸湿	0.90	—	—	—	2.5〜3.0	—	—	—	—
アサヒマイルド	膠質	良	1.30〜1.40	—	—	80〜85	1.9〜2.2	5	—	—	—
桐ダイナマイト (深海用)	〃	耐水	1.50	+0.013	380〜390	83〜85	6.7〜7.2	—	5〜7	優 良	—
GX-1号ダイナマイト	〃	〃	1.60	+0.020	380〜390	83〜85	6.8〜7.3	—	5〜7	〃	—
S新桐ダイナマイト	〃	極めて良	1.45	+0.012	380〜420	76〜81	5.8〜6.3	5	5〜7	—	—
S特桐ダイナマイト	〃	〃	1.60	0	400〜450	80〜85	6.5〜7.0	5	5〜7	—	—
GS特桐ダイナマイト	〃	〃	1.50	+0.045	390〜430	78〜83	6.0〜6.5	5	2〜4	—	—
海底発破用爆薬1号	〃	優	1.58〜1.66	+0.015	410〜460	85〜89	7.2〜7.7	5	6〜8	—	—
アーバナイト	〃	良	1.30〜1.40	+0.015	420〜470	85〜89	2.0〜2.5	7	5〜7	良	400
1号特梅ダイナマイト	〃	〃	1.35	+0.021	280〜310	66〜70	5.5〜6.0	—	5〜7	優 良	—
3号特白梅ダイナマイト	〃	〃	1.35〜1.45	—	300〜320	65〜68	5.5〜5.8	5	5〜7	優	400
EqS爆薬	粉状	吸湿	0.95〜1.05	+0.014〜+0.015	170〜230	50〜56	2.7〜3.3	5	3〜6	良	逆400
大発破用爆薬	〃	〃	0.98	+0.025	380〜400	75〜80	3.8〜4.3	5	—	—	—

注) 参照 (1) 7.3.2項 (2) 7.2.2項 (3) 7.3.2項 (4) 7.2.5項 (5) 7.6.2項

傷者を出した．アメリカの Akre はこの大事故にヒントを得て，1955 年に硝酸アンモニウム，粉炭，木炭及び油剤の混合物をポリエチレン袋に入れた爆薬をつくり，アクレマイトと名付けた．アクレマイトは性能が良くなかったので，広く使用されるに至らなかったが，その後，プリル硝酸アンモニウムに軽油を浸み込ませた現在の形式へと変化していった．

わが国には 1961 年頃に紹介され，1964 年に生産が開始された．製造，取扱いが安全で，低価格のため，2012 年にはわが国の発破用爆薬の約 78％を占めている．また，消費場所での運搬可能な設備による製造が認められている．

4.2.1 製造
a．原料
- 硝酸アンモニウム：純度 99.5％以上のものであり，もっぱら，球状多孔質のいわゆるプリル硝酸アンモニウムが使用されている．球状のために穿孔内への流動性が良い．また，多孔質のために，爆発性が向上し，油を吸収保持できる．
- 油剤：引火点 50℃以上のものであり，2 号軽油が使用されている．淡紅色に着色されていて，硝酸アンモニウムと混ぜると，硝酸アンモニウムが着色するようになっている．

b．製法
プリル硝酸アンモニウム 94％と軽油 6％を混和する．混和機は回転円筒式，V 型混合式，ウェルナー式，プラネット式，連続混和式などいずれでもよいが，スクリュー型連続混和機がよく使用される．硝酸アンモニウムは吸湿しないように，輸送容器が直接，混和機に取りつけられるようになっている．製品は重袋包装する．また，移動式製造設備による，消費現場での製造が認められている．

4.2.2 性質など
(1) 粒状で，見掛け密度は 0.75〜0.9 g/cm³ である．吸湿性があり，爆速は 2.5〜3.5 km/s で，爆力はダイナマイトより劣る．
(2) 衝撃及び摩擦感度が鈍感で，落つい感度は 8 級である．取扱いはダイナマイトよりはるかに安全である．そのため，同一工室内で同時に原料の混合，

包装及び収函を行うことができる．
(3) 6号雷管では起爆されない（塩ビ雨どい試験又はカートン試験において6号雷管1本で完爆しないことが規定されている）．したがって，ダイナマイト，含水爆薬などの伝爆薬が必要で，通常その質量は硝安油剤の約10％である．
(4) 耐水性がない．したがって，水孔で使用するときには，あらかじめ孔内にポリエチレン袋を入れ，その中に硝安油剤爆薬を流し込む．
(5) 後ガスが悪い．NOxが多いので，坑内での使用には，換気に特に注意が必要である．
(6) 発破孔径が3cm以上ないと，最大理論爆速を示さない．装填密度が1.15 g/cm^3 以上になると，死圧現象があり，不爆になる．
(7) 静電気を帯電しやすい．ローダー（装填機）による装填は，発破孔への流し込みによる装填の際にも帯電しやすい．この静電気のために，かつては，その後で装填する電気雷管が爆発する危険性があった．しかし，最近は界面活性剤などを添加した，帯電しにくい硝安油剤爆薬ができている．また，耐性電気雷管も製品化している．
(8) 重袋包装やフレキシブル中空容器（フレコン）による輸送が認められている．
(9) 金属鉱山，石灰山，土木工事などの発破用に広く用いられている．薬径30～65 mmのピース品がある．また，通常ANFO爆薬は吹付けコンクリートなどの強アルカリと接触すると，アンモニアガスを発生させるが，添加剤を加えて，その発生を抑制した製品もある．

4.3 含水爆薬（water gel explosive）

含水爆薬は5％以上の水を含有する爆薬をいい，スラリー爆薬（slurry explosive）とエマルション爆薬（emulsion explosive）に分けられる．元来，火と水とは互いに相入れない性質のものであり，爆薬は水分が入ることを極力避けてきた．例えば，硝安爆薬は吸湿すると不爆になる傾向があるので，防水防湿管理は製造から消費に至るどの段階でも重要事項である．1957年，アメリカのCookとカナダのFarnamは共同で水と硝酸アンモニウムを主剤とする爆薬を発明し，製造販売した．まさに天才的な発想の転換である．

初期の含水爆薬は硝酸アンモニウム又は硝酸アンモニウムと硝酸ナトリウムの混合比約55％，水約20％及びTNT約25％をグアガムで粘稠化したものであって，雷管1本では起爆できず，伝爆薬が必要であった．その後，硝酸アンモニウム以外には爆発性物質を全く含まず，しかも雷管で起爆できる含水爆薬が製品化されている．わが国では1966年（昭和41年）から研究が開始され，1974年（昭和49年）にアメリカから技術導入して，その翌年から生産に入った．

含水爆薬は製造，取扱いが安全で，硝安油剤爆薬とは異なり耐水性があって，後ガスが良好なので，ダイナマイトが含水爆薬によってかなり代替されている．

4.3.1 製法
a．種類
含水爆薬は硝安油剤爆薬のように単一の組成物ではなく，種々の組成のものがある．用途別では，坑内用，坑外用，耐熱用，スムースブラスティング用，炭鉱用などさまざまな種類のものができている．

スラリー爆薬は水中に油性物質を懸濁させた oil-in-water（水中油）型で，鋭感剤としては有機硝酸塩，硝酸エステル，金属粉末などを用いている．エマルション爆薬は油性物質中に水溶液を分散懸濁させた water-in-oil（油中水）型で，爆轟を維持するためにマイクロバルーンのような中空粒子を使用しており，鋭感剤の入っていないものもある．

最近の含水爆薬はダイナマイトと同様に可塑性があるので，自動装置によって紙で包装でき，小口径でも雷管で起爆することができる．

b．原料
- 酸化剤：硝酸アンモニウムと硝酸ナトリウムが主として使用されるが，その他のアルカリ金属及びアルカリ土類金属の硝酸塩及び過塩素酸塩が使用されることもある．

 硝酸アンモニウムはほとんどの含水爆薬で使用されている．硝酸アンモニウムは爆発性はあるが，水分が存在すると鋭感化しない限り爆轟はできない．硝酸ナトリウムは低温においてゲルに柔軟性を与える．また，硫黄と併用すると，爆轟性を増す効果がある．

- 水：含水爆薬において，水は粘稠剤とともに成分の凝集を妨げ，接着性を維持する．耐水性を与え，他の物質との接触を良くして爆轟を伝える連続

物質を形成させる．爆薬の密度をあげ，場合によってはあまり多量でなければ反応に関与することもある．図4.2では臨界薬径（爆轟しうる最小薬径）が水分20％付近で最小となり，最も爆轟性が良いことを示している．

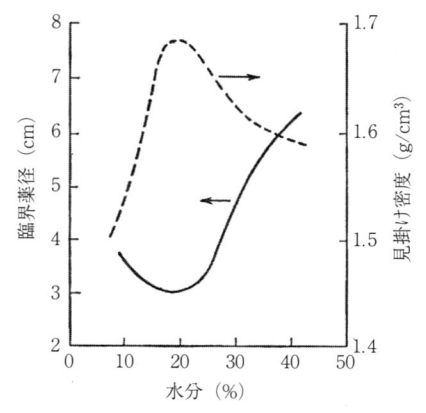

図4.2 TNT系含水爆薬の見掛け密度と臨界薬径に及ぼす水分の影響

　水は水蒸気になるために2.26 kJ/gの蒸発潜熱を必要とする．そのため爆力を低下させ，安全性を増す．水を多量に添加すると，その影響の方が大きくなる．通常8〜15％添加する．
- 鋭感剤：液体鋭感剤では脂肪族アミン硝酸塩及びヒドロキシアルキル硝酸エステルが主で，モノメチルアミン硝酸塩（MAN）$CH_3NH_2 \cdot HNO_3$，エチレングリコールモノナトレート $HOCH_2CH_2ONO_2$ などがある．その他，エチレンジアミン，トリメチルアミン，エチルアミン，プロピルアミン，尿素，アニリンなどの硝酸塩，プロピレングリコールの硝酸エステルなどがある．エマルション型では鋭感剤はなくともよい．
- 発熱剤：アルミニウム粉末が主として用いられる．アルミニウム合金，マグネシウム，マグネシウム合金なども使用できる．エマルション型ではなくともよい．
- 粘稠剤：成分の連続性を維持する効果と，小気泡を安定化させる効果を持つ．グアガム，カルボキシメチルセルロース（CMC），メチルセルロース，でん粉などが使用される．エマルション型には粘稠剤を使用しない．

- 架橋剤：粘稠剤の粘稠化を促進し，小気泡を安定化させるために使用する．ホウ砂，Redox 型架橋剤などがある．エマルション型では含有しない．
- 中空粒子：含水爆薬は小気泡の存在が必要なので，マイクロガラスバルーン，パーライトなど，内部に小空間を持つ粒子を配合する場合が多い．
- 界面活性剤：エマルション型含水爆薬では，水を小滴にして全体に均等に分散させるために必要である．分散した水滴が小さいほど威力が大きい．
- 油剤（油相成分）：エマルション型の場合に使用する．マイクロクリスタリンワックスなどがある．

c．製法

各原料を原料槽から所定量ずつ混合機に供給し，混合する．必要に応じて加温を行う．この液体をソーセージの製造と同様に，ポリエチレン筒に連続的に充填し，両端をクリップでとめて，切断する．紙包装も可能である．

含水爆薬は硝安油剤爆薬と同様に製造，取扱いが安全なので，同一建物内で製造から収函までを同時に行うことが認められている．建物の周囲の土堤は必要ない．含水爆薬の配合組成の例を表 4.6 に示す．No.1 が oil-in-water 型（スラリー型），No.2 が water-in-oil 型（エマルション型）である．

表 4.6 含水爆薬の配合組成例（％）

No.1		No.2	
水	12.0	水	10.0
硝酸アンモニウム	34.0	硝酸アンモニウム	75.7
硝酸ナトリウム	10.1	グリシノニトリルナイトレート	5.0
エチレングリコールモノナイトレート	30.0	ソルビタンセスキオレート	1.3
アルミニウム粉末	3.0	マイクロクリスタリンワックス	3.0
グアガム	2.6	マイクロガラスバルーン	5.0
エチレングリコール	5.3		
その他	3.0		

4.3.2 性質など

（1）含水爆薬の性能は表 4.7 のとおりである．
（2）衝撃，摩擦に対して他の爆薬より安全である．ビットのくりあて試験では，ダイナマイトが 26/120 の発火率に対して，含水爆薬の発火率は 0/1831 であった．このように比較的緩慢な衝撃に対する安全性は高いが，雷管の衝撃に対してはダイナマイトと同等の感度を持っている．

表 4.7 含水爆薬の性能

品名	状態	見掛け密度 (g/cm³)	爆速 (km/s)	弾動振子 (mm)	落つい感度 (級)	殉爆度	耐水性	後ガス	備考
アルテックス	膠質	1.17～1.23	5.8～6.0	78～84	8	4～6	優良	優良	
SB 及び PS アイレマイト	膠質	0.82～0.92	2.9～3.3	68～73	8	2～3	優良	優良	SB 用及び PS 用
チタマイト K 及び P	膠質	1.05～1.15	5.0～5.5	70～74	8	2～4	優良	優良	
チタマイト SB	膠質	0.99～1.05	2.5～3.0	70～74	8	2～4	優良	優良	SB 用
サンベックス 100A	膠質	1.20～1.30	5.0～5.5	70～75	8	＞2	優良	優良	坑外用
サンベックスえのき	膠質	1.15～1.20	5.6～6.0	75～80	8	3～5	優良	優良	坑内用
サンベックス S-11	膠質	1.20～1.35	4.5～5.0	70～75	8	＞2	優良	優良	耐熱用
サンベックス 400	膠質	1.00～1.10	4.7～5.2	70～75	8	＞2	優良	優良	SB 用
サンベックス 400P	膠質	0.80～1.00	4.5～5.0	60～65	8	＞1	優良	優良	PS 用
ハママイト	膠質	1.05～1.15	5.0～5.6	68～74	8	2～3	優良	優良	
アイレマイト	膠質	1.05～1.15	4.5～5.2	66～72	8	3～5	優良	優良	
スーパーゼラマイト	膠質	1.12～1.16	5.5～5.8	72～76	8	2～4	優良	優良	
ゼラマイト K	膠質	1.2	5.0～5.5	－	8	5～6	優良	優良	
エナマイト	膠質	1.20～1.25	5.7～6.2	75～79	8	2.5～3.0	優良	優良	
スーパーエナーゲル	膠質	1.25～1.35	5.3～5.6	75～85	8	4～6	優良	優良	
カヤマイト S-105	膠質	1.07～1.13	5.2～5.5	60～65	8	2～3	優良	優良	炭坑用
チタマイト PS	膠質	1.20～1.25	3.0～3.5	70～74	8	3～5	優良	優良	PS 用
サンベックス 300	膠質	0.95～1.05	4.0～4.5	61～63	8	＞2	優良	優良	炭坑用
アルテックス	膠質	1.15～1.23	5.8～6.0	78～84	8	4～5	－	－	
ハイジェックス	膠質	1.10～1.30	5.3～6.0	74～85	8	2.5～6.0	－	－	
ランデックス	粉状	0.93～1.13	3.5～4.0	66～72	8	－	－	－	

SB：スムースブラスティング，PS：プレスプリッティング

(3) 熱，火炎に対して鈍感である．燃焼しにくく，燃焼しても爆轟に移行しにくい．
(4) 含水爆薬は水を 10～20％，硝酸アンモニウムなどの硝酸塩を 40～70％含有しているにもかかわらず，耐水，耐湿性が良好である．そのため，ダイナマイトと同様，水孔でも使用できる．
(5) 硝安油剤爆薬と異なり 6 号雷管で起爆できる．薬径 20～22 mm の小薬径でも雷管起爆が可能である．ただし，初期の製品は雷管で起爆できず，伝爆薬が必要であった．

(6) 爆速は 3~6 km/s で，威力はダイナマイトと硝安油剤爆薬の中間である．
(7) 後ガスはダイナマイトより良好である．2号榎ダイナマイトと比較すると，排出ガスに含まれる NO_x の濃度は大差ないが，CO の濃度は 1/2~1/3 である．したがって，坑内での使用が可能である．
(8) 水分の存在によってでなく，爆速を下げることによりメタン，炭じんに対する安全度が得られるので，配合方法によっては炭鉱爆薬ができる．
(9) 殉爆性はダイナマイトより若干劣る．
(10) 耐寒性は以前より改善され，−25℃で使用できるものもある．
(11) 耐衝撃圧性も改善され，水中での作業に使用できるものもある．
(12) 含水爆薬の爆轟伝播には，内部に分散して存在する多数の小気泡が重要な役割を持っている．この気泡が爆轟の際に圧縮されて高温になる．すなわちホットスポットとなる．気泡の形成方法としては，マイクロバルーン，パーライトなど気泡を有する微粒子を成分として添加する．アルミニウム粉末の表面を界面活性剤で被覆することによって小気泡を形成させるなどの方法がある．

4.4 カーリット（carlit）

過塩素酸塩を 10% を超えて含有する爆薬をカーリットといい，発破に使用する．カーリットは 1896 年にスウェーデンの Carlson が発明したが，製造中の事故頻度が他の爆薬より多かったので，現在では世界中で生産されていない．

4.5 硝安爆薬（ammonium nitrate explosive）

広義の硝安爆薬とは，硝酸アンモニウムを基剤とする粉状の爆薬である．含水爆薬と硝安油剤爆薬は硝安爆薬に含まないのが通常である．この広義の硝安爆薬のうち，減熱消炎剤を含んだ炭鉱用の検定爆薬を狭義の硝安爆薬といい，減熱消炎剤を含まない爆薬をアンモン爆薬という．すなわち，

硝安爆薬 $\begin{cases} 硝安爆薬（狭義），炭坑用 \\ アンモン爆薬，炭坑用以外 \end{cases}$

ここでは広義の硝安爆薬について説明する．

4.5.1 製法

硝安爆薬の混和は，通常，エッジランナー型混和機に，乾燥，篩分けした原料を入れて行う．エッジランナーは，一例を挙げると，直径 1.56 m，深さ 0.26 m の蒸気加熱式鋳鉄二重鍋皿と直径 0.58 m，質量 350 kg の鋳鉄製表面青銅焼ばめの転輪からなっている．この転輪の公転と自転により爆薬原料の乾燥，粉砕，圧磨及び混合を行う．

混和を終わったならば，篩分けしたのち，通常，フリツキリヤン式填薬機で填薬し，包装する．硝酸アンモニウムは吸湿性があるので，防湿包装は厳重に行う．

硝安爆薬の配合組成とその特徴は表 4.8 のとおりである．

表 4.8 硝安爆薬の組成（％）と特徴

品 名	ニトロゲル	ニトロ化合物	硝酸塩	木 粉その他	アルミニウム	減 熱消炎剤	特 徴
3号耐熱爆薬	—	4～8	50～60	3～5	—	—	高温用
牛印アンモン爆薬	—	6～8	80～85	4～6	4～6	—	坑内，坑外用
あかつき爆薬	—	6～8	81～84	6～8	2～4	—	坑外用
大発破用爆薬	—	5～7	85～88	6～8	2～4	—	大発破用
新柿印アンモン爆薬	—	18～20	72～76	1～3	0～4	—	坑外用
新桃印アンモン爆薬	—	18～20	70～74	1～3	2～6	—	〃
5号硝安爆薬	—	5～8	75～80	4～6	—	11～13	炭鉱用
G硝安爆薬	6.2	—	69.8	9.0	—	15.0	〃
105号硝安爆薬	5～6	—	69～73	6～11	—	14～16	〃
2号黒タカ硝安爆薬	—	4～6	76～80	4～6	—	10～14	〃
3号硝安爆薬	—	4～6	70～74	4～7	—	16～20	〃
EqS-1爆薬	—	5～7	63～71	4～7	—	25～30	〃
アランドマイト	—	5～7	82～88	3～5	3～5	—	坑内，坑外用

4.5.2 性質など

(1) 硝安爆薬には耐高熱用，大発破用，大口径用，炭鉱用などさまざまな用途の爆薬があるが，いずれも硝酸アンモニウムを多量に配合しているので，防湿管理には特に注意する必要がある．
(2) ニトロゲルを含む爆薬は定期的に安定度試験を受けなくてはならない．
(3) 威力はダイナマイトより若干劣っている．
(4) 硝安爆薬の性能を表 4.9 に示す．

表 4.9 含硝安爆薬の性能

品名	状態	体質耐水性	見掛け密度 (g/cm³)	酸素過不足量 (g/g)	鉛とう試験 (ml)	弾動振子 (mm)	爆速 (km/s)	落つい不爆点 (cm)	殉爆度	後ガス	安全度 (g)
3号耐熱爆薬	粉状	吸湿	0.95	+0.01	340〜360	78〜80	4.0〜4.5	25〜35	3〜5	良	—
牛印アンモン爆薬	〃	〃	1.00	+0.057	410〜430	82〜83	5.0〜5.2	50	3〜4	優	—
あかつき爆薬	〃	〃	1.00	—	380〜400	79〜80	4.4〜4.6	50	2〜3	〃	—
大発破用爆薬	〃	〃	1.00	—	370〜390	78〜82	4.5〜5.0	50	—	—	—
新柿印アンモン爆薬	〃	〃	0.9〜1.0	—	400〜430	—	4.4〜4.6	>30	4〜5	—	—
新桃印アンモン爆薬	〃	〃	0.9〜1.0	—	430〜460	—	4.6〜4.8	>30	4.5〜5.5	—	—
5号硝安爆薬	〃	〃	1.00	+0.01.4	270〜290	68〜72	4.5〜5.0	25〜35	2〜4	良	400
G硝安爆薬	〃	〃	1.00	+0.024	280〜300	60〜65	3.3〜3.8	—	3〜5	〃	600
105号硝安爆薬	〃	〃	0.95〜1.05	—	280〜300	66〜69	3.4〜3.6	—	3〜5	〃	600
2号黒タカ硝安爆薬	〃	〃	1.00	+0.012	290〜310	68〜72	4.5〜5.0	50	>2	優	400
3号硝安爆薬	〃	〃	1.00	+0.013	270〜290	65〜67	4.5〜5.0	50	>2	〃	600
EqS-1爆薬	〃	〃	1.00	+0.006	205〜215	51〜52	3.0〜3.5	50	>2	〃	逆400
アランドマイト	〃	〃	0.9〜1.1	±0	—	—	4.2〜4.5	20〜30	2〜2.5	良	—

4.6 PBX (plastic bonded explosives)

　PBX は本来混合炸薬に属するが，最近急速に発展したので，特にここに取り上げることにした．

　PBX は HMX，RDX などの爆薬とバインダーとの組合せによって，必要な威力を保持するとともに，外的刺激に対して鈍感な爆薬を目的としている．外部火災，銃弾・破片・成型爆薬ジェットなどによる衝撃，殉爆などの刺激によって，爆轟や爆燃を起こさず，燃焼以下に留まることが求められている．

　PBX には圧填型，注填型及び注入型がある．圧填型では溶剤に溶かしたナイロンやポリスチレンのようなプラスチックと爆薬粒子を水中で混合し，溶剤を気化させて，爆薬粒子をプラスチックでコーティングした造粒品をつくる．この造粒品を圧填容器に入れ，場合によっては，バインダーの一部が軟化する温度に加熱した状態で圧填する．理論最高密度の 97% 以上の密度が得られる．製品には PBXN- シリーズがある．

　注填型では爆薬とバインダーを型に流し込んだ後に硬化させる．バインダーは主剤，架橋剤，可塑剤，老化防止剤，硬化触媒などの組合せによって，要求品質に適合させる．代表的な製品には PBXN-100 シリーズがある．

　注入型は狭い空間に注入可能で，注入された場所で硬化して，連続した細い

管状の爆薬ラインを形成する．例えば PBXN-301 では 0.1 mm 以下の薬径でも爆轟伝播が可能である．

PBX の組成，爆速と適用例を表 4.10 に示す．

表 4.10　PBX の組成，爆速と適用例

名　称	組　成 (%)	爆速*(km/s)	適 用 例
PBXN-5	HMX 95，B 5	8.7(1.78)	
PBXN-103	AP 40，PNC 6，アルミニウム 27，B 27	6.2(1.89)	魚雷，機雷用
PBXN-110	HMX 88，B 12	8.3(1.67)	成形炸薬弾
PBXN-111	RDX 20，AP 43，アルミニウム 25，B 12	5.5(1.79)	魚雷，機雷用
PBXN-301	PETN 80，B 20	7.3(1.53)	特殊伝爆機構用

B：バインダー，AP：過塩素酸アンモニウム，PNC：粒状化綿薬
＊（　）内は装填密度

4.7　混合炸薬

4.7.1　特徴

混合炸薬は，異種の化合爆薬の混合物，あるいは化合爆薬と非爆発性物質との混合物である．配合成分が全て単独では非爆発性物質の混合炸薬はない．炸薬を混合物でつくる理由には，成分爆薬それぞれの欠点を補う，性能を高める，溶填できるようにする，可塑性を付与する，経済的に有利であることなどが挙げられる．

炸薬は次の特性を持つことが必要である．
(1) 爆速と威力が大きい．
(2) 感度が鈍感で，製造取扱いが安全であり，砲弾に使用されるときは高加速度に耐え，しかも，伝爆薬によって確実に爆轟する．
(3) 安定度が良好で，長期に保存しても変質や性能劣化がなく，吸湿性が少ない．
(4) 多少の水分の存在下でも，また，加湿されても，金属材料と反応しない．
(5) 弾体内で加速度を受けても移動しないように，低融点で溶填が可能であるか，又は可塑性である．
(6) 多量生産が可能で，価格が安い．

混合炸薬を分類すると，次のようになる．

4.7 混合炸薬

(1) 2成分系爆薬

2成分爆薬には，低融点のTNTを一成分としてもっと強力な炸薬にし，しかも溶填に適するようにしたもの，アマトールのように，第一次世界大戦中に各国でTNTが不足したため，TNTの使用量を節約する目的で開発されたものなどがある．

(2) 金属添加爆薬

金属添加爆薬では，主にアルミニウム粉末の添加が行われている．破片効果よりは，強力な爆風効果と水中威力の増大をねらった爆薬である．溶填できることは，腔発を防ぐ利点があるので，すでに開発されていた溶填可能な混合炸薬に，アルミニウム粉末を加えたものが多い．一例として，HBX（High Blasting eXplosives）は，ミサイル，魚雷，機雷などの炸薬として用いられている．

(3) 可塑性爆薬

可塑性爆薬は，第二次世界大戦中に威力は強いが融点が高いRDXやPETNが利用されるようになったので，高猛度，高爆力で圧填しやすく，しかも応用範囲の広い爆薬にするために開発されたものである．

4.7.2 製法及び性質

混合炸薬には，次のような製造方法がある．

(1) 加熱して，成分を均質に溶融混合する．アルミニウム粉末を添加した爆薬では，アルミニウムを溶融物中に均一に分散させる．アマトール，コンポジションB，オクトールなどはこの方法によって製造される．

(2) 可塑剤を添加して，可塑性にする．コンポジションCがこれに属する．

(3) ワックスで爆薬表面をコーティングするなどの方法をとることもあるが，できた爆薬は粉状又は粒状である．コンポジションA-3，MOX（Metal Oxidizer eXplosives）などがある．

主要な混合炸薬の組成と性能を表4.11に示す．

表 4.11 重要な炸薬の組成と性能

名称	組成	爆速* (km/s)	弾動きゅう砲比 (%TNT)	鉛とう拡大値 (%TNT)	爆発熱 (kJ/kg)	ガス比容 (l/kg)	備考
amatol	TNT50~20, 硝酸アンモニウム50~80	4.5(1.46)~6.4(1.55)	124~130	124~130	2048~2939	855~930	TNTの節減, 溶塡可能
ammonal	TNT67~64, 硝酸アンモニウム22~15, アルミニウム11~15	6.5	122	120	6688	594	溶塡可能, TNT節減
baratol	TNT33, 硝酸バリウム67	4.1(1.0)	—	—	—	—	溶塡可能
composition A-3	RDX91, 合成ワックス9	8.1(1.6)	135	—	—	—	圧塡
composition B	RDX60, TNT40, 鈍化剤1, 界面活性剤0.1	7.8(1.68)	133	130	5183	—	溶塡可能, 猛度と爆風大
composition C	RDX88, 可塑剤12	7.7(1.57)~8.1(1.5)	120~130	120	—	—	可塑性
composition C-4	RDX91, ポリイソブチレン9	8.04(1.59)	—	—	—	—	可塑性
cyclotol	RDX75~60, TNT25~40	7.9(1.72)~8.1(1.73)	133~135	—	4995~5121	845~862	溶塡可能, Torpexより
DBX	RDX21, TNT40, 硝酸アンモニウム21, アルミニウム18	6.6(1.65)	146	—	7106	—	溶塡可能, 感度小
ednatol	EDNA60~52, TNT40~48	7.3(1.63)~7.5(1.60)	119	120	—	—	溶塡可能
HBX	RDX40~31, TNT38~29, アルミニウム17~35, ワックス5, 塩化カルシウム0.5	6.9(1.81)~7.2(1.69)	111~133	—	3666~3841	—	
HEX	RDX16, アルミニウム48, 過塩素酸カリウム32, アスファルト4	—	—	—	7252~7766	159~200	爆風効果大
MOX	爆薬9~32, アルミニウム26~53, 酸化剤0~35, その他	—	—	—	2964~8724	204~232	圧塡
octol	HMX70~75, TNT30~25	8.38(1.80)~8.46(1.81)	115~116	—	4489~4728	830~847	溶塡可能, 爆速大
PBX	フタル酸ジオクチルで可塑化したポリスチレンなどで被膜したRDX, HMX又はPETN	2.6(0.92)~8.8(1.8)	—	—	4071~7858	—	
pentolite	PETN50, TNT50	7.47(1.66)	126	122	5100	—	溶塡可能
PTX	RDX30~44, テトリル0~50, PETN0~28, TNT20~33	7.66(1.64)~8.07(1.70)	132~138	—	—	—	溶塡可能, 猛度大
tetrytol	テトリル65~80, TNT35~20	7.31(1.60)~7.39(1.60)	120~122	—	—	—	溶塡可能, 起爆容易, 猛度大
torpex	RDX42, TNT40, アルミニウム18, ワックス0~0.7, CaCl₂ 0~0.5	7.50(1.81)	138	164	7524	—	溶塡可能, 爆風効果大
tritonal	TNT80, アルミニウム20	6.5(1.71)~6.7(1.72)	124	125	5125	—	溶塡可能, 火薬の力大

注) *( ) 内装塡密度

第5章

火 工 品

5.1 火薬系列 (explosive train)

　爆破薬及び炸薬は，ともに多量の爆薬を使用し，ときには高温あるいは高加速度などの苛酷な条件にも耐えなくてはならない．したがって，製造及び取扱いにおける保安上の見地から，鈍感な爆薬が要求される．

　一方，点火の際には，小さなエネルギーで点火できる鋭敏な爆薬，すなわち起爆薬が必要である．鋭敏な起爆薬は保安上少量の使用にしたい．そこで，少量で高感度の爆薬から大量で低感度の爆薬まで順次火薬類を配列して，最終目的を確実にしかも安全に達成させるようにする．このような火薬類の配列を火薬系列という．火薬系列の表示は，その中に含まれる火薬類の役割を理解するのに役立つ．

　代表的な火薬系列を次に示す．

a．爆破薬系列

　発破の際に，爆破薬を爆発させるために必要な火薬系列である．

(1) 導火線（心薬）→ 工業雷管（起爆薬→添装薬）→ ［伝爆薬］→ 爆破薬

　導火線発破はこの系列を使用する．現在ではほとんど使用されていない．なお，( ) 内は火工品内部での火薬系列を示す．[ ] 内を省略する場合もある．

(2) 電気雷管→黒色鉱山火薬

　採石場で石材を切り出すのに使用する．以前は電気雷管を使用せず，導火線で点火していた．

(3) 電気雷管（→［延時薬］→ 起爆薬→添装薬）→ ［伝爆薬］→ 爆破薬

最近の発破は大部分がこの火薬系列を使用している．

(4) 電気雷管 → 導爆線（心薬）→ ［伝爆薬］→ 爆破薬

雷，漏洩電流（迷走電流）などのために，電気雷管を使用すること，あるいは電気雷管を装填したのち，発破までに長時間を要することが危険な場合に使用する．ただし，導爆線の点火には便利な電気雷管を使用することが多い．

b．発射薬系列

発射薬を点火し，弾丸を発射するための系列である．

　　基本型：雷管（起爆薬）→ 点火薬 → 発射薬

撃針の打撃あるいは電気点火によって雷管の中の起爆薬が発火する．次に，点火薬（通常，黒色火薬を使用する）により火炎を大きくして発射薬を全面燃焼させ，その燃焼ガス圧で弾丸を推進させる．雷管→点火薬を火管系列ともいう．

発射薬系列は分類すると，次のようになる．

(1) 小火器弾薬系列：雷管 → 発射薬．発射薬が少量であるから，雷管の炎だけで十分に発射薬に点火できる．そのため点火薬を省略している．

(2) 固定弾及び半固定弾薬系列：火管（雷管→点火薬）→ 発射薬．基本系列と同じである．固定弾については，5.5.1項で説明する．

(3) 分離装填弾薬系列：火管（雷管→点火薬）→ 点火薬包 → 発射薬．分離装填弾など大口径の弾薬では，多量の発射薬を使用する．それを瞬時に点火させるために，多量の黒色火薬を袋に入れた点火薬包を，底部発射薬包の底に縫いつけてある．

(4) ロケット弾薬系列：点火管（電気スクイブ→点火薬）→ 推進薬．ロケット弾では電気点火が行われる．

c．炸薬系列

炸薬系列は発射薬系列とは全く独立した火薬系列で，信管のなかの雷管あるいは起爆筒から始まり，炸薬に至る系列である．最初は小さなエネルギーの爆発であるが，これを増大させ，また，場合によっては中間で延期や時限などの機能を持たせて，最終的に炸薬を爆轟させるために必要なエネルギーをつくる．

　　基本型：起爆筒 → 伝爆薬 → 炸薬

起爆筒（5.6.3項参照）は管体内に起爆薬その他の爆薬が充填されていて，撃針，火炎などで発火し，爆轟する．しかし，鈍感な炸薬を起爆するには，そ

れだけではエネルギーが不足するので，中間に伝爆薬（テトリル，RDX，PETN など）が必要である．炸薬系列には，次の種類がある．
(1) 時限炸薬系列：雷管 → 時限機構（黒色火薬その他の延期薬又は時計）→ 起爆筒 → 伝爆薬 → 炸薬

　弾丸や爆弾を空中で炸裂させるためには，延期薬あるいは時計による時限機構を利用する．雷管は弾丸の発射のとき，又は爆弾の投下のときに発火する．延期薬は雷管の炎によって燃焼を開始し，あらかじめ設定された時間で一端から他端まで層状に燃焼して，起爆筒に点火する．
(2) 瞬発炸薬系列：上部起爆筒 → 下部起爆筒 → 伝爆薬 → 炸薬

　目標に到着するとともに炸裂させる場合の火薬系列である．信管の作動によって上部起爆筒が発火するが，それだけでは伝爆薬を爆発させるには力不足で，下部起爆筒を介在させなくてはならない．
(3) 延期炸薬系列：雷管 → 延期薬（黒色火薬）→ 起爆筒 → 伝爆薬 → 炸薬

　目標に侵徹したあとに炸裂させるには延期機構が必要で，そのために起爆筒の前に雷管と延期薬を置く．

5.2　工業雷管（blasting cap）

　工業雷管は導火線の火炎で点火し，爆薬を起爆させる目的に使用する．工業雷管は 1864 年に Nobel によって雷こう雷管の形で発明され，若干の改良はあるが今日まで使用されている．ただ，最近は導火線発破が少なくなったので，その生産量は減少している．

5.2.1　構造

　図 5.1 は工業雷管の構造を示す断面図である．金属管体に添装薬と起爆薬を圧填し，更に内管を圧入している．

a．管体

　管体は管長 35 mm，外径 6.5 mm，内径 6.2 mm で，材質は銅，鉄又はアルミニウムである．鉄管体の場合

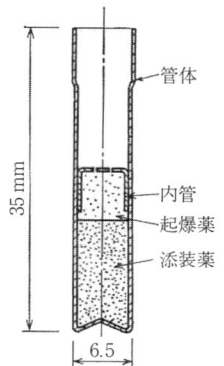

図 5.1　工業雷管の断面図

には，直接火薬類と接触することは保安上好ましくないので，銅のような軟金属をめっきするか，又は塗料を塗装しなくてはならない．管体底部には約 1 mm の深さの凹部がある．モンロー効果によって管底方向への威力を増大させるためである．

b．内管

　密閉効果を出すために，起爆薬を装填したのちに，内管を圧入する．内管の中央部分には孔が開いている．内管上部から管体の口までの空間部分は，12 mm 以上の長さを必要とする．導火線を挿入して締付けをするためである．アジ化鉛雷管では，内管を使用しないものもある．

c．起爆薬

　起爆薬は導火線の炎によって容易に点火し，直ちに爆轟に入って，添装薬を確実に爆轟させなくてはならない．わが国では DDNP 又は DDNP に若干量の塩素酸カリウムを混合した起爆薬が使用されている．薬量は 0.2 g 前後である．ただ，特殊品の耐熱雷管にはアジ化鉛が用いられる．アジ化鉛を起爆薬とする場合，銅管体を使用すると，危険なアジ化銅ができるので，アルミニウム管体を使用する．DDNP を起爆薬とする場合には，管体は銅，鉄，アルミニウムのいずれでもよい．しかし，アルミニウム管体は爆発の際にアルミニウムが燃えながら飛散し，メタン又は炭じんに着火するので，炭鉱用には使用できない．そこで，DDNP 雷管には銅又は鉄を管体として使用し，アルミニウムは使用しない．特殊品のアジ化鉛雷管にだけアルミニウム管体を使用する．なお，鉄管体は，不発の場合，マグネットキャッチャーを使用して回収できるので，保安上有利である．

d．添装薬

　雷管の威力，すなわち爆薬を起爆する能力は，主として添装薬の働きによっており，添装薬の薬量によって決まる．添装薬には，テトリル，PETN，RDX などの爆速が速く，威力の大きい爆薬が用いられる．わが国では，ほとんど 6 号雷管が使用されているが，ときには 8 号雷管も使われる．6 号雷管の添装薬量は約 0.4 g，8 号雷管では約 0.6 g である．工業雷管の製法については，5.3 節の電気雷管で説明する．

5.2.2 性能

(1) 鉛板試験及び鈍性爆薬試験に合格しなくてはならない．
(2) 起爆薬には，その機能を発揮できる最小の薬量があり，それ以下では添装薬すなわち雷管が完爆しない．この薬量を最小起爆薬量という．添装薬がテトリルの場合，最小起爆薬量は DDNP で 75 mg，アジ化鉛で 30 mg である．
(3) 図 5.2 は爆薬を雷管からどのくらいの距離まで離しても，雷管によって爆轟できるかを示したものである．図から，雷管の管底方向に長い殉爆距離を持っていることがわかる．
(4) 雷管の爆薬を起爆させる能力は，雷管の爆発の際の衝撃波，ノイマンジェット，ガス圧力，飛散する破片及び爆発熱の総合によるものであるが，特に破片の影響は大きい．

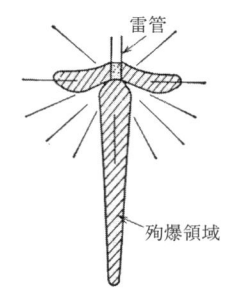

図 5.2 雷管による爆薬の殉爆距離

5.2.3 試験法

a．鉛板試験（lead plate test）

図 5.3 の装置で，外径 25 mm，高さ 30 mm の鉄管上に厚さが 4 mm で縦横とも 40 mm の鉛板を置き，雷管をその中央に直立させる．導火線点火又は電気点火により雷管を爆発させ，その結果，鉛板が貫通されなくてはならない．通常，6 号雷管では直径 10 mm 程度の孔があく．

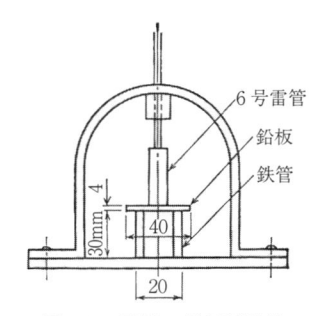

図 5.3 雷管の鉛板試験法

b．鈍性爆薬試験（ハイド法）（insensitive explosive test, Haid test）

雷管が爆薬を起爆する能力を試験するのに，不活性物質を添加して鈍性化した TNT を使用する方法である．Haid らが開発したので，ハイド法ともいう．融点 79.6℃ 以上，粒子径 150～500 μm の TNT 微結晶とタルク（滑石粉末）とを 70/30 の質量比で混合し，図 5.4 のように約 98.1 MPa の圧力で圧搾し，外径 25 mm，高さ 41～42 mm，雷管挿入孔径 7 mm，孔の深さ 25 mm の試験体をつくる．雷管をその雷管挿入孔に入れ，試験体を 70 mm 平方で高さ 30

mm の鉛板上に置く．雷管の起爆により試験体の爆薬が完爆したかどうかは，鉛板の爆痕によって判定する．

c．くぎ試験（nail test）

雷管の側面方向の威力の評価試験として，米国鉱山局にて提案された試験方法である．試料雷管をくぎ頭部より 45 mm 下方の位置に，雷管底部をくぎ頭部に向けて図 5.5 のように粘着テープ又はひもで，試料雷管及びくぎ胴部の間に隙間が出来ないように固定する．試料雷管を起爆させた後，最小目盛り 1 度以下の分度器を用いてくぎの曲がり角度を測定する．

その値は通常，6 号雷管で 25〜35 度くらいである．

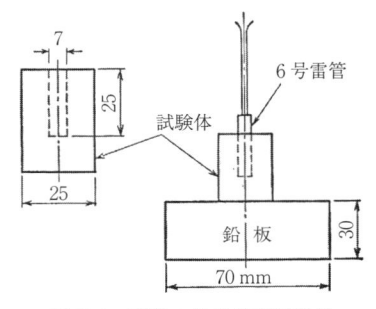

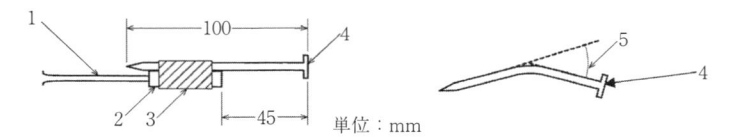

図 5.4 雷管の鈍性爆薬試験法

1　導火線又は脚線　2　試料雷管　3　粘着テープ　4　くぎ　5　曲がり角度

図 5.5 くぎ試験

5.3　電気雷管（electric detonator）

工業雷管が導火線で点火されるのに対して，電気雷管は電流によって点火される．導火線発破に替って，電気発破が多くなったので，6 号雷管には主として電気雷管が使用される．

5.3.1　種類

a．瞬発電気雷管（instantaneous electric detonator）

電流で点火すると，直ちに雷管が爆発する雷管をいう．図 5.6 の構造で延時装置を除外したものである．

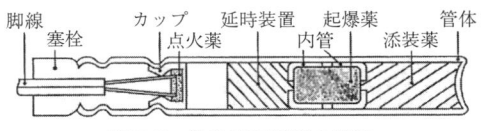

図 5.6 段発電気雷管の構造

b．段発電気雷管（delay electric detonator）

　延時装置を有する電気雷管で，図 5.6 の形をしており，通電後，所定の秒時に雷管が爆発する．爆発の秒時間隔が 0.2～0.3 s のものを DS（デシセコンド）電気雷管，0.01～0.05 s のものを MS（ミリセコンド）電気雷管という．

c．耐静電気雷管（antistatic electric detonator）

　特殊塞栓構造あるいは特殊点火部構造によって，2000 pF，8 kV の静電気が管体と脚線の間に流れても雷管が爆発しない，静電気に安全な電気雷管をいう．現在では，ほとんどの電気雷管が耐静電気雷管になっている．しかし，耐静電気雷管には落雷に対する安全性はない．

d．地震探鉱用電気雷管（seismograph electric detonator）

　爆薬の爆発によって人工地震を起こし，その振動を観測して，地中の構造を知り，鉱脈などを探知する方法を地震探鉱という．そのために使用する電気雷管は，電橋溶断の時間と爆薬爆発の時間とが極めて接近していることが必要である．地震探鉱用電気雷管では，電橋の切断と雷管の爆発との時間差を 0.1 ms 以下にしている．

e．耐熱電気雷管（heat resistant electric detonator）

　高温の発破場所で使用する雷管で，150℃で 3 時間の耐熱性を有する．

5.3.2 構造

　図 5.6 で，管体，内管，起爆薬及び添装薬は工業雷管と同じであるから，説明を省略する．

a．脚線

　ビニール被覆銅線（心線径約 0.42 mm 以上，抵抗値 0.11 Ω/m，被覆線外径約 1 mm）の他に，鉄あるいはアルミニウムが心線として用いられることもある．鉄脚線は心線径約 0.5 mm，電気抵抗約 0.8 Ω/m で，抵抗値は銅脚線より大きいが，蝋石山のように銅の混入をきらうところでは鉄脚線でなくてはなら

ない.

b. 点火部

電橋は直径約 0.03 mm の白金／イリジウム (90/10) 合金で, 長さ約 2 mm (抵抗 0.7〜0.8 Ω) である. 電橋に点火薬を塗布する点火玉型式と, 粉状点火薬の中に電橋を埋没させる C 型とがある. 点火薬には DDNP, チオシアン酸鉛 (ロダン鉛) $Pb(CNS)_2$／塩素酸カリウム $KClO_3$ (50/50) 混合物などがある.

c. 塞栓

外径約 6.2 mm, 長さ約 7 mm で, 合成樹脂, ゴムなどが使われる. 中央部に脚線が貫通している. 塞栓は 2 本の脚線間の絶縁と, 雷管内部への水分の浸入防止の役をする. 点火したのち, 雷管が爆発するまでの間に, 点火薬及び延時薬の焼燃ガス圧で塞栓が抜けたり, ガスが漏れたりしてはならない.

d. 延時装置

段発電気雷管において, 点火から雷管の爆発までに所定の延時秒時をとるための装置で, 延時薬の層状燃焼によって秒時をとっている. わが国では, 延時薬を直接管体内に入れて圧填する直填式が採用されている. 金属筒管中に延時薬を圧填して管体内に挿入する筒管式も外国にはある.

延時薬は密閉管体内で燃焼するから, 燃焼中にほとんどガスを発生しない無ガス延時薬が使用されている. 黒色火薬のように, 燃焼中にガスを発生する延期薬を使用すると, 燃焼ガス圧で管体が破裂するか, あるいはガス圧のために燃焼速度が非常に速くなる. 無ガス延時薬の燃焼速度は, ガス圧の影響をほとんど受けない.

無ガス延時薬は, 酸化剤, 還元剤及び希釈剤 (秒時調整剤) の粉末の混合物からなっている. 酸化剤には, 過酸化鉛 PbO_2, 鉛丹 Pb_3O_4, 過酸化バリウム BaO_2, 過マンガン酸カリウム $KMnO_4$, クロム酸塩 ($BaCrO_4$, $SrCrO_4$) などが用いられる. 還元剤にはケイ素, ケイ素鉄, 鉄, アンチモン, マグネシウム, セレン, 亜鉛などがある. 希釈剤には, 金属酸化物 (PbO, Sb_2O_3, ZnO, Cr_2O_3 など), 銅粉, リン青銅, クロム酸鉛 $PbCrO_4$ などが使用されている.

5.3.3 製法

工業雷管と電気雷管の製造フローシートをまとめて図 5.7 に示す. 工業雷管, 瞬発電気雷管及び段発電気雷管について, その製法を説明する.

5.3 電気雷管

- 添装薬の計量及び圧搾：銅条を打抜き深絞して製造した管体を管立機で100個ずつ管立臼に立てる．添装薬約 0.4 g を 2 回に分けて，それぞれ計量し，圧搾する．計量は計量板を使用して容量計量する．圧搾圧力は 2 回とも 1 個あたり 14.7 MPa である．全量を一度に圧搾するよりも，2 回に分けた方が装填密度があがって，雷管の威力が増大する．

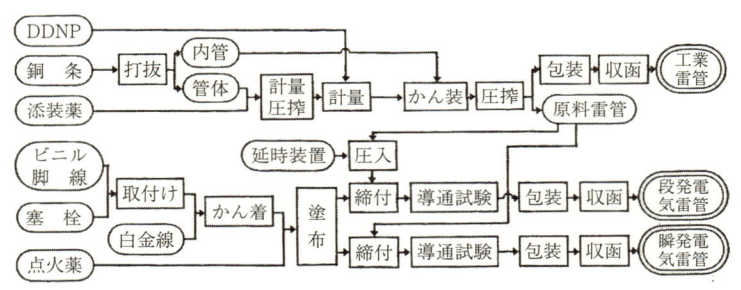

図 5.7 工業雷管および電気雷管の製造フローシート

- 起爆薬の計量，内管かん装及び圧搾：起爆薬を容量計量し，内管かん装機で内管をかん装してから圧搾する．圧搾圧力は雷管 1 個あたり 6.86〜9.81 MPa である．あまり強圧すると，死圧現象を起こし，起爆しなくなる．

以上の添装薬計量から起爆薬圧搾までの工程は危険を伴うので，全て遠隔操作によって行う．

雷管は羽毛のついた脱管具によって管立臼から取り外すときに掃除し，外側についた爆薬粉はビロード布によって除去する．更に，この間に目視によって管口不良，管体膨張などの不良品を検査し，除去する．このようにして，工業雷管としては完成する．また，電気雷管の原料雷管ともなる．原料雷管は管体の長さが長い以外は，全て工業雷管とこの段階までは同じである．

瞬発及び段発電気雷管については，更に次の工程がある．

- 脚線取付け：脚線の長さは 1.2 m を基準としていたが，現在では長脚線が多くなっている．脚線を所定の長さに切断したのち，塞栓に通し，2 本の線を結ぶかあるいは樹脂などで塞栓に固定する．脚線の先端は白金線をかん着するため，被覆をはぎ取る．他端は結線のために，30〜50 mm の長さの被覆をはぎ取る．

- 白金線かん着：スポット溶接機あるいは機械圧接機によって銅線に約 2.0

mm の長さの白金線を取付ける．電橋抵抗は 0.7〜0.8 Ωで，全数検査により，抵抗値が規定の範囲内に入っていることを確認する．
- 点火薬ペーストの製造：点火薬を適当なバインダーでよく練ってペースト状にする．点火薬にはDDNP又はロダン鉛／塩素酸カリウム（50/50）が，バインダーには生ゴム／ベンゼン系又はニトロセルロース／酢酸エチル系が用いられる．ペーストは適度の曳糸性のあるものがよい．
- 点火薬塗布：竹べらを用いて白金線が完全に覆われるように，点火薬ペーストを塗布する．点火薬量はできるだけ一定になるようにする．塗布した点火薬が乾燥してから，合成樹脂を溶剤に溶かした液を，点火玉の外側全体に塗布する．このコーティングは点火玉の摩擦による発火防止，吸湿防止ならびに脱落防止の役割をする．
- 締付け：原料雷管を締付機に入れ，点火玉のついた脚線の塞栓部分を原料雷管に挿入して締付ける．この作業は危険を伴うので，締付機は防爆式になっていて，万一，締付機内で雷管が爆発しても，作業者は安全なように保護されている．
- 導通検査：締付けを終わった電気雷管は，導通試験を再び行って，抵抗値が規定の範囲内に入っているかどうかを全数検査する．次に，脚線端の心線が露出した部分をねじって短絡させる．

以上によって瞬発電気雷管は完成する．

- 延時薬計量及び圧搾：段発電気雷管では，締付けの前に延時薬の計量と圧搾を行う．原料雷管を再び管立臼に立て，延時薬を計量板で計量し，1個あたり 24.5〜29.4 MPa の圧力で圧搾する．この作業も遠隔操作で行う．延時薬を圧搾したのちの締付け，導通試験などは，全て瞬発電気雷管の場合と同じ方法で行われる．

5.3.4　電気雷管の電流発火特性
a．瞬間電気雷管の発火

瞬発電気雷管にある一定の電流を流すと，電橋が灼熱して，点火薬が発火する．点火薬が50％発火するのに必要な通電時間を，その電流値における点火時間という．電流値が大きいほど，点火時間は短くなる．通電終了後，ある時間遅れて，点火薬の爆発により電橋が切断される．通電開始から電橋切断まで

の時間を電橋切断時間という.

点火薬の火炎によって起爆薬が発火して，直ちに爆轟状態に移り，添装薬を爆轟させて，雷管が爆発する．点火薬の点火から雷管の爆発までの時間を点爆時間といい，通電開始から雷管の爆発の時間までを爆発時間という．すなわち，点火時間＋点爆時間＝爆発時間となる．以上をまとめると，図5.8のようになる．

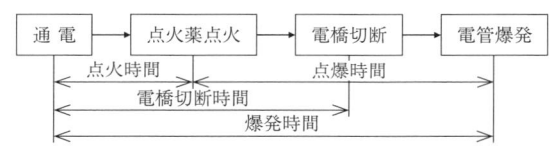

図 5.8 瞬発電気雷管の爆発までの経過

DDNP点火薬を使用した6号雷管について，これらの特性値を表5.1に示す．試験個数は，各電流値について10個である．

表中の臨界点火エネルギー $Q(J)$ は，$Q = I^2 Rt$ （I：点火電流 (A)，R：電橋抵抗 (Ω)，t：点火時間 (s)）により計算したものである．点爆時間は，電流値による差異がほとんどない．

表 5.1 DDNP点火薬の電流発火特性

点火電流 (A)	電橋抵抗 平均値 (Ω)	点火時間 (ms)		臨界点火エネルギー (mJ)	電橋切断時間 (ms)		平均点爆時間 (ms)
		$\overline{X}$	σ		$\overline{X}$	σ	
0.5	0.777	14.6	5.0	2.84	−	−	−
0.7	0.790	6.3	6.0	2.44	7.9	1.6	1.6
1.0	0.791	3.1	3.0	2.45	4.8	3.1	1.7
1.5	0.794	1.4	0.6	2.50	3.2	1.5	1.8

b．電気雷管の斉発

n個の電気雷管を直列に結線して斉発する場合を考える．ある電流値Iを流すと，まず最も電橋切断時間の短い雷管の点火薬が爆発して電橋が切断する．この切断以前に，n個のうちで最も鈍感な点火薬が点火されていなくてはならない．

図5.9において，I_Cよりも大きい電流I_Lが流れると，最も鈍感な点火薬が発火したのちに回路が切断する．したがって，不発は生じない．一方，I_Cよりも小さいI_Sが流れると，最も鈍感な点火薬が発火する以前に回路が切断す

るので，不発が生じる．

Jones によれば，電流の大きさと電気雷管の斉発個数の間には，表 5.2 の関係がある．2 A 以上の電流ならば，通常，不発は発生しないといえる．

c．電気雷管の結線方法と所要電圧

電気雷管の結線方法には，直列結線，並列結線及び直並列結線の 3 通りがある（図 5.10）．

(1) 直列結線：所要電圧 $E(V)$ は次のようになる．

$$E = I(R_1 + nR_2 + R_3)$$

ここで，I：電流（A），R_1：母線の抵抗（Ω），R_2：電気雷管 1 個の抵抗（Ω），n：電気雷管の個数，R_3：発破器の内部抵抗であり，発電式発破器では 9～10 Ω であるが，コンデンサー式発破器では $R_3 = 0$ Ω である．

(2) 並列結線：この場合は，

$$E = nI(R_1 + R_2/n + R_3)$$

(3) 直並列結線：a 個の電気雷管を直列に結線し，これを b 組並列結線すると，

$$E = bI(R_1 + a/b\ R_2 + R_3)$$

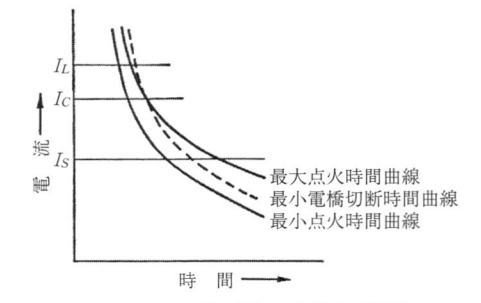

図 5.9 電気雷管の多数斉発機構

表 5.2 電源の大きさと電気雷管の斉発個数

電　流（A）	0.98	1.08	1.13	1.18	1.27	1.37	1.60
電気雷管斉発個数	2	5	10	20	50	100	1000

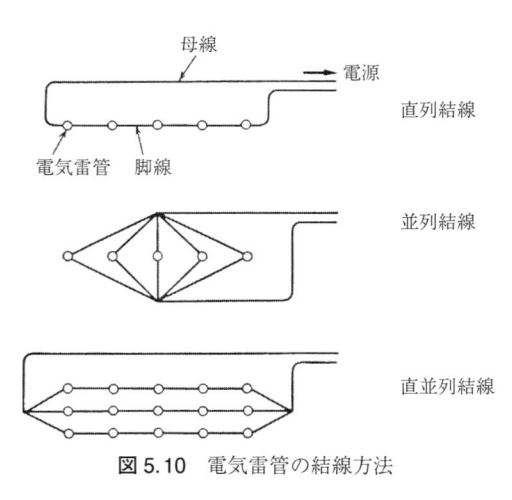

図 5.10 電気雷管の結線方法

以上の 3 方法について，具体的に数値を入れて所要電圧を計算する．

電気雷管 1 個の抵抗 $R_2 = 1.4$ Ω のものを 10 個使用する．ただし，直並列結線の場合には，2 個を直列結線したもの 5 組を並列結線する．すなわち，$n = 10$，$a = 2$，$b = 5$ である．母線は単線 1 m あたり 0.021 Ω のものを総延長 100 m 使用するので，$R_1 = 2.1$ Ω である．発破器の内部抵抗 $R_3 = 0$ Ω，電流 $I = 2$ A と

する．上式にこれらの値を代入すると，次のようになる．

結線方法	所要電圧（V）
直列結線	32.2
並列結線	44.8
直並列結線	26.6

　直並列結線が最も所要電圧が少なく，直列結線が次で，並列結線が最も不利である．しかし，実際にはほとんどの場合，直列結線である．結線方法が容易で，しかも導通試験器で結線漏れが容易にわかり，便利なためである．直並列結線は数100発以上の斉発の場合に行われる．並列結線はほとんど行われない．ただし，爆薬を確実に爆発させたい場合には，2本の電気雷管を並列に結線して取付けることも行われている．

5.3.5　性　能
(1) 次項で述べる試験法に合格しなくてはならない．
(2) 段発電気雷管の延時秒時を表5.3に示す．

表5.3　段発電気雷管の延時秒時

段　数	2	3	4	5	6	7	8	9	10
DS電気雷管の延時秒時（s）	0.25	0.50	0.75	1.00	1.25	1.50	1.75	2.00	2.30
MS電気雷管の延時秒時（ms）	25	50	75	100	130	160	200	250	300

(3) 電気雷管に静電気が流れると，電橋と管体の間に火花放電が発生し，そのため点火薬が発火して，事故の原因となる．耐静電気雷管では，図5.11のようなプラスチック製のカップ又はスリーブを用いることによって，火花放電が起こらないようにしている．
　耐静電気雷管の試験法では図5.12のような試験回路の2000 pFの高圧コンデンサーを8 kVに充電し，この電荷を電気雷管の短絡した脚線と管体の間で放電させて，発火しない雷管を合格とする．

5.3.6　試　験　法
　鉛板試験，鈍性爆薬試験及びくぎ試験は，工業雷管の場合と同じであるから

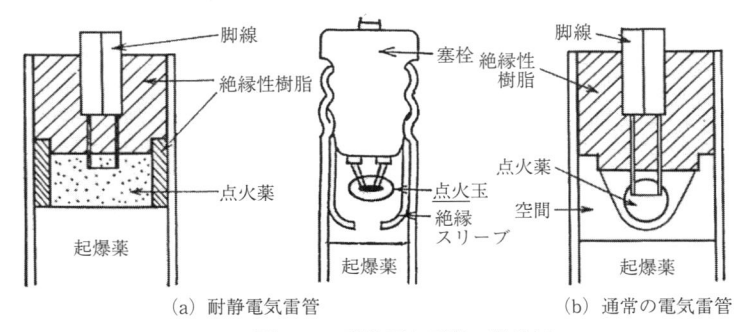

図 5.11 耐静電気雷管の構造例
(a) 耐静電気雷管　　(b) 通常の電気雷管

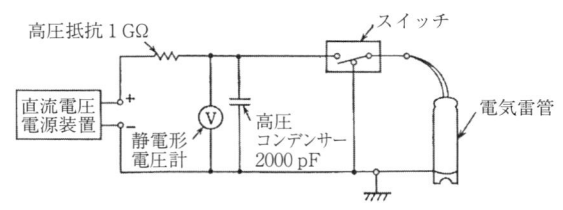

図 5.12 耐静電気雷管試験法回路図の一例

省略する（5.2.3 項参照）．

a．点火電流試験

直流 0.25 A の電源を 30 s 通電しても発火せず，直流 1.0 A の電流を 10 ms 通電すれば発火することが要求される．必ず発火する電流値を定めるとともに，迷走電流などのわずかな電流では必ず発火しない電流値を設定している．

b．耐水試験

試料を水圧 98.1 kPa（水深 1 m）で 1 時間以上浸したのち，水を切り，鉛板試験を行い鉛板を貫くこと．水温は 20±3℃ とする．塞栓からの浸水によって性能が劣下することがないように行う試験である．

c．段別爆発試験

各段から 1 個ずつ抽出した試料を，段の順に直列に結線し通電する試験であり，段数の低いものから順次爆発することが要求される．段狂いがあると，発破の際に支障をきたす．検定雷管では，その他にガス試験（7.6.2 項参照）を行う．

5.3.7 IC雷管（半導体集積回路雷管）

従来の段発電気雷管は延時薬の層状燃焼によって延時秒時をとっていたが，IC雷管は内蔵したICタイマーによって延時秒時を設定する．

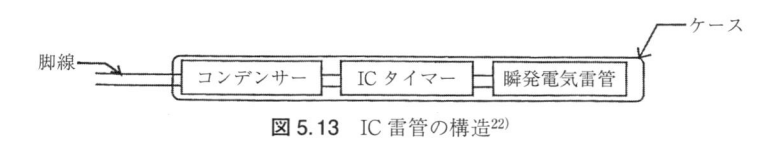

図5.13 IC雷管の構造[22]

構造は図5.13のとおりで，脚線，コンデンサー，ICタイマー，瞬発電気雷管から構成されている．管体は金属又はプラスチックからなり，直径10〜17 mm，長さ100〜110 mmである．

延時秒時は1 ms〜数sの範囲で適当な秒時間隔を，0.1 msの秒時精度で設定できる．そのため，振動と騒音の軽減と，破砕精度の調整が，従来品より可能である．

また，IC雷管専用及びIC雷管と電気雷管併用の発破器がある．

5.4 導火線 (safety fuse)，導爆線 (detonating fuse)

5.4.1 導火線
a．種類と構造

導火線は黒色火薬を心薬として，麻糸，綿糸，紙テープなどで被覆したひも状の火工品である．一定の燃焼速度で燃焼し，所定の秒時後に工業雷管を爆発させる場合などに使用する．

第1種（炭鉱用），第2種（一般鉱工業用）及び第3種（土木その他露天用）の3種類あったが，現在残っているのは第2種だけである．また，煙火用には打揚花火の導火用の親コードと雷の導火用の雷コードも製造されている．

導火線	線径 (mm)	薬量 (g/m)	燃焼秒時
一般鉱工業	4.6 以上	3.5 以上	100〜140 s/m
親コード	約6	7 以上	約5 s/5 cm
雷コード	約5	5 以上	約5 s/5 cm

速火線は黒色火薬にバインダーを混ぜ，これを糸に含ませて，その周りをクラフト紙で被覆する．枠仕掛け花火を一度に点火する場合，スターマインの連続早打ちなどの場合に使用する．燃焼速度は 10 m/s 以上と規定されているが，一般に用いられているのは 10〜20 m/s である．

被覆の方法には，ビックフォード式とユニバーサル式がある．ビックフォード式では心薬の上を直接麻糸で被覆するので，麻糸の微量の油分が導火線の燃焼秒時を延長させる．ユニバーサル式では心薬の上を紙テープで巻き，その上を麻糸で被覆しているので，秒時の延長は少ない．

(a) ビックフォード式 綿巻導火線　(b) ビックフォード式 ビニール導火線　(c) ユニバーサル式 ビニール導火線

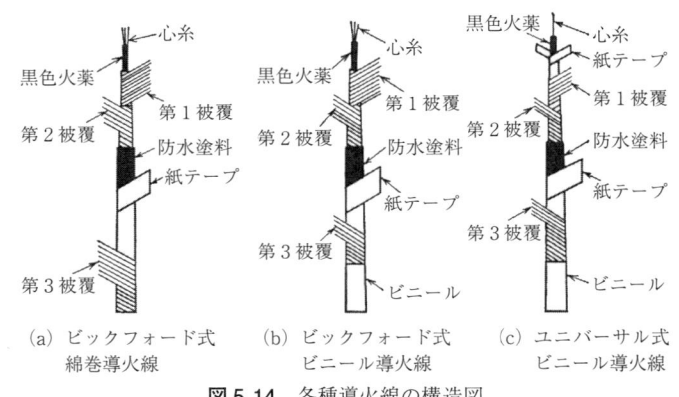

図 5.14　各種導火線の構造図

導火線の構造図は図 5.14 のとおりである．その製造の手順を第 2 種導火線について示すと次のとおりである（第 1 種，第 3 種も大体似ている）．3 本の心糸（ユニバーサル式では 1 本の心糸）でホッパー内の黒色火薬を引出す．薬量は 5.0〜5.5 g/m である．次にユニバーサル式ではまず 2 枚の紙テープで黒色火薬を包むが，ビックフォード式では紙テープを使用せず，直接麻糸 10 本以上（第 1 被覆）で火薬を被覆する．ユニバーサル式も同様に第 1 被覆を行う．次に麻糸又は紡績糸 5 本以上で第 2 被覆，アスファルトで防水塗装，紙テープ巻き，糊づけ，紡績糸 8 本以上で第 3 被覆の順に巻く．綿巻導火線では，この上にタルクなどで外部塗装する．最近は大部分がビニール導火線であるが，その場合には，第 3 被覆の外側を白色の塩化ビニールで被覆する．線径は約 5 mm である．

b．性能

(1) 燃焼秒時は，1箱からとった5つの試料が100～140 s/mの範囲内にいずれも入り，しかも，ばらつきはその平均値の±7％以内に入っていなくてはならない．心薬が3 g/m以下になると，燃焼秒時が速くなる．しかし，0.4 g/m付近になると，燃焼を継続できず，立消えとなる．ともに非常に危険である．このような薬細や薬切れは，薬量検査装置において導火線にアイソトープから放射線を照射し，導火線の反対側で規定以上の放射線が検知された場合に警報を出して防止する．

(2) 薬量の他に秒時に影響する因子としては，被覆の締め方の均一性，麻糸から心薬への油分の移動，貯蔵中の吸湿などがある．

(3) 心薬の黒色火薬には吸湿性があり，導火線の端末から吸湿する．吸湿により燃焼秒時が変動し，乾燥しても元の秒時に戻らず，事故の原因となる．したがって，貯蔵するときには防湿管理を十分に行う必要がある．また，使用するときには末端の約3 cmを雷管に取付ける前に切断すると，導火線に点火するときの着火性の悪さ及び末端火炎の弱さによる工業雷管への不着火を防止できる．

(4) 耐水性は2時間以上なくてはならない．耐水性試験は次のように行う．試料導火線を長さ約1.3 m採取し，水深1 m（水圧98.1 kPa）の箇所に2時間以上浸漬する．水から取り出し，両端をそれぞれ約15 cm切り捨てた中間部について燃焼試験を行う．立消えした場合を不合格とする．

c．煙火用導火線

(1) 親コード：打揚花火の導火(みちび)で，打揚用火薬で着火し，上空で玉が開発するまでの時間を調節する．線径約6 mm，薬量7 g/m以上で，燃焼秒時は約5 s/5 cmである．

(2) 雷コード：音物花火の雷の点火に使用し，線径約5 mm，薬量5 g/m以上，燃焼秒時は約5 s/5 cmである．

(3) 電気導火線：脚線，白金線電橋，点火薬取付けキャップからなり，打揚花火や速火線への装着と点火を容易にした．

(4) 速火線：仕掛け花火や早打ち用の導火に使用する．綿糸に黒色火薬とバインダーの混合物を塗布して，紙鞘を緩く巻き，ひも状にし，蝋引きして耐水性を良くしている．燃焼速度は10 m/s以上である．

(5) ロングヒューズ：仕掛け花火や早打ち用の導火に使用し，構造も速火線に似ているが，紙鞘は2重にし，蝋引きはしない．速火線と比べると，他の火の粉による不時の点火がされにくい．燃焼速度は10 m/s以上である．

5.4.2 導爆線

導爆線は心薬が爆薬で，これに被覆を施した線状の火工品である．導火線が緩燃性なのに対して，導爆線は爆轟性である．

a．種類

第1種導爆線はピクリン酸をスズ管に溶填して引伸ばしたものであるが，現在では市販されていない．

第2種導爆線はPETNを心薬として，導火線と同様に麻糸，綿糸，紙テープなどで被覆したもので，やはりビックフォード式とユニバーサル式とがある．最外層は塩化ビニール被覆したものが多い．外径は5.5 mmで，心薬量は約10 g/mである．一般用，深水用及び爆速測定用がある．

b．性能

(1) 平均爆速は5.5 km/s以上と規定されているが，実際には6～6.5 km/sの範囲内にある．同一ロット内の試料5本のばらつきは，第1種で±7%以内，第2種で±10%以内である．

(2) 一般用は水圧29.4 kPa（水深0.3 m）の水中で3時間以上の耐水性がなくてはならない．深水用では水圧147 kPa（水深1.5 m）で3時間以上の耐水性を要求される．ただし，末端には防水キャップと防水剤を併用して防水措置をする．

(3) 6号雷管で起爆できる爆薬は，導爆線によっても起爆が可能である．

(4) 60℃の場所に放置しておいても，性能の低下は認められない．

(5) 硝安油剤爆薬による発破の場合には，硝安油剤爆薬の油分が移行する危険性があるので，塩化ビニール被覆の導爆線を使用する．

(6) 制御発破用コード：PETNの被覆方法は導火線と同じであるが，薬量は1 mあたり100 gである．プレスプリッティングなどの制御発破用と，コンブ礁の雑草除去発破用などに使用される．

5.5 弾薬 (ammunition)

弾薬は火薬類とその充填器材その他からなり，目標に向って発射するもの，投げるものの他に，敷設その他種々の方法で攻撃と防御に使用されるものの全てを含んでいる．

5.5.1 種類

小火器弾薬，火砲弾薬，てき弾，爆弾，信号照明弾類，発煙弾，ロケット弾，地雷，機雷，魚雷及びその他がある．

a. 小火器弾薬 (small arms ammunition)

口径20mm未満の火器に使用する弾薬で，小銃，騎銃，拳銃，機関銃，散弾銃などに使用される．小火器弾薬は次のものがある（図5.15参照）．

- 普通弾：弾丸は例えば丹銅（銅90%，亜鉛10%の合金）の中に鉛の弾心が入っている．最も一般的に使用される．
- 徹甲弾：薄い装甲に対して使用できるもので，硬化鋼合金が弾心になっている．
- 焼夷弾：弾心内に焼夷剤が入っている．
- 曳光弾：弾丸の飛行中に曳光するもので，焼夷にも使われる．赤，オレンジ，えび茶などの色がある．
- 徹甲焼夷弾：徹甲弾と焼夷弾の機能を持つ．
- 曳光徹甲焼夷弾：曳光，徹甲及び焼夷の3機能を持つ．
- 空包：演習及び儀式用で弾丸はなく，擬音を出す．
- 擬製弾：外形と寸法は実弾と同じだが，薬きょう，雷管室は空で火薬が入っていない．装填訓練用に使用する．
- 脆弱弾：弾丸は金属粉末とプラスチックからできている．航空機や戦車用機関銃の射撃訓練に使用する．目標にあたると変形粉砕する．
- 高圧試験弾：普通弾で発射薬量を増したもの．火器の発射試験用に使用する．
- 散弾銃弾：警備用，狩猟用及びスポーツ用の散弾銃に使用される．
- 曳光標示弾：弾丸に曳光剤と標示剤と頭部雷管がついている．曳光弾であ

るとともに弾着時に煙と閃光を発する．
- てき弾薬筒：弾丸がなく，薬きょう口が花弁状にしぼられている．小銃てき弾の発射に使用する．

b．火砲弾薬（artillery ammunition）

口径 20 mm 以上の火器に使用する弾薬で，加濃砲(かのん)，りゅう榴弾砲，無反動砲，迫撃砲などから発射される．

(1) 実用上の分類
- 実用弾：実際の目的に使用する．
- 演習弾：実射訓練用である．
- 訓練弾，擬製弾：取扱い及び装填訓練用で，火薬類は充填されていない．
- 空包：儀礼用である．

(2) 戦術的用途による分類
- りゅう弾：破片効果又は爆風効果を目的とした炸薬入りの弾薬．通常のりゅう弾の他に，成形りゅう弾（11.5 節参照），粘着りゅう弾（11.6 節参照）及び大砲から発射後にロケットに点火して加速するロケット補助推進りゅう弾がある．
- 徹甲弾：装甲板貫徹用で，普通は炸薬が入っていない．装弾筒付徹甲弾は砲口を出たとき装弾筒が外れ，弾丸だけが飛行する．高い初速度が得られ，対戦車用に使用される．装弾筒付徹甲有翼弾は同じ形式であるが，ライフルでなく，翼がついていて，回転しない．その他に，若干量の炸薬が入っている炸薬充填徹甲弾，心に高密度の金属化合物などが入っている高速徹甲弾，頭に風帽をかぶせて空気抵抗を改善した仮帽徹甲弾，頭に表面硬化金属とその内部にじん性の大きい金属をつけた被帽徹甲弾などがある．
- 化学弾：化学戦で使用する薬剤を含む弾薬である．
- 発煙弾：煙幕，弾着標示などに使用する発煙剤を含む化学弾の一種である．
- 照明弾：照明剤を含む弾薬である．
- 散弾：缶型容器の中に普通弾を入れたものである．
- 迫撃砲弾：砲口装填の有翼弾で，射程距離が短い．薬きょうがなく，発射薬は尾翼の間又は翼上部に保持金で取付けられており，編合可能である．他の弾薬とはやや異なっているが，半固定弾に属する．
- 特殊弾：宣伝ビラの散布など特殊目的に使用する弾薬である．

(3) 発射薬の形式による分類
- 固定弾：発射薬を装填した薬きょうが弾丸に固定されている．火管は薬きょう底に固定されている．発射薬量の増減はできない．
- 半固定弾：薬きょうと弾丸がゆるく嵌合(かんごう)されており，発射距離に応じて発射薬量を調節できる．発射薬はいくつかの袋に分けて入れられている．
- 分離弾：弾丸と薬きょうが分離されている．薬きょう内には火管と発射薬が収められており，薬きょう端は密封されていて，発射薬の増減はできない．
- 分離装填弾：大口径弾薬の場合の形式で，弾丸，発射薬及び火管がそれぞれ分離していて，発射薬量は距離に応じて調節できる．

以上をまとめると，表5.4のようになる．

表5.4 発射薬の形式による砲弾の種類

区分 弾種	薬きょう	発射薬編合	発射薬のう	弾丸と薬きょうのクリンプ	火管装着位置	火砲への装填
固定弾	有	不能	無（バラ）	有	薬きょう底	1挙動
半固定弾	〃	可能	有（分割）	無	〃	〃
分離弾	〃	不能	無（バラ）	－	〃	〃
分離装填弾	無	可能	有（分割）	－	閉鎖機	3挙動

砲弾には旋動弾（ライフル）と旋動しない有翼弾がある．迫撃砲弾，成形りゅう弾などが後者に属する．旋動する方が命中精度は良いが，誘導弾の場合には旋動できない．また，モンロー効果を発揮するには旋動しない方が効果がある（成形りゅう弾）．弾体の一部が旋動する有翼弾もある．大砲から発射薬で発射し，砲腔外では推進ガスを噴射する誘導可能な有翼弾もある．

c．**爆弾**（bomb）

航空機から投下する弾薬を爆弾という．

(1) 実用上の分類
- 実用爆弾：実用上の効果を持った爆弾である．
- 演習用爆弾：爆弾投下訓練を行い，通常は標示薬を含有する．
- 訓練用爆弾：爆弾の取扱い，組立てなどについての地上での訓練に使用する．火薬類は入っていない．

(2) 戦術的用途による分類

- 一般爆弾：炸薬を含み，破壊用爆弾とも呼ばれる．破壊効果と爆風効果を持つ．
- 破片爆弾：破片形成容器に炸薬を詰めた爆弾である．
- 化学爆弾：化学戦用薬剤を含む爆弾である．
- 発煙爆弾：煙幕用混合発煙剤を含み，化学爆弾の一種である．
- 徹甲爆弾：舷側，甲板などの装甲侵徹用である．
- 準徹甲爆弾：軽装甲，コンクリートなどの抵抗性標的用である．
- 焼夷爆弾：火災発生用の焼夷剤を含有する．
- 対潜爆弾：潜水艦に対する水中爆撃用である．
- 薄肉爆弾：軽量ケース中に多量の爆薬を装填し，主として爆風効果用である．

d．ロケット弾（rocket）及びミサイル（missile）

火砲爆弾と同様に分類されるが，固定弾，半固定弾，分離弾などの区別はない．

(1) 戦術的用途からの分類

りゅう弾，徹甲弾，化学弾，発煙弾に分類される（5.5.1 項参照）．

(2) 安定化法による分類
- 有翼式ロケット弾：安定装置として翼を使用する．
- 旋動式ロケット弾：安定化法として回転を利用する．

(3) ミサイルの誘導方式による分類
- プログラム誘導：事前に測定したデータをもとに，飛翔の基準を記憶させる方式である．加速度計を用いる慣性誘導，地上の起伏や形状を電波で測定し，地形照合に基づき誤差修正する地測航法，星の位置の測定や GPS を利用する天測航法などがある．
- ホーミング誘導：赤外線，ミリ波，レーザー，レーダー，テレビ，イメージセンサーなどにより，自分で信号を出して目標からの反射波を検知するアクティブ，地上あるいは航空機から電波を放射し，目標からの反射波を受けるセミアクティブ及び目標の放射している電磁波などを受けるパッシブの3種類がある．
- 指令（コマンド）誘導：外部で測定したデータをもとに，ミサイルをリモートコントロールする方式である．予想会敵点に誘導する会敵点誘導，

目視線上にミサイルを乗せる目視線誘導及び電波やレーザーなどのビームを指令位置から発射するビームライダー誘導の3種類がある．

e．火工弾薬

(1) 戦術的用法からの分類
- 地上用火工弾：地上から発射，又は地上で使用する．
- 航空機用火工弾：航空機からの投下用である．

(2) 機能上からの分類
- 信号弾：夜間又は昼間信号用である．
- 照明弾：照明のための光源用である．

f．雑弾薬

a～eに分類されない弾薬で，主なものは次のとおりである．
- 地雷：地上あるいは地中に敷設する．あるいは地上に散布する．
- てき弾：近距離の目標に対して使用する．手りゅう弾と小銃てき弾とがある．後者は100～200 mの射距離を持つ．
- 破壊筒：工兵用破壊具に類似で，破壊薬と制御装置を有する．ある条件が満たされないと作動しない．
- 機雷：水中に敷設し，種々の感応方法により爆発する．
- 魚雷：自動装置で水中を進み，目標に当たる，あるいは最適位置に来ると爆発する．

g．その他

上記の分類中に属さない弾薬部品又は器材である．

5.5.2 充填器材

火薬類の充填材として，弾薬に特徴的なものは薬きょうと弾薬である．

a．薬きょう (cartridge case)

薬きょうは，分離装填弾以外の小火器及び大火器の弾薬に使用されている．材質は黄銅が多いが，鉄，銅，プラスチック（散弾銃など）及び紙も使われている．薬きょうが発射薬とともに燃える焼尽薬きょうも開発されている．図5.15と図5.16はそれぞれ小火器と大火器の薬きょうの一例である．

薬きょうの機能は次のとおりである．

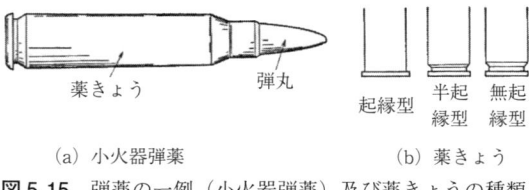

図 5.15 弾薬の一例（小火器弾薬）及び薬きょうの種類

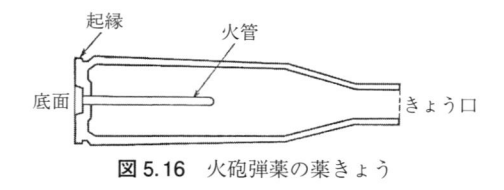

図 5.16 火砲弾薬の薬きょう

(1) 雷管，発射薬及び弾丸を一挙動で銃砲に装填できる（分離装填弾は例外）．
(2) 発射薬に対し防水，防湿の役割を持つ．ただし，無反動砲用薬きょうには多数の孔があいているので，使用前にはポリエチレン袋に入れて防湿する．
(3) 発射薬の燃焼ガスが後方に洩れるのを防ぐ．元ごめ銃の開発には，薬きょうが大きな役割を持った．

薬きょうには中心発火型と周縁発火型とがある．中心型には更に底部構造により無起縁，半起縁，起縁の3種類がある．周縁発火型は小火器に限られている．図5.15（b）に薬きょうの種々の型を示す．

b．弾丸（bullet, projectile, shell, shot）

弾薬の飛翔部分で，徹甲弾では内部まで金属であるが，りゅう弾には炸薬，化学弾には化学剤が充填されている．弾丸の一例として，りゅう弾を図5.17に示す．

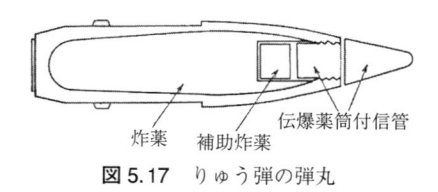

図 5.17 りゅう弾の弾丸

5.5.3 炸薬の充填

a．溶融填薬

弾丸が発射するとき受ける高加速度と旋動によって，内部の炸薬が移動しないようにするために，大中口径の弾薬には主として溶融填薬法が採用されている．溶填には次の注意が必要である．

(1) 過熱による爆発事故の防止．溶融器は二重釜とし，スチームによって間接加熱を行い，温度調節に気をつけて，過熱を起こさないようにする．
(2) 異物混入防止．異物が入らないように，原料は金網を通す．
(3) 気泡の防止．気泡の存在は，過早発又は腔発の原因となるので，次のような対策を取って溶填する．

　弾体はあらかじめ 40〜50℃ に加温しておく．ただし，大型では急速に固化する心配がないので，その必要はない．填薬は 3 回位に分けて行うが，溶融した炸薬とともに固形炸薬も入れると気泡ができにくい．第 1 回目は，炸薬量の約 80% を注入するとともに，そのまま放置すると収縮によって気泡ができるので，竹棒などで表面の皮を破って撹拌し，気泡を追い出す．第 2 回目は，第 1 回目の炸薬が固化し終わる直前に入れ，やはり気泡を追い出す．第 3 回目は，十分な量を注入する．溶填したのち，X 線によって気泡の有無を検査する．

b．圧搾填薬

　主として小口径弾及び化学弾に採用される．圧填における注意事項は，次のとおりである．
(1) 異物混入に注意する．金網を通った原料を圧填する．
(2) 均一に圧填する．発射時の加速で炸薬が移動しないように，次のような方法がとられる．あらかじめペレットをつくっておいて，これを弾体に入れて再度規定圧力で圧搾する方法，何回かに分けて圧搾する方法（1 回の充填高さが直径以下になるようにする），滑剤を配合して圧填時の流動性を良くする方法などである．

5.6　銃砲用雷管，火管及び起爆筒

5.6.1　銃砲用雷管 (primer)

　大部分の炸薬系列及び発射薬系列の最初の構成部品として使用される．ほとんどが直径 6 mm 以下，長さ 13 mm 以下で，内部に起爆薬（爆粉ともいう）が入っている．

a．種類

　撃針の刺突作用で始動する刺突式，圧潰作用で始動する撃発式と，電気で始動する電気式（火管式が多い）とがある．また，図 5.18 に示すように撃発式

では発火金のある構造と発火金のない構造とがある．前者では，撃針が管底を打撃すると，爆粉が発火金に向って前進して発火する．後者では，薬きょうの底の雷管室の中央に発火金に相当する突起があり，撃針の打撃で同様に発火する．

b．起爆薬（爆粉）

現在ではほとんどが無錆(しゅう)爆粉で，一例を挙げると，トリシネート35～45％，テトラセン3～6％，硝酸バリウム$Ba(NO_3)_2$ 35～45％，三硫化アンチモンSb_2S_3 7～15％，及びケイ化カルシウム10～15％からなる．湿状のまま計量して雷管体に装填し乾燥する．錆(さび)のでる爆粉はロダン鉛$Pb(CNS)_2$ 15～30％，塩素酸カリウム$KClO_3$ 35～55％，三硫化アンチモン0～30％，硝酸バリウム0～10％，TNT3～10％及びガラス粉0～10％の組成が多い．

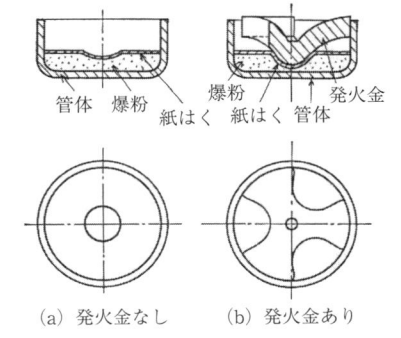

図5.18 銃砲用雷管
(a) 発火金なし　(b) 発火金あり
管体　爆粉　紙はく　爆粉　紙はく　管体　発火金

5.6.2 火管（primer）

火炎によって火砲弾薬の発射薬を点火するための装置で，薬きょう端に取付けるか，薬きょうのない場合は砲尾に装入する．

a．種類

発火方法で分類すると，
- 撃発火管：撃針により発火する．最も多く用いられる．
- 電気火管：電流で電橋を灼熱して鋭敏な起爆薬を発火させる．
- 摩擦火管：摩擦薬中を鋸歯状部分を引張ることにより発火させる．ほとんど使用されていない．
- 撃発電気火管：撃針の打撃でも電気によっても発火できる．

使用弾種で分類すると，
- 固定，半固定及び分離弾用：火管は薬きょうの火管孔に圧入するか，ねじで取付ける．主として撃発式が使われる．
- 分離装填弾用：火管は発射のつど，火砲の閉鎖機に取付ける．主として撃発式であるが，電気式及び撃発電気式も使われる．

- 迫撃砲弾用：分離式と散弾銃型とがある．分離式では撃発火器と点火薬筒が分離している．散弾銃型では散弾銃弾のような外形の点火薬筒を有する．

b．構造と機能

図5.19に火管の一例を示す．火管は短い火管頭部と細長い火管体とからなる．火管頭部には雷管が組込まれ，火管体には点火薬（黒色火薬）が充填される．撃針の打撃又は電気によって雷管中の爆粉が発火し，その火炎が点火薬に伝わって大きな火炎となり，次に大量の発射薬が燃焼することにより弾丸が発射される．火管体は側壁全体にわたって規則正しい間隔で多数の穴があいていて，この穴から点火薬の火炎が噴出し，発射薬に着火する．火管は薬きょう，又は薬室内の発射ガスで高圧となるので，ガスの後噴防止の弁機構を持っている．

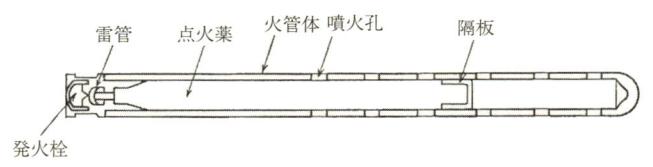

図5.19　火管

5.6.3　起爆筒（detonator）

起爆筒は撃針などで発火して伝爆薬に爆轟を伝えるか，又は前の系列から点火されて次の系列に爆轟を伝える火工品で，管体内に起爆薬などが装填されている．図5.20は起爆筒の一例である．爆粉には，アジ化鉛／塩素酸カリウム／三硫化アンチモン／カーボランダム系，トリシネート／三硫化アンチモン系などがある．

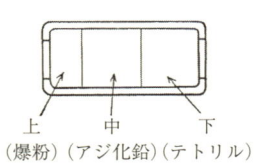

図5.20　起爆筒

a．起爆方法による分類

- 刺突起爆筒：上部薬として起爆薬を用い，撃針の刺突によって発火する．
- 電気起爆筒：熱に鋭敏な起爆薬の中に細線を入れ，電流によって加熱発火させる．
- 撃発起爆筒：打撃により発火する．
- 火炎起爆筒：アジ化鉛を上部薬とし，雷管，延時薬などの火炎で発火させ

る．

b．装薬種による分類
- 3装薬種起爆筒：火薬系列の第1装薬は爆粉，第2装薬はほとんどがアジ化鉛，第3装薬は爆薬，例えばテトリルで，爆轟波増強の役目をする．
- 2装薬種起爆筒：アジ化鉛とテトリルからなるか，あるいは爆粉とアジ化鉛からなる．前者は，火薬系列中でその前にある点火用雷管の火炎によって起爆する．

5.7 信管 (detonating fuze, fuze)

信管は弾薬を希望する位置と時期に爆発させる機能を持った，一種の点火点爆装置である．その構造は複雑であり，内部に鋭敏な起爆薬を持っているので，取扱いには十分注意が必要である．

5.7.1 信管の持つべき条件
(1) 必要なときに確実に作動し，時間精度の良いこと，過早発や不発を起こさないこと．
(2) 製造，取扱い，運搬時の摩擦，衝撃に対して安全であり，起爆薬は貯蔵時の変質や接触する金属との間の反応がないこと．砲内圧力と発射衝撃に耐えること．
(3) 異種信管の間で必要に応じて互換性があること．そのために同質量，同一外形及び装着用の同一ねじを持つこと．
(4) 量産が可能なこと．できるだけ構造が簡単なこと．

5.7.2 構成
(1) 信管体：金属製で内部に発火装置と安全装置を内蔵している．弾頭信管では弾形に調和した流線形をしている．
(2) 発火装置：撃針などの作用で発火する鋭敏で少量の起爆薬から始まり，機能に応じた火薬系列を持ち，大体伝爆薬で終わっている．
(3) 安全装置：製造，取扱い，運搬中あるいは砲腔内や砲口付近での爆発を防止するための装置．安全線，滑体，遮断子（栓），遠心子割ピン，安全

栓などがあり，各種の力によって安全を解除して発火準備を整える．

5.7.3 分類
a．装着位置による分類
- 弾頭信管：弾頭についている．りゅう弾，照明弾などに用いる．
- 弾底信管：弾底についている．徹甲弾，対戦車りゅう弾，粘着りゅう弾などに使用される．信管を破壊から保護したい場合及び弾底から起爆したい場合に用いる．

b．機能による分類
(1) 着発信管：弾丸が目標にあたった瞬間，あるいはその直後から始動する．

　瞬発信管：弾頭信管で，撃針→起爆筒→伝爆薬からなり，弾着の瞬間から炸薬の爆発まで約 0.1〜0.2 ms である．着発信管のなかで最も速く作動する．弾丸は目標に到着後，侵徹せず直ちに破裂する．

　無延期信管：弾底信管で，弾着時の慣性によって撃針が前進し，起爆筒を刺突して発火する．弾着から炸裂まで約 0.5 ms である．弾底信管中で最も早く作動する．弾丸は目標に完全に侵徹する前か，跳飛する前に破裂する．

　延期信管：撃針→雷管→延期機構→起爆筒→伝爆薬からなる．弾頭と弾底の両形式がある．短延期は 1 s 以下，中延期は 4〜15 s，長延期は数分〜数日の延期がとれる．

　弾頭点火弾底起爆信管：弾頭に圧電素子を持ち，弾着時の圧力でピエゾ電気が発生し，弾底の電気式雷管を起爆させる．主として対戦車りゅう弾に使用する．

(2) 時限信管：発射と同時に始動し，所定の時間の経過後に発火するように設計された信管．時計式及び火導式（黒色火薬その他）の発火方式がある．

(3) 近接信管：目標に近接したことを自動的に感知して発火する信管．最近は，ある一定時間内には作動しない機構を兼ね備えているものもある．

(4) 組合せ信管：二動信管と複動信管とがある．前者は瞬発と延期の両機能のいずれかを選択でき，後者は瞬発と時限の選択が可能である．

(5) 水圧信管：水面下の所定の探さになると，水圧の作用で爆発するようになっている．

c．発火方法による分類
- 接触感応：接触により作動する．
- 影響感応：接触せずに，ある影響で作動する．
- 事前測合：事前に作動時間をセットする．
- 組合せ及び自爆：空中目標を外れて遠くへ飛んだ場合，自爆するように設計されている．

d．発火機構による分類
- 電気信管：電気により発火する．
- 機械信管：刺突，撃発，又は摩擦により発火する．

5.8 照明剤，着色照明剤，曳光剤 （illuminant composition, colored flare mixture, tracer）

照明剤及び曳光剤は燃焼反応によって白色光又は着色光を発生する火工剤である．照明用，信号照明用，曳光弾用などがあり，砲弾，照明弾（筒），信号弾（筒），曳光弾などに充填され，地上，海上，あるいは空中（落下さん付）で発光する．

a．成分及び組成
- 酸化剤：炎色剤を兼ねることが多い．硝酸塩，塩素酸塩，過塩素酸塩などが使われる．
- 炎色剤：色によってそれぞれ次の金属の化合物が用いられる．赤：ストロンチウム，黄：ナトリウム，緑：バリウム，青：銅，白：マグネシウムあるいはアルミニウム（白の場合は金属を用いる）．
- 助燃剤：ポリ塩化ビニール，ヘキサクロロシクロヘキサン $C_6H_6Cl_6$ などがある．あまり多量に使用すると，炎の温度を下げる．
- 結合剤：発光剤の成分には粘着性がないので，みじん粉，油，ポリ塩化ビニール，ニトロセルロース，アスファルトなどを添加する．
- 防水剤：吸湿防止にアマニ油，ろう，合成樹脂などが使用される．これらのものは結合剤にもなる．
- 冷却剤，燃焼抑制剤：色度をあまり変化させないで，燃焼速度を減少させるため，炭酸カルシウム $CaCO_3$，二酸化チタン TiO_2，アマニ油などを用

いる．
- 照明剤及び曳光剤の組成例を表5.5に示す．

b．性能
(1) 点火には撃発式，電気式の他に，マッチ式がある．海上用には海水電池が使用され，電池室に海水が入ると，電池が起電して点火玉が発火する．
(2) 照明剤は光出力4〜200万cdで，燃焼時間1〜5分の強力なもの，明るさはそれほどでなくとも，持続時間が15分くらいのものなど，要求特性の種々のものがある．全般的には，燃焼速度が比較的遅いこと，煙が少ないこと，長時間の貯蔵に耐えること，製造は危険性が少なく容易であること，高価でないことなどが要求される．
(3) 信号照明剤も大体照明剤と共通した要求特性であるが，その他に色が鮮明で，紛らわしくないことが必要である．
(4) 曳光剤は曳光弾に充填され，発射薬の燃焼で点火剤（例えばマグネシウム／過酸化バリウム系）が点火され，更に曳光剤が発光する．赤色が最も好ま

表5.5 照明剤および曳光剤の組成例

色＼種類 成分	赤		緑		黄		白	
	Fl	Tr	Fl	Tr	Fl	Tr	Fl	Tr
マグネシウム	29	46	26	48	26	49	55	34
アスファルト	2	3	2	3	2	5		
油	2		2		2			
ヘキサクロロシクロヘキサン	4	4	7	6	5			
銅粉				2				
酸化銅（Ⅱ）			2					
硝酸バリウム			45	16	29			60
硝酸ストロンチウム	34	18						
硝酸ナトリウム							40	
過塩素酸カリウム	29	29	16	25	23	31		
シュウ酸ナトリウム					13	15		
ラミナック (不飽和ポリエステル)							5	
バインダー								6

Fl：照明剤　Tr：曳光剤

れるが,白色も用いられる.燃焼秒時は3〜20 s,光度は200〜2000 cdである.曳光剤は発射薬ガスの高圧下で点火されても爆発してはならない.眼がくらむような明るさでもいけない.

5.9 発煙剤 (smoke powder)

発煙剤は煙幕,信号煙及び果樹園などの防霜に用いられる.煙の色には,白煙,黒煙及び着色煙がある.また,化学的変化を伴わずに,微細な粒子に分散してできる物理煙と,化学反応から生ずる化学煙とがある.

a. 種類と組成

- 色素/加熱剤系(着色煙):色素には高温でなるべく分解しないものを用いる.ローダミンB(赤紫),オイルレッド(赤),パラレッド(赤),オイルオレンジ(橙),バターイエロー(黄),オーラミン(黄),フタロシアニンブルー(青)など.加熱剤は熱とともにガスを発生するものがよい.塩素酸カリウム $KClO_3$/ 炭水化物(砂糖など)混合物が使用される(物理煙).
- 六塩化エタン/亜鉛系:最も一般的な化学煙で,白色,灰白色が多いが,着色煙も可能である.亜鉛の代わりに酸化亜鉛とアルミニウムを用いる方法もある.酸化剤には過塩素酸塩がよく使われる.
- 無水硫酸/クロルスルホン酸系:$SO_3/ClSO_3H = 55/45$ は安くて効果的な白煙を生じ,湿った空気中で使うと,煙幕効果が最大である.
- 黄リン系:黄リンは点火すると,黄白色の煙をあげ,濃い白煙を生ずる.その遮蔽力は発煙剤中最も強い.

組成例を表5.6に示す.

b. 性能

(1) 煙幕には白煙が最良で,黒煙は効果が少ない.煙幕は気象条件に左右されやすく,持続時間と遮蔽範囲に問題がある.また,効果の比較と測定が難しい.

(2) 信号煙でも発見と色識別には白色が最良である.赤と黄も地上からよく見える.緑は最も見えない.植物の緑の背景では,緑煙はほとんど用をなさない.

表5.6 発煙剤の組成例

着　色　煙			白(灰)色六塩化エタン煙	
塩素酸カリウム	20～35	22～30	亜鉛末	36～38.5
砂　糖	23～35		六塩化エタン	43～46.5
硫　黄		8.5～12	塩化アンモニウム	3～10
染　料	30～54	38～47	過塩素酸アンモニウム	0～10
重炭酸ナトリウム	0～15	18～31.5	過塩素酸カリウム	0～12
備　考	赤黄緑及び紫煙の標準の組成		備　考	湿気に敏感

(3) 発煙剤はほとんどが毒性であり，臭気，皮膚刺激，粉じん吸入などが問題になる．また，食糧や水を汚染する．

(4) 発煙剤は火炎を出さないことが望ましい．特に六塩化エタン系は高温で燃えて，明るい炎を出すので，火炎を隠す工夫が必要である．

5.10 特殊火工品

5.10.1 点火装置

a．スクイブ (squib)

スクイブは簡単で小さな点火具で，円筒管体からなり，爆薬と電橋を有する．点火により火炎とガスを出すが，破壊的な爆発効果はない．図5.21は，スクイブの一例であるが，通常の大きさは，直径0.5～2 cm で，長さは 0.4 cm 以上の種々の長さのものがある．電橋抵抗は1

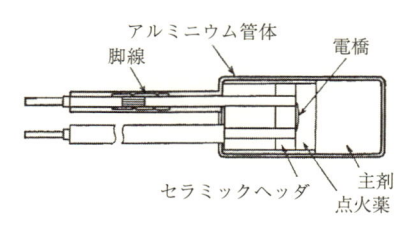

図5.21 スクイブの一例

Ω程度で，1 ms～30 s の延時装置がつくこともある．ロケット推進薬用点火薬への点火などに使用される．

b．パワーカートリッジ (power cartridge)

点火薬と発射薬が一つの容器に納められており，点火とガス及び熱発生に使用される (図5.22)．ガスはピストンを押す，浮きをふくらませる，ダイヤフラムを破るなどの働きをする．6.9 MPa～6.9 GPa 程度の圧力を示す．

パワーカートリッジ設計の際に考慮すべきことは，次のとおりである．

(1) 必要な全エネルギー
(2) エネルギー放出速度　一定速度か，最初低くて次第に増すか，最初高くて次第に減ずるか．
(3) 仕事のタイプは何か．ピストンを動かすなど．

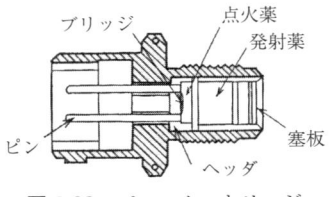

図5.22　パワーカートリッジ

(4) 仕事に要する時間
(5) 電気点火特性　低電圧か高電圧か．全部がかならず点火する電流及び全く点火しない電流値はそれぞれいくらか．
(6) 絶対に作動しない圧力，最高圧力及び作動圧力に対する装置の安全係数を決定しておく．

　宇宙船用パワーカートリッジの性能の一例は次のとおりである．点火を確実にするため，電橋は2本ついている．全点火電流は2本の電橋ともに3.5 A，不点火でその後の作動に支障のない電流は，1 Aで5分．最小絶縁抵抗（ピンと管体の間）は100 MΩ（DC 500 V，1分）である．

c．イグナイター (igniter)

　低電圧スクイブを改良したもので，高温を出すが，ガス発生は少量か全くない．固体推進薬の点火などに用いられる．図5.23にその一例を示す．小さいものは直径3 mm，長さ1 cm，質量0.5 gである．Titanミサイル用ロケットエンジン始動イグナイターには2つのスクイブが取付け

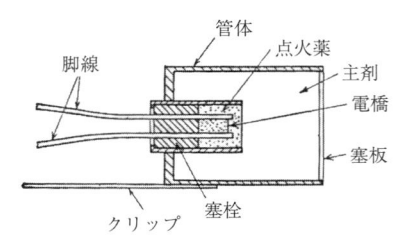

図5.23　イグナイター

られ，別々の点火回路になっている．点火薬はトリシネート，主剤はアルミニウム/過塩素酸カリウム/ホウ素/硝酸カリウムで，1 Aでは点火せず，3 Aで全点火する．

d．隔壁付きイニシエーター (through bulkhead initiator, T.B.I)

　隔壁を通して爆轟衝撃波を伝え，隔壁をこわすことなく反対側で爆燃を起こせるのに用いる（図5.24）．ドナーの爆轟は鋼の隔壁を通して衝撃波を伝え，点火管内のリセプターチャージを点火する．リセプターチャージの出力は例えばホウ素/硝酸カリウムからなる点火薬を点火させる．このイニシエーターは

電気部分がないので、電気による事故がない．

5.10.2 推力放出装置
a．ピストン及びベローズ

爆発始動ピストンは円筒形ハウジングの中に脚線，電橋，点火薬又は発射薬があり，更にピストンがある．図 5.25 にその断面図を示す．撃発火管で点火するものもある．通常，大きさは直径 2〜30 mm，長さ 9〜130 mm，質量 0.115〜700 g，ストローク長 0.25〜7.5 cm で，推力は 49〜2450 N である．ピストンとシリンダーの間の O リングシールが設計，製作上のポイントになる．爆発ガスのリークがないようにして，推力の損失を防ぐ．

ベローズの場合には O リングはいらない．ベローズの点火前後の大きさについて一例をあげると，直径 8 mm，点火前全長 25 mm，質量 3 g，ストローク長 25 mm，推力 49 N である．

ピストンとベローズの用途は次のとおりである．

(1) ピンプラー：パラシュート，ケーブル，緊急ハッチ，ロケットの段間分離その他の構造部品などの瞬間的分離のために用いる．ガス圧によってシアピンを切断し，ピストンが動き，ロッドや掛け金を解放する．

(2) ケーブル，ホースなどのカッター：航空機用鋼製ケーブル，電気ケーブル，耐圧ホース，燃料ライン，チューブ，ロッドなどの切断に用いる．一例を図 5.26 に示す．このカッターの利点は小型，軽量及び高信頼性にある．

(3) バルブの開閉：ガス又は液体を流すラインに使用する爆発始動バルブは，ピストンの駆動によって開くあるいは閉じるの一動作だけを行う．その特長は短い作動時間と小寸

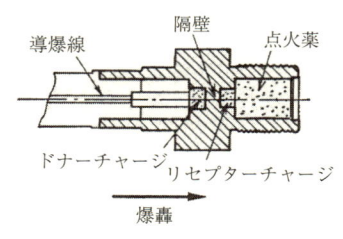

図 5.24 隔壁付きイニシエーター

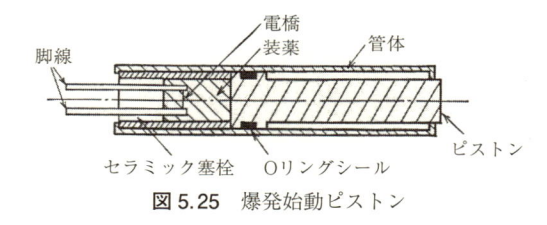

図 5.25 爆発始動ピストン

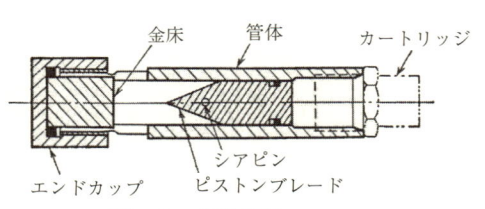

図 5.26 爆発始動カッター

法，小質量にある．
(4) スイッチの開閉：爆発始動ミニスイッチは宇宙船，ミサイルなどに用いられる．発生ガスによってピストンが駆動し，回路が閉じる（又は開く）と，直ちにロッキングが働いて，スライダーが元に戻るのを防ぐ．作動時間は約 2 ms．大きさの一例をあげると，4回路用ミニスイッチで長さ 36 mm，高さ 5 mm，質量 20 g である．

b．ガス発生装置 (gas generator)

ガス発生装置は所定期間に所定容量の高圧ガスを生成する装置である．一般に点火系，ガス生成推進薬又はボンベ，圧力室その他からできている．緊急時の種々の制御，自動膨張装置，推進薬への点火などに使用する．

推進薬式では，点火装置（海水電池も含めて）→〔ブースター〕→ 推進薬という火薬系列からなり，高温ガス発生装置と低温ガス発生装置の2種類がある．

高温ガス発生装置は推進薬の点火などに用いる．図 5.27 は小型で簡単な高温ガス発生装置で，直径 5 mm，長さ 20 mm，質量 4.4 g あり，2.5 s 間に 100 cm^3 の水を排除するように設計されている．低温ガス発生装置は低い温度にしか耐えられないゴム処理繊維を用いた浮きシステムなどに使用される．ボンベ式では，火薬の力でボンベの口を開き，ガスを発生させる．

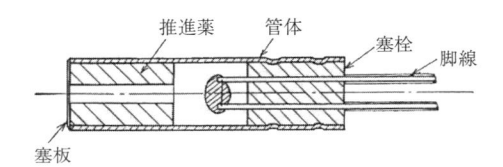

図 5.27 高温ガス発生装置

ガス発生装置に要求される性質は，次のとおりである．
(1) 必要なときに確実に作動し，所定のガス発生速度で，所定容量のガスを発生する．
(2) 無毒で清浄なガスを発生する．
(3) 種々の環境条件下でも確実に性能を発揮する．

ガス発生剤としては，推進薬の他に次のようなものがある．
- 窒素ガス：硝酸グアニジン，ニトログアニジン，テトラゾール化合物，硝酸アンモニウム．
- 酸素ガス：過塩素酸ナトリウム．
- 水素ガス：金属ハイドライド．

- 炭酸ガス：炭酸塩．

また，アゾジカルボンアミドなど種々の有機発泡剤も研究されている．

ガス発生剤の利用方法としては，ガス容量を利用する，ガス圧力を利用する，ガスの噴出力を利用する，ガスの熱量を利用するなどが挙げられる．その用途は，次のとおりである．

(1) 救命浮力体：救命筏（いかだ），救命胴衣，救命浮輪などに用いられる．
(2) 推進薬への点火：ジェットタービン，ロケットなどのスターターに用いられる．
(3) エアバッグ：自動車の衝突事故による人体の被害を防止する．
(4) 防災設備への応用：災害時のガスや燃料などの弁を緊急に開閉するための駆動源の他，火災時の防煙シャッター，非常扉の解錠などの駆動源，救命スライダーなどに用いられる．

5.10.3　破壊分離

a. 爆発ボルト （explosive bolt）

爆発装置を内蔵したボルトで，分離機構として使用する．図 5.28 で電気雷管が爆発すると，ボルトは分離面で切断される．周囲を傷つけないように破片が飛ばない形式の爆発ボルトもある．

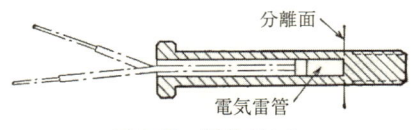

図 5.28　爆発ボルト

爆発ボルトには爆轟型の他に燃焼型もあるが，爆轟型の方がよく用いられるのは信頼性が高いためである．爆轟型爆発ボルトの破壊特性は組立部品の形状及び材質で変わるので，高信頼性を得るには実際に用いられるのと同条件でボルトを固定して試験しなくてはならない．爆発ボルトにはカートリッジが別になった爆発ボルトもある．組立のときにはカートリッジなしのボルトで部品の組立を行い，カートリッジは別に保管をしておく．点火の少し前にカートリッジを取付ける．

破片が出ないためには軟鋼より硬鋼の方がよい．しかし，硬度が必要なせん断力及び疲労強さとバランスしていなくてはならない．適切に設計すると，全く密閉しない条件で点火しても，バナナの皮をむいたような破壊状況になる．

b．爆発ナット（explosive nut）

爆発ナットはナットの方が破壊して，ボルト・ナット分離を行う．爆発ナットにはキャップのあるものと，ないものとがある．また，分離後ボルトがなくならないよう，また飛翔するボルトによって構造体が損なわれないように，ボルトにもキャップをつける場合がある．

c．小径導爆線及び成型爆薬（shaped charge）

図5.29(a)は小径導爆線による構造体の分離を示したものである．(b)は軟質成形爆薬の使用例である．ともに全周分離などに使用される．

宇宙航空用の小径導爆線は1mあたりの爆薬量が0.2〜2gで，通常の導爆線の1/10〜1/100の薬量である．図のような構造にすれば，破片飛散による周囲への影響は少なくすることができる．軟質成形爆薬はモンロー効果(11.5.2項)により構造体を切断分離するもので，被覆には鉛，アルミニウム，銅などが用いられ，心薬はPETN，RDX，HMXなどである．

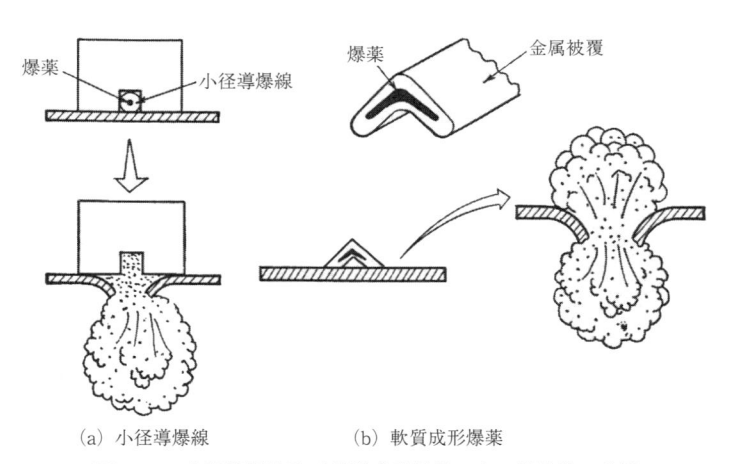

(a) 小径導爆線　　　　(b) 軟質成形爆薬

図5.29　小径導爆線及び軟質成形爆薬による構造体の分離

d．Vバンド型分離

断面がV型の環状バンドで2つの部分の両端突起又は溝部を締めつける．このバンドの全円周を数個に分割し，それぞれの分割バンド間を爆発ボルト・ナットあるいはクランプセパレータで結ぶ．クランプセパレータの始動は一般にパワーカートリッジのガス圧が用いられ，ピストンでクランプのテンション

を開放する．

e．ロッド分離

ロッドにくびれ部分を設け，ロッド内部に仕掛けた爆薬の点火により，ロッドを切断分離する．

f．シアピン分離

シアピンの切断により分離する方法である．

g．用　途

特殊火工品による破壊分離の用途としては，ロケットの段間分離，ロケットと人工衛星の分離，ロケットの破壊，ロケットチャンバーの鏡板に穿孔して逆噴射させてロケットの飛翔停止，航空機の緊急脱出装置などがある．

5.11　その他の火工品

a．建設用びょう打ち銃用空包（cartridge for powder actuated fastning tool）

コンクリートや鋼板にピン（びょう）を瞬間的に打込む建設用びょう打ち銃に使用する空包である．図5.30のように中心打ち式とへり打ち式とがある．爆粉はトリシネート系，発射薬は無煙火薬が用いられる．銃にピンと空包を装填する．銃を目的物に強く押しつけると，安全装置が外れる．次に，ハンドルを回す，引金を引く，ハンマーで叩くなどの操作をすると，薬きょうの底部にある爆粉が発火し，発射薬が燃焼する．空包の推力によってピンが高速度で目的物に打込まれる．ピンの引抜き荷重は9.8～19.6 kN，あるいはそれ以上である．便利な道具であるが，壁を貫通しないよう注意を要する．

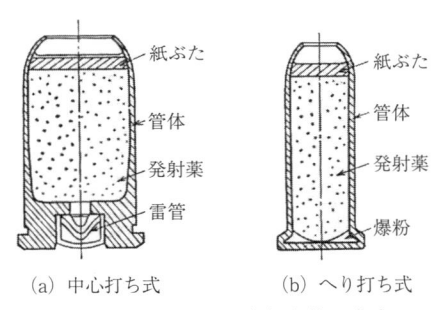

(a) 中心打ち式　　(b) へり打ち式

図5.30　建設用びょう打ち銃用空砲

b．コンクリート破砕器（concrete breaker）

コンクリート破砕器は，以下の各号に該当する火工品で，薬筒と点火具からなり，爆轟せずに燃焼する．コンクリート中に装填して点火するが，音，振動，飛石のいずれも小さく，市街地のビル解体，構造物の撤去などに便利である．

(1) 薬筒に使用される火薬（破砕薬）は，次に掲げるものであること．
   - 酸化鉛又は過酸化バリウムを主とする火薬
   - 臭素酸鉛塩を主とする火薬
   - クロム酸を主とする火薬
(2) 薬筒に使用される火薬の薬量は，1個あたり180g以下であること．
(3) 薬筒に使用される火薬の起爆感度は，配管用炭素鋼鋼管25A（日本工業規格G3452）に装填し，6号雷管1本により起爆したとき，不爆であること．
(4) 薬筒に使用される火薬の発熱量kcal/gの数値と，発生ガス量（cm³/g）の数値の積が100以下であること（通商産業省立地公害局通達49立局第158号の規定値）．
(5) 点火具に使用される火薬の種類は上述に掲げるものであり，その火薬の薬量は，1個あたり1g以下であること．
(6) 点火具は30mA以下の電流では発火しないこと．

薬筒はプラスチック製の容器に薬剤が充填されている．点火具は金属管体に点火剤を装填し，電気点火する．図5.31で，薬筒のキャップをとって点火具を挿入する．薬剤は鉛酸化物系，過酸化バリウム系などがある．その性能を爆薬と比較すると，表5.7のとおりである．

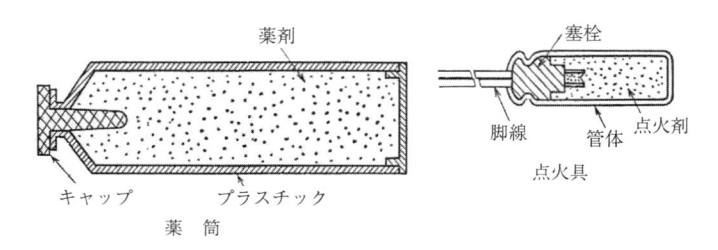

図5.31 コンクリート破砕器

コンクリート破砕器はビルディングの基礎及び梁の解体，橋梁及び水門の解体，機械基礎の解体，防波堤の解体，杭頭の破砕，止水壁の破砕などに用いられていたが，現在は製造されていない．

c．猟用装弾（shot shell）

猟用装弾は狩猟及びクレー射撃などのスポーツに使用される．図5.32にその構造を示すが，薬きょう（主としてプラスチック），銃用雷管，発射薬，紙

表 5.7　コンクリート破砕器と爆薬の性能の比較

項　目		火薬類の種類 単　位	コンクリート破砕 器用の原料火薬	硝安油剤爆薬	新桐ダイナマイト
密　度 ガス量 発熱量		(g/cm³) (cm³/g) (kJ/g)	0.99 100〜120 3.3〜4.2	0.85 960〜970 3.3〜5.0	1.4 850〜860 4.6〜5.4
燃焼性		開　放 (cm/s) 密　閉 (m/s)	2〜5 40〜60	− 3000 （ブースター使用）	− 5000 以上
発火点		クルップ式（℃） （待時間 4 s）	350〜430	−	180
感度	摩　擦	BAM 式 0/10 (kg)	>36	−	20
	落つい	落つい (5 kg) (JIS による級)	6〜8	7〜8	4〜5
	起　爆	6号雷管起爆	不　爆	不　爆	起　爆

ぶた，送り及び散弾からなっている．発射薬には黒色火薬も使われるが，主として無煙火薬が用いられる．猟用無煙火薬の場合，散弾の初速は平均 300 m/s 以上と規定されている．通常は 320〜350 m/s である．

d．自動車用エアバッグガス発生器（gas generator for automobile airbag）

自動車用エアバッグは，自動車が衝突したとき，乗員が慣性によりハンドルやフロントガラスに当たるまでの間に，バッグが膨らんで，災害を防ぐ装置である．衝突時に，センサーが衝突を感知して信号を出し，診断装置がバッグを展開するかどうか判断し，ガス発生器がガスを発生し，バッグが膨らむ．

ガス発生器はスクイブ（又は刺突雷管）→伝火薬→ガス発生剤の火薬系列からなり，フィルターでガスを冷却し，固体残渣を除去する．

ガス発生剤には硝酸グアニジン／硝酸ストロンチウム／塩基性硝酸銅などが使用されている．

同様の機構によってガス発生器を作動させて，シートベルトを急速に 50〜100 mm 引張り，乗員を拘束保護する

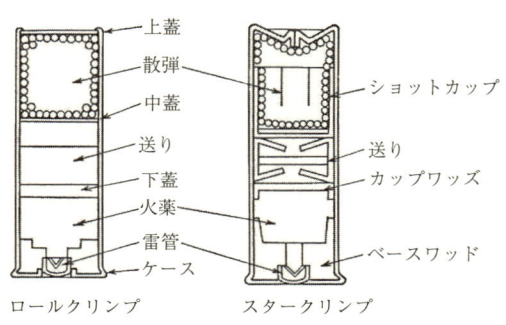

図 5.32　猟用装弾

シートベルト引張り固定器もある．

本装置は火薬類取締法の適用除外である．

e．腎結石破砕装置用火工品

腎結石破砕装置は，体外からの微少爆発による衝撃波を1回の治療で200～300回発生させて，結石を小粒に破砕し，尿と一緒に排出させる．

衝撃波の発生には，アジ化銀10 mgを装填したカプセルを電気点火する．水中にある回転楕円体の一部からなる反射筒内の第一焦点で微少爆発を起こすと，衝撃波が反射筒で反射して水中を伝わり，第二焦点に集まることを利用している．

f．導火管システム

スウェーデンで開発された非電気的起爆方法で，電気に対する安全性が優れている．導火管は中空プラスチックチューブの内壁にHMX/アルミニウム粉爆薬が塗布されている．その爆速は約2 km/sである．

導火管システムは導火管，爆破薬起爆用雷管，コネクターと発破器からなっており，エクセルシステム（EXEL System），アイデットシステム（i-det System）及びハイネルプラスシステム（HINEL PLUS System）がある．

(1) 導火管：外径3 mm，内径1.5 mm．爆薬塗布量はチューブ長1 mあたり20 mgである．導火管の構造を図5.33に示す．
(2) 爆破薬起爆用雷管：当該雷管の構造を図5.34に示す．導火管内を伝播する爆轟火炎によって，延時装置を経由して起爆される．
(3) コネクター：導火管の分岐のために使用し，伝爆用のミニ雷管とプラスチック製容器からなる．ミニ雷管には瞬発と延時薬を充填した段発とがある．

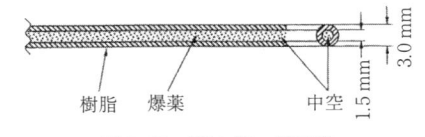

図5.33　導火管の構造[22]

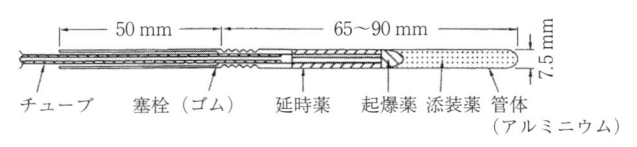

図5.34　爆破薬起爆用雷管[28]

(4) 発火器：専用発破器があるが，工業雷管，電気雷管あるいは導爆線でも発火できる．

g．信号雷管

銃用雷管，紙雷管などと発音剤を組み合わせてプラスチック容器に入れ，鉛の帯を取付けたものである．鉛帯で鉄道レール上に取付ける．列車の車輪の踏圧によって爆音を発し，乗務員に異常を知らせる．爆音剤は過塩素酸カリウムとアルミニウム粉（更に硫黄を加えることもある）の混合物で，アルミ爆ともいう．

h．信号焔管

過塩素酸塩と硝酸ストロンチウムを主剤とする緩燃発光剤を円筒形紙筒に圧填したもので，点火すると赤色の炎を噴出する．燃焼時間は約5分のものと，約15分のものが大部分である．次の種類のものがある（図5.35）．

(1) 携帯用：携帯に便利にできており，鉄道の保安用に使われる．
(2) 高速道路用：(1) と同様な構造だが，燃焼時間はより長くなっており，高速道路などでの事故処理時に使用する．

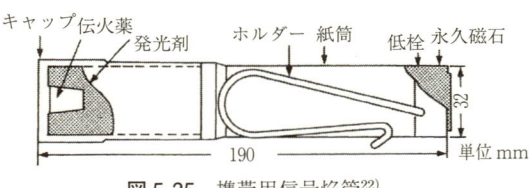

図 5.35 携帯用信号焔管[22]

(3) 動力車用：電車などの運転席の屋上に取付けられ，内部からの操作で点火して燃焼爆発させ，緊急信号の役割をする．
(4) 地上固定用：踏切や線路に近接した工事現場，雪崩や落石の恐れのある箇所などに設置する．非常の際にボタンを押して燃焼発光させる．

i．信号火箭

船舶の信号用で，救命索を難破船に送る場合にも使える．落下傘を付けると，遭難現場を他の船舶や航空機に知らせる用途にも使える．硝酸塩又は過塩素酸塩を主とする火薬のロケット作用によって打揚げ，高所で爆発し，信号用の星を残す．

j．閃絡表示器

落雷により送電鉄塔の碍子などが絶縁破壊すると，送電機能に障害を起こすことがある．本器は，このような場合に作動して，着色表示布を放出するので，

遠方からでも異常を発見できる．

　本表示器は，コイル，表示布，スクイブ，これらを収納するケースと蓋からなる．落雷により閃絡電流が流れると，本表示器の周囲に磁界が発生し，磁界変化で誘導電流がコイルに流れてスクイブが発火し，そのガス圧で蓋が外れて，ケース内の表示布が放出されて，垂れ下る．爆薬量 22 mg 以下のものは，法の適用を受けない．

k．緊急保安炎筒

　自動車，鉄道車両などによる交通事故の防止や緊急の場合の非常用信号具として用いられる発炎筒で，道路運送車両法によって，国内で販売される全ての車両に装着が義務づけられている．がん具用煙火に分類されている．

　主剤となる発炎剤は，過塩素酸塩，硝酸塩を合成樹脂で固形化したもので，添加すると赤色炎を噴出して燃焼する．

第 6 章

火薬類の爆発現象

　火薬類の爆発現象は，大きく二つの形態に分類できる．一つは爆燃（爆発的燃焼）であり，その伝播速度（燃焼速度，燃速）は数百 m/s 以下で，衝撃波を伴わない．二つは爆轟であり，伝播速度（爆轟速度，爆速）は数 km/s で，衝撃波を伴う．

　燃焼では，燃焼表面で分解したガスの燃焼により発生した熱が，直ちにその隣接部分を加熱して反応を開始させ，更に次々と急速に伝播していくために，熱伝導が支配的となる．一方，爆轟は，爆発物中を超音速で反応が伝わる現象で，その先端に衝撃波を形成する．その衝撃波を受けた爆発物の未反応部分は，急激な圧力，密度及び温度の上昇を起こして燃焼反応を開始し，これが次々に伝播して爆轟波が形成されるために，熱伝導よりも衝撃波が支配的となる．

6.1　無煙火薬の燃焼

6.1.1　燃焼機構

　無煙火薬の組成は，3.2 節で説明したようにニトロセルロースとニトログリセリンを主成分としており，その構造は均質である．無煙火薬の燃焼表面において，熱分解によって発生する可燃性ガスは，燃焼表面より均一に混合された状態で放出されるために，その火炎構造は均質化されている．

　図 6.1 で示すように，無煙火薬の燃焼波は，フィズゾーン（発泡層），ダークゾーン（暗黒層），輝炎層で構成されている．フィズゾーンは，燃焼表面から放出された分解ガスによって形成されている．ダークゾーンは，分解ガスが反応する層である．この層での反応は，反応速度が遅いために，フィズゾーン

より離れた位置で反応は終了する．また，輝炎を伴わず可視光の放射が少ないことが特徴である．ダークゾーンの後において，最終生成物を生成する際に火炎を発生し，輝炎層を形成する．圧力が増加するにしたがって，ダークゾーンの幅は狭くなり，輝炎層は燃焼表面に近づいていく．

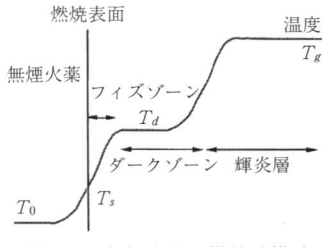

図 6.1　無煙火薬の燃焼波構造

6.1.2　発射薬としての無煙火薬の燃焼特性
a．薬粒の形状

薬粒（grain）の燃焼は表面から内部に向かって進行する．したがって，燃焼によって生成するガス量は薬粒の燃焼表面積に比例する．

図 6.2 に種々の形状の薬粒の燃焼率と燃焼表面積ならびに圧力と弾丸位置との関係を示す．銃砲身の肉厚は薄いほうが有利であるから，腔内の最大圧力が低くて，しかも弾丸の初速の速い発射薬が望ましい．図から，7 孔管状薬が最も優れ，単孔管状，ひも状の順になっていることがわかる．ただし，7 孔管状薬は最大圧力点が砲口に近い位置にあり，砲口圧力が高く，砲口炎も大きくな

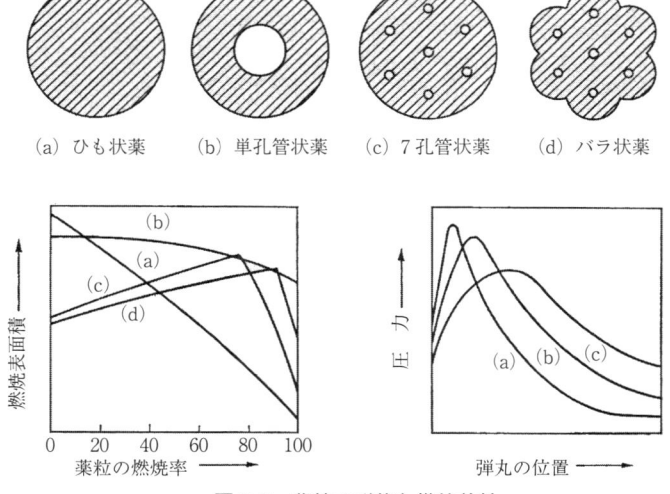

(a) ひも状薬　(b) 単孔管状薬　(c) 7 孔管状薬　(d) バラ状薬

図 6.2　薬粒の形状と燃焼特性

るから，大砲のような砲身の長い火器には適するが，小銃や拳銃のような砲身の短い火器には使用されない．

b．薬厚（web）

薬厚とは一つの薬粒において相対する2面の間の距離のうちで最小寸法をいう．図6.3から，薬厚が小さいほど最大圧力が大きく，完燃点が砲口から遠いことがわかる．曲線Dは完燃点が砲腔内にない場合である．火砲では薬厚を大きくできるが，小火器では薬厚の小さい発射薬を使用しなくてはならない．

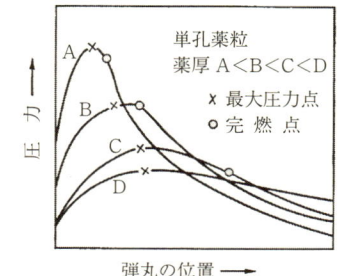

図6.3 無煙火薬の砲腔内での燃焼に及ぼす薬厚の影響

c．薬量

図6.4に見られるように，発射薬量が多くなると，最大圧力は高くなり，完燃点は薬室側に近づく．薬量を少なくすると，最大圧力は小さくなるが，完燃点は砲口側に近づき，砲口炎は多くなり，時には砲内で完全燃焼しなくなる．更に低圧になると，燃焼が不規則になり，射撃精度が悪くなる．

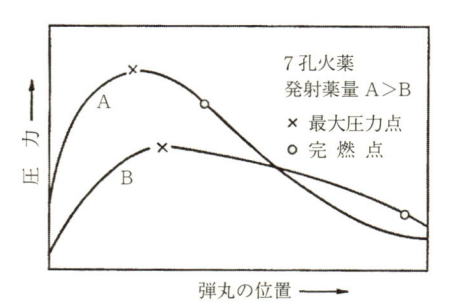

図6.4 無煙火薬の砲腔内での燃焼に及ぼす発射薬量の影響

d．点火方法

点火方法が不適切で，点火が遅れる場合，あるいは十分な量の発射薬に点火されない場合は，図6.5の曲線BやCのように最大圧力と完燃点の位置が砲口側に寄り，砲口炎が多くなる．極端な場合，砲身の許容圧力を超えて砲身に損傷を与えたり（曲線C），弾丸の初速が不規則となり，射撃精度が悪くなる．

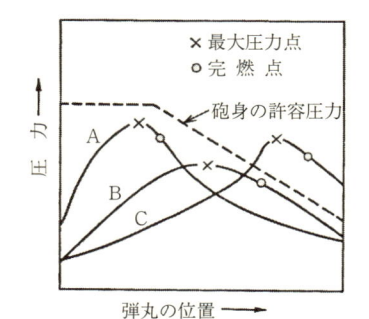

図6.5 無煙火薬の砲腔内での燃焼に及ぼす点火方法の影響

6.1.3 推進薬としての無煙火薬の燃焼特性
a．グレイン形状

推進薬のグレイン形状は，燃焼ガス発生量を制御する上で重要である．特にその燃焼面積を時間の経過とともにどのように変化させるかが，推力を制御するために重要となる．図6.6に推進薬グレイン形状とその推力の発生形態の一例を示す．外面燃焼では，時間の経過とともに，燃焼面積が減少するために，推力も時間とともに減少する漸減形となる．単孔内面燃焼形式では，時間の経過とともに，燃焼面積が増加するために，推力も時間とともに増加する漸増形となる．スター内面燃焼方式，内外面燃焼方式や端面燃焼方式では，燃焼面積はほとんど変化しないために，推力が一定の中立型となる．内外面燃焼方式は大推力を短時間に発生でき，一方端面燃焼方式では推力は小さいが，長時間推力を発生できる．

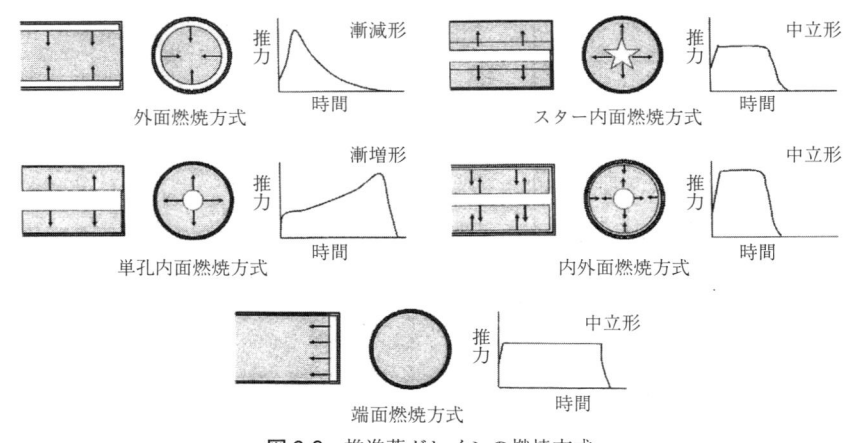

図6.6 推進薬グレインの燃焼方式

b．燃焼速度

燃焼速度 r は，圧力 P とともに増加し，その関係は次式のような実験式が成り立つ．（Vieilleの法則）

$$r = aP \tag{6.1}$$

$$r = aP + b \tag{6.2}$$

$$r = aP^n \tag{6.3}$$

$$r = aP^n + b \tag{6.4}$$

ここで，a, b：推進薬の種類，組成及び温度に依存する定数，n：圧力指数である．砲用火薬のような 200～300 MPa の高圧下での燃焼では，(6.1) 又は (6.2) 式が適用され，ロケット推進薬のような 10～20 MPa 以下での燃焼では，燃焼速度と圧力の関係は図 6.7 のようになり，(6.3) 又は (6.4) 式が適用できることが多い．n は，燃焼圧力変化に対する燃焼速度の感度を示すものである．特に，推

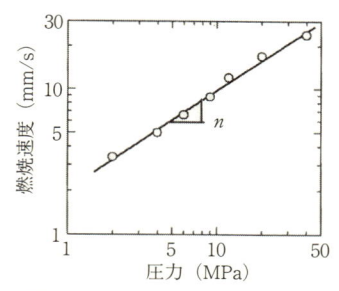

図 6.7 ロケット推進薬の燃焼速度特性

進薬に用いる場合，n は 1 以下であることが必要であり，通常 0.5 以下が望ましいとされている．

c．触媒の影響

無煙火薬の触媒として，ステアリン酸鉛やサリチル酸鉛などの鉛化合物，サリチル酸銅などの銅化合物が用いられている．また，これらの触媒に加えて，カーボンブラックを添加すると，更に触媒効果を高めることもある．

これらの触媒を微量添加することによって，図 6.8 に示すような燃焼速度特性を持つようになる．低圧領域で燃焼速度が約 3 倍に増加する現象をスーパーレート燃焼，圧力が増加しても燃焼速度が増加しないプラトー燃焼，また，高圧領域で圧力の増加にしたがい燃焼速度が減少するメサ燃焼を起こすことができる．

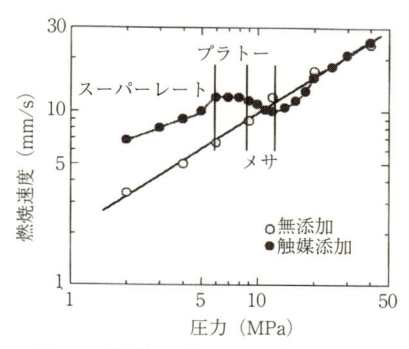

図 6.8 触媒が添加された無煙火薬の燃焼速度特性

d．温度感度

燃焼速度は推進薬初期温度によっても変化する．一般には，初期温度の増加にしたがって燃焼速度は増加する．圧力が一定時の初期温度変化による燃焼速度の変化量，すなわち，温度 1 K あたりの燃焼速度の変化率を温度感度 σ_p と定義した．

$$\sigma_\mathrm{p} = \frac{1}{r_0}\frac{\Delta r}{\Delta T} = \frac{1}{r_0}\left(\frac{dr}{dT}\right)_\mathrm{p} = \left(\frac{\partial \ln r}{\partial T}\right)_\mathrm{p}$$

通常の推進薬のσ_pは$0.002 \sim 0.008 \text{ K}^{-1}$となる.

6.2 コンポジット推進薬

6.2.1 燃焼機構

コンポジット推進薬の主成分は粉末酸化剤と燃料兼結合剤である高分子化合物（バインダー）であり，それらを物理的に混合し，硬化させたものである．その構造は不均質であるために，その燃焼波構造も不均一とある．したがって，コンポジット推進薬と無煙火薬の燃焼波は異なる．一般的なコンポジット推進薬の燃焼波は図6.9に示すような構造をしている．燃焼表面で酸化剤とバインダーの分解ガスがそれぞれ拡散層に放出され，混合し，反応層で相互に反応を開始し，火炎層で本格的な燃焼が起こる．この燃焼波構造は，酸化剤やバインダーの種類によって変化する．

図6.9 コンポジット推進薬の燃焼波構造

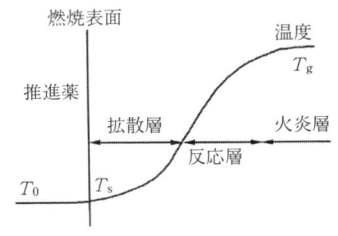

6.2.2 燃焼特性

燃焼速度は，酸化剤含有率の増加にしたがって大きくなる．現在，酸化剤として過塩素酸アンモニウムが最も広く用いられている．過塩素酸アンモニウムを用いたコンポジット推進薬の燃焼速度は，その含有率だけではなく，酸化剤の粒子径や比表面積の影響を受ける．粒子径が小さいほど，また粒子径が同じであっても比表面積が大きいほど，燃焼速度は増加する．

過塩素酸アンモニウム系推進薬の正触媒としては酸化鉄，負触媒としてはフッ化リチウムが用いられている．一般的に，温度感度は，燃焼速度が大きい推進薬ほど小さくなる．

6.3 爆薬の爆轟

6.3.1 爆轟波の構造

爆薬の爆轟は，衝撃波を伴った燃焼反応であり，その反応部分は，先行する

衝撃波と同じ速さで爆薬の中を伝播していく．これを爆轟波という．爆轟波に伴う衝撃波は，爆薬の化学反応によるエネルギーによって支えられているために安定に持続する．また，爆薬中の化学反応は，先行する衝撃波によって引き起こされている．

図 6.10 に爆轟波の構造を示す．未反応の爆薬の中に衝撃波が入射すると，爆薬は反応を開始し，衝撃波のすぐ後には化学反応を起こす領域ができる．これを反応帯という．そして，反応が終了したと見なせる位置を Chapman-Jouguet 点（C-J 点）といい，衝撃波の先端から C-J 点までの距離を反応帯の幅という．

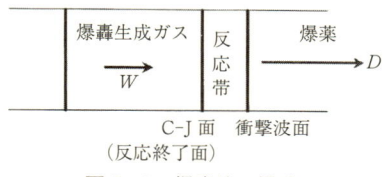

図 6.10 爆轟波の構造

図 6.11 に爆轟波の圧力 – 距離曲線を示す．D 点は未分解爆薬面で，衝撃波の最先端に相当する．反応帯で圧力が最も高い点は C 点で，その圧力を尖頭圧という．B 点は C-J 点で，その圧力は爆轟圧といい，$P_{\text{C-J}}$ で表す．A 点から後方の圧力は，静的な爆発圧力 P_s である．CD の幅は $0.1\,\mu\text{m}$ 程度である．BC の幅は爆薬の種類によって異なり，爆速の大きな爆薬

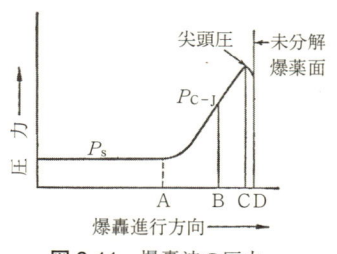

図 6.11 爆轟波の圧力

では 1 mm 程度で，小さな爆薬では 1 cm 程度である．尖頭圧は $P_{\text{C-J}}$ よりも数 % から 2 倍程度大きい．なお，爆轟圧の値を表 6.1 に示す．

表 6.1 爆薬の爆速と爆轟圧

爆 薬	TNT	RDX	2号榎ダイナマイト	あかつきカーリット	PETN/TNT (60/40)
密 度 (g/cm³)	1.64	1.77	1.5	1.0	1.7
爆 速 (km/s)	6.94	8.64	5.37	3.49	7.20
爆轟圧 (GPa)	18.9	33.8	13.9	4.23	24.0

図 6.12 に示すように，爆薬の爆轟によって，大気中に衝撃波が投射される．そのため，爆発生成ガス中には希薄波が発生する．爆轟生成ガスは爆轟方向に前進し，一方希薄波面後のガスは爆轟方向とは反対方向に移動する．したがっ

て，衝撃波面と希薄波に囲まれた部分（△AEB）を爆轟頭といい，爆轟波を維持するために必要なエネルギーを未反応爆薬に供給する．

図 6.13 に被包薬と無包薬の爆轟波を示す．鋼管などに入れた被包

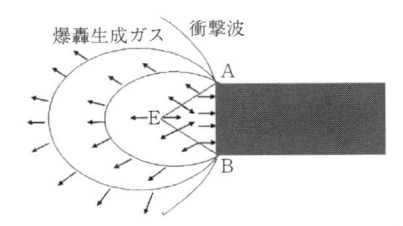

図 6.12 大気中に拡がる爆轟生成ガスと衝撃波

薬を爆発させた場合，希薄波は C-J 点以降に形成されるために，爆轟頭が持つエネルギーの減衰は起こらない．一方，大気中で無包薬の爆薬を爆轟させた場合，希薄波の一部が反応帯に入ってくる．希薄波の内部では，圧力が急に低くなるために，反応を弱めてしまう．

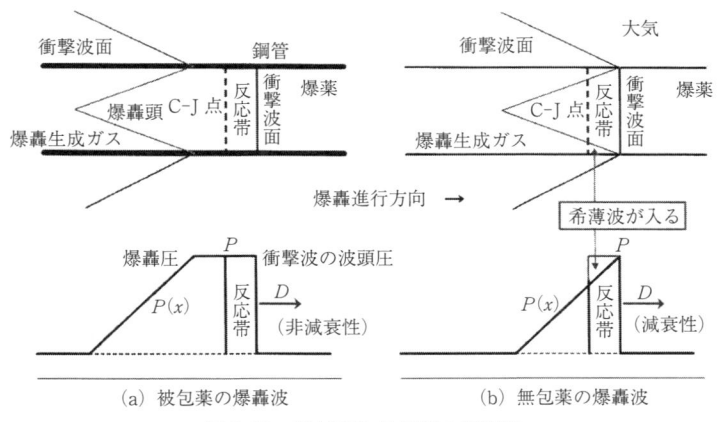

図 6.13 被包薬と無包薬の爆轟波

6.3.2 爆速に及ぼす要因の影響

a．装填密度

爆薬には，装填密度が増加すると爆速も増加する爆薬と，装填密度のある値で爆速が最大値に達し，それ以上の密度では次第に爆速が低下して，ついには不爆になる爆薬とがある．前者には，TNT，RDX，ダイナマイト，硝安爆薬などの多くの爆薬がある．後者には，ニトログアニジンや硝安油剤爆薬など鈍感な爆薬が含まれる．

図6.14は種々の薬径のHBX-1（RDX 40，TNT 38，Al 17，ワックス5の混合爆薬）について密度と爆速の関係を示したものである．いずれの薬径でも密度の増加とともに，爆速が直線的に増加している．図に示す理想爆速とは，薬径が無限大のときの爆速である．

図6.15は硝安油剤爆薬の装填密度と爆速の関係である．どの薬径でも爆速には最大値があり，それ以上の密度では爆速が急激に低下して，遂には死圧現象を示している．

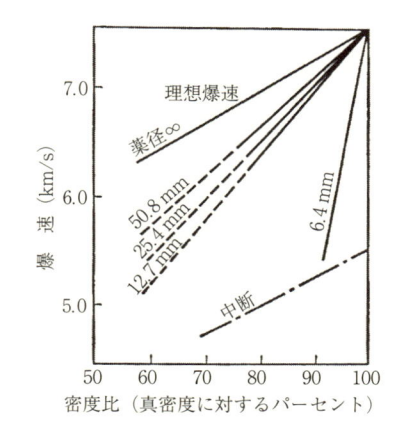

図6.14 HBX-1の爆速と装填密度比の関係（図中の数字は薬径）

b．薬径

図6.14及び6.15に見られるように，同じ密度比あるいは密度ならば薬径が大きいほうが爆速が速くなる．そして，ある薬径以下になると爆轟しなくなる．この薬径を臨界薬径という．臨界薬径は，爆薬の種類及び装填密度によって異なる．また，ある程度薬径が大きくなると，爆速の増加は次第に飽和して一定爆速になる．これが理想爆速である．

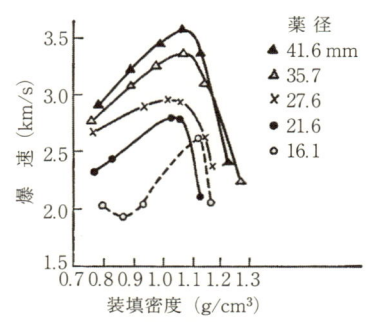

図6.15 硝安油剤爆薬の爆速と装填密度の関係

c．薬長

薬長と爆速の関係については次の3種類に分かれる．

第1が薬長によりほとんど爆速が変化しないか，あるいはわずかに増加する爆薬である．ほとんどの炸薬，松ダイナマイト，硝安ダイナマイト，カーリットなどがこれに属する．

第2は爆速が次第に増加して，やがて一定になるものである．桐及び桜ダイナマイト，起爆薬などがその例である．

第3は薬長の増大とともに次第に爆速が減少し，一定の下限値に達するかあるいは爆轟が中断する爆薬である．梅ダイナマイト及び硝安爆薬がこれに属する．

d．容器の強度

表6.2に示すように，容器の強度が大きいほど，爆速は速くなる．ただし，鉄管での肉厚がある程度以上になると，爆速は一定値に達する．

表6.2 容器の強度および薬径と爆速（km/s）

容器 \ 薬径(mm)	新桐ダイナマイト				新桂ダイナマイト		
	20	15	12	10	20	15	10
鋼 管	5.52	4.77	−	不 爆	3.95	3.53	不 爆
塩ビパイプ	4.59	3.85	3.54 (不爆あり)	−	3.39	不 爆	−
ガラス管	3.89	3.45	2.66 (不爆あり)	−	2.94	〃	−
紙 筒	3.21	2.48	不 爆	−	2.47	〃	−

e．起爆の強さ

爆薬はある程度以上の力で起爆しないと，通常の爆速が得られない．起爆の強さは爆薬の種類によって異なり，起爆薬はわずかな力で爆轟状態に入るが，炸薬は強力に起爆しないと爆轟しない．また，ニトログリセリンや松ダイナマイトをはじめとする爆薬には高速爆轟と低速爆轟とがあり，貯蔵日数や起爆の強さなどによって高低2種類の爆速が得られる．それらの爆速を表6.3に示す．

表6.3 ニトログリセリンと松ダイナマイトの爆速

	爆速（km/s）	
	低速爆轟	高速爆轟
ニトログリセリン	1.5〜2	7.5〜8
松ダイナマイト	約2	約7

f．爆薬の粒子径

爆薬は，粒子径が小さいほど爆速が速くなる．TNTを鋳造する場合に徐々に冷却して結晶を大きく成長させたものは，爆轟が中断することがある．図6.16はTNTの粒子径と薬径を変えて爆速を測定したものである．粒子径の小さいものほど高爆速が得られている．しかし，薬径が16 cm以上になると，粒子径の影響は認められなくなる．

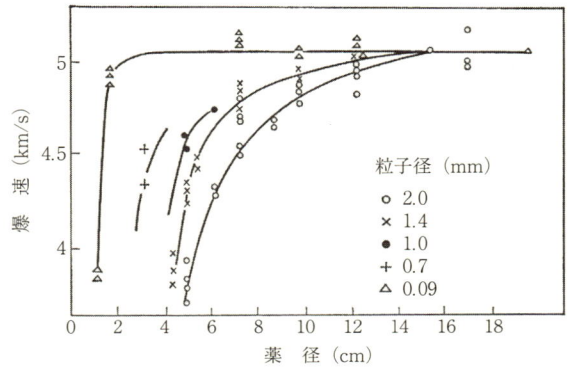

図 6.16 TNT の粒子径及び薬径と爆速の関係

g. 薬温

通常，爆薬は薬温が高くなるにしたがって爆速も増してくる．化学反応速度が温度の上昇とともに速くなることと対応している．ただし，気温の変動あるいは薬温の変動は爆発温度と比較すると小さいので，薬温の上昇による爆速の上昇は少ない．例として，硝酸アンモニウムの爆速と薬温の関係を表 6.4 に示す．

表 6.4 硝酸アンモニウムの爆速と薬温の関係

薬 温（℃）	40	100	140
爆 速（km/s）	1.15	1.32	1.50

爆薬の中には，含水爆薬のように低温で爆轟性の悪いものがあるので，注意を要する．

h. 水分

硝酸アンモニウムを含有する爆薬のように吸湿性のあるものは，吸湿すると爆速が低下するので，水分管理に注意する必要がある．硝安爆薬は製造直後 4.6 km/s の爆速があるが，水分が 4% 及び 8% になると，爆速はそれぞれ 3.0 km/s と 1.0 km/s になった例がある．しかしながら，RDX などの高性能爆薬に水などの不活性液体を添加すると，疋田と藤原が，表 6.5 のように爆轟速度が増大することを見出した研究例もある．

表6.5　不活性液体を含有する爆薬の爆轟速度

爆　発　系	装填密度（g/cm³）	爆　速（km/s）
RDX	1.15	6.30
RDX + H₂O（20%）	1.43	7.25
RDX + [NaNO₃(8) + H₂O(10)] 20%	1.53	7.95
RDX + [ZnCl₂(2) + H₂O(1)] 20%	1.73	8.10
RDX + [NH₄NO₃(2) + H₂O(1)] 20%	1.50	7.59
RDX + [NaClO₄·H₂O(2) + H₂O(1)] 20%	1.65	8.40
RDX + Glycerine（20%）	1.54	7.85
RDX + Vaseline（15%）	1.41	7.10
TNT + [NaClO₄·H₂O(2) + H₂O(1)] 25%	1.51	7.60
Tetryl + [同上] 20%	1.65	7.90
PETN + [同上] 20%	1.45	7.15
PETN + [同上] 40%	1.51	7.65

6.3.3　爆薬の起爆

爆薬は衝撃，摩擦，加熱，スパークなど，さまざまな原因によって起爆するが，これらも結局熱となり，しかもホットスポットの生成が起爆の原因となるというのが現在の通説である．Bowdenによれば，起爆の熱源として次の3種類がある．

(1) 内包された気泡又は固体粒子間の気体空間の断熱圧縮による発熱．

　断熱圧縮で圧縮比が1/30くらいになると，気体の瞬間温度は約400～500℃となり，この温度では多くの爆薬が発火する．この程度の圧縮はごく弱い衝撃で十分である．含水爆薬では気泡の存在が爆轟の伝播に必要なので，微小中空ガラス球などで気泡を内在させ，安定な爆轟を得るようにしている．

(2) 結晶間又は壁と結晶間，結晶内のすべりなどの摩擦による発熱．

　2枚の金属間の摩擦によって，容易に約1000℃の表面温度になる．ニトログリセリンをこの下に置き，摩擦により450℃以上の表面温度にすると発火する．しかし，450℃以下の融点を持つ金属板2枚を使用して摩擦しても，爆発は起こらない．爆発するかどうかは金属の硬さによるのでなく，まずその融点によって決まる．

(3) 衝撃面間で爆薬が高速流動するときの粘性流による発熱．

　落つい感度試験ではこのような現象が認められる．

ホットスポットの生成とともに，安定な爆轟を得るためには，爆薬の熱分解による発熱が，熱損失より大きくなくてはならない．これを図6.17で説明する．

$\dot{q}_1$ は爆薬の熱分解による初期の熱発生速度，$\dot{q}_2$ は熱損失速度である．$\dot{q}_1 < \dot{q}_2$ の場合，(直線1の場合)，反応は進行しない．$\dot{q}_1 > \dot{q}_2$ の場合(直線3の場合)には，一度反応が開始されると，加速されて爆轟に達する．直線2はその臨界状態である．

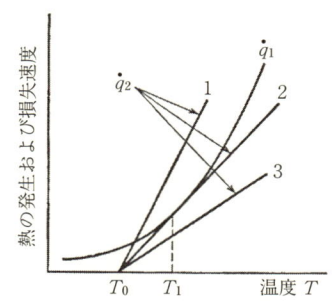

図 6.17 爆薬の発火の説明図

6.3.4 爆轟圧と猛度 (brisance)

爆轟圧は図 6.11 に示した C-J 点の圧力である．爆轟圧 P は理論的に，次式で表される．

$$P = \rho_0 D W \tag{6.5}$$

ここで，ρ_0：爆薬の密度，D：爆速，W：爆轟波面直後のガス流速である．

爆薬の破壊効果（衝撃効果あるいは動的効果ともいう）は猛度 B によって表される．猛度を表す尺度として爆轟圧力が用いられ，猛度は爆轟圧力と等しいと定義されている．(6.5)式で ρ_0 と D の測定は可能であるが，W の測定は困難である．しかし，多くの爆薬についての実験結果から，W と D にはほぼ比例関係があり，その比例係数は約 1/4 と見なされている．すなわち，経験的に

$$B = P = \frac{1}{4} D^2 \tag{6.6}$$

と表されている．

第7章

火薬類の性能試験

7.1 安定度 (stability)

7.1.1 硝酸エステルの自然分解

　黒色火薬，芳香族ニトロ化合物などは通常の温度で乾燥状態で保存すれば，長い年月の間保存することが可能である．しかし，ニトロセルロース，ニトログリセリン，無煙火薬，ダイナマイトなどの硝酸エステルあるいは硝酸エステルを含有する火薬類は自然分解の傾向を持っている．

　木村潤一は，硝酸エステルが空気中の酸素により発熱的に亜硝酸エステルになり，更に水と反応してアルコールと亜硝酸になることを実験的に確認した．亜硝酸は直ちに硝酸に酸化される．

$$RONO_3 \rightarrow RONO \rightarrow ROH + HNO_2, \quad HNO_2 \rightarrow HNO_3$$

　通常の乾燥状態にあるニトロセルロースは，ラジカル分解によってアルコキシラジカル $RCH_2O\cdot$ と NO_2 になり，更にペルオキシラジカル $RCH_2OO\cdot$ と NO になることを，木村は1989年に見出した．この一酸化窒素 NO は空気中の酸素によって NO_2 になる．NO_2 は硝酸エステルを酸化して，NO と NO_2 を発生するとともに自らは NO となる．ラジカル分解と NO_2 による酸化は繰り返し行われ，分解は次第に加速されて，反応熱が蓄積され温度が上がって，ついには自然爆発を起こす．

　このように，硝酸エステルの安定度は，試料中に存在する微量の酸分に非常に影響される．したがって，自然分解を防ぐには，硝酸エステルの精製度を高くする必要がある．また，無煙火薬ではジフェニルアミン，セントラリットな

どの安定剤を配合することによって，初期の分解で発生した NO_2 を捕捉して自然分解を抑制する．緩慢な自然分解に対する抵抗性の尺度を安定度と言うが，自然分解による事故を防止するには上記の措置をとるとともに，安定度試験（stability test）を定期的に行うことが必要である．安定度試験は火薬類取締法でも義務づけられている．また，貯蔵温度と湿度を低く保つことも必要である．

7.1.2 安定度試験法

　火薬類の安定度試験は，自然分解に対する抵抗性を調べるのが主目的であるから，通常の貯蔵条件下における温度付近で試験を行うのが理想的である．しかし，低温では判定に時間がかかりすぎるので，一般には判定時間を短縮するため，高温での加速試験を行う．ただし，その試験温度で通常の貯蔵条件下と異なる様式の反応が起これば，その試験結果から常温における安全性を厳密には論じにくいことになる．

　高温での試験結果から常温での貯蔵における残存命数を推定するために，反応形式を仮定して Arrhenius 式 $k = A\exp(-E/RT)$，又は $\log k = a - (b/T)$，あるいは Berthelot 式 $\log k = aT - b$ などが使用される．ここで，k：速度定数，A：頻度因数，E：見掛けの活性化エネルギー，R：ガス定数，T：絶対温度，a と b：定数である．

　しかし，大きな誤差なしに推定するためには試験温度から貯蔵温度までにおける分解反応形式が同様であるか，又は両温度における分解機構が既知であって，修正可能であるかのいずれかでなくてはならない．厳密には，温度範囲が変わると，ニトロセルロースやニトログリセリンの分解形式が若干異なってきて，Arrhenius 式で求められる見かけの活性化エネルギーも変化する．更に混合火薬においては，他の成分の影響によって変化することが多い．これらを全て考慮して，残存命数を推定することは困難なため，通常は直線的外挿が行われる．

　なお，Vieille は無煙火薬の試料を110℃で1時間加熱した場合，下記とほぼ同様な分解が行われると報告している．

　　　　75℃で　24時間の加熱
　　　　60℃で　7日間の加熱

7.1 安定度

40℃で 30日間の加熱

安定度試験としては，一般には適度の温度に加熱して分解生成ガス又は遊離酸分の生成速度を調べる方法，発射薬では更に有効安定剤を定量する方法などがある．なお，安定度試験には製造時又は製造直後に行う領収試験と貯蔵中の火薬類について分解変質状態を検査する保存試験とがあり，合格基準は領収試験の方が厳重である．

安定度試験法の種類は多くあるが，そのうちわが国の法規によって実施が義務付けられている法定安定度試験法は，遊離酸試験，耐熱試験及び加熱試験の3種類である．

表7.1は火薬類の法定安定度試験についてその実施区分を示したものである．法定安定度試験を実施する火薬類としては，硝酸エステル，硝酸エステルを含有する火薬又は爆薬，硝酸エステルを含有しない爆薬の3種類がある．

表7.1 法定安定度試験の実施区分

火薬類	製造後経過年月	実 施 区 分
硝酸エステル及びこれを含有する火薬又は爆薬	1年以上	年1回遊離酸試験又は耐熱試験
	2年以上	2年を経過した月から3箇月ごとに1回耐熱試験
	製造年月不明	入手と同時に耐熱試験を行いその後，3箇月ごとに1回耐熱試験
硝酸エステルを含有しない爆薬	3年以上	年1回遊離酸試験
	製造年月不明	入手後直ちに遊離酸試験を行いその後，年1回遊離酸試験を行う

硝酸エステルを含有しない火薬はこのなかに含まれていないので，安定度試験を行う必要はない．硝酸エステルを含有しない火薬には黒色火薬，コンポジット推進薬，コンクリート破砕薬がある．

安定度試験における試験試料の採取は次のように行う．製造所及び製造年月日が同じで，同種類の火薬類においては，製造後2箇年を経過しないものでは，25箱（端数は切上げとする）について1箱以上，製造後2年以上経過したものでは10箱（端数は切上げとする）について1箱以上，その他のものでは1箱ごとに試料を採取する．

硝酸エステルを含有する火薬又は爆薬（硝酸アンモニウムを含有するものを除く）で，製造の際に遊離酸試験用の青色リトマス試験紙を各容器に薬粒又は薬包とともに入れて，3箇月ごとに交換する場合には，次のような特殊処置を行う．試験紙が全面にわたって赤変したときは，製造後2年以上経過したもの

とみなし，表7.1の実施区分に従って試験を行う．ただし，試験紙が全面にわたって赤変しない限りは，この処置は適用されない．

以下，法定安定度試験ならびにその他の主要な安定度試験法について解説する．

a．遊離酸試験（free acid test）

常温における青色リトマス紙の変色時間を測定する方法で，わが国の法定安定度試験の一つになっている．図7.1に示すような内径40 mm，長さ165 mmの有底円筒ガラス容器に，火薬類の試料をその容器の3/5まで入れる．青色リトマス試験紙を吊るしたゴム栓でこれを密栓して放置する．試験紙が全面にわたって赤変するまでの時間を測定して，遊離酸試験時間とする．なお，試験紙は幅10 mm，長さ40 mmで，その下端が試料の上方約10 mmにあるようにする．

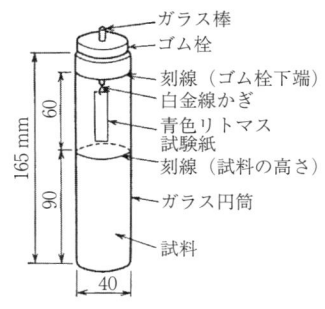

図7.1 遊離酸試験装置

合格基準は次のとおりである．

　　硝酸エステル及びこれを含む火薬：6時間以上

　　硝酸エステルを含む爆薬：4時間以上

硝酸エステルを含まない爆薬がこの試験で4時間以内に青色リトマス試験紙を赤変した場合には，それだけで不良品とせず，更に加熱試験を行って，その結果から合格，不合格を判定する．

b．耐熱試験（heat test）

1865～6年，イギリスでAbelが創案し，世界各国で公認試験として採用されている．わが国でも法定安定度試験の一つとなっており，硝酸エステル及びこれを含有する火薬と爆薬に対して適用される．その原理は，試料をある一定温度に加熱して，分解生成するごく微量のNO_2をヨウ化カリウムでん粉紙の変色によって検出することにある．

耐熱試験における試料の採取方法は次のとおりである．

(1) 膠質ダイナマイト3.5 gをガラス板の上で米粒大に細かく切る．これを乳鉢に入れ，精製滑石粉7 gを加える．木製の乳棒で静かに軽く完全にすり混ぜて試験試料とする．

(2) 膠質ダイナマイト以外のダイナマイト及び硝酸エステルを含有するダイナマイト以外の爆薬：乾燥したものについてはそのままのものを，吸湿した試料は45℃で約5時間乾燥したもの3.5 gを試験試料とする．
(3) 硝酸エステルを含有する火薬：粒状のものはそのままのものを，その他のものでは細片状にしたものを試験管の高さの1/3に相当する量だけ採取して試験試料とする．
(4) ニトロセルロース：乾燥品についてはそのままのものを，吸湿品は常温で，真空乾燥機で十分に乾燥したものを試験管の高さの1/3に相当する量だけ採取して試験試料とする．

この試料を図7.2の試験管に高さの1/3の刻線のところまで入れる．ヨウ化カリウムでん粉紙の上半分を，ガラス棒を用いて蒸留水／グリセリン（1/1）混合液で湿らせ，この試験紙をゴム栓につけた白金線に吊るし，ゴム栓で試験管の口を密封する．試験管を65℃に保った湯浴に所定の刻線の高さまで入れたとき，その上の刻線が湯浴の蓋の位置にくるように湯浴内の水量を調節しておく．試験管を入れたときから，ヨウ化カリウムでん粉紙の乾湿境界部が標準色紙と同一濃度に変わるまでの時間を測定して，この時間を耐熱試験時間とする．耐熱試験時間が8分以上のものを合格とする．

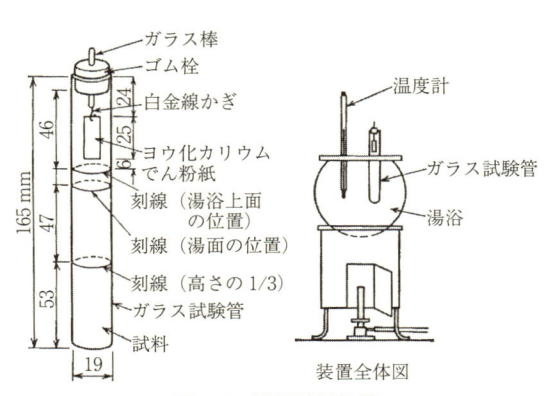

図7.2 耐熱試験装置

なお，精製滑石粉，ヨウ化カリウムでん粉紙及び標準色紙は，検定試験に合格したものを使用する．領収試験では法定規準の合格基準よりも温度をより高くし（例えば80℃），耐熱試験時間をより長くする（例えば15分以上）など

合格基準を厳しくしている.

ヨウ化カリウムでん粉紙は，$130 \sim 150 \times 10^{-6}$ mg の NO_2 ガスを吸収すると，標準色と同等の変色をすることが認められている．したがって，この試験は非常に鋭敏である．ただし耐熱試験はヨウ化カリウムの分解を促進する NO_2 以外の酸化性の強い物質の痕跡，又は分解を妨害する物質，例えば酢酸エチル，エチルアルコール，塩化第二水銀などの痕跡があると，信頼性のある結果が得られなくなる．

c．加熱試験

法定安定度試験の一つである．図 7.3 にあるような外径 35 mm，高さ 50 mm の円筒形秤量びんに乾燥試料約 10 g を精秤する．75℃ に保った乾燥器内にこの秤量びんを入れ，48 時間静置したのちに取出して精秤し，加熱減量を求める．減量が 1/100 以下であれば合格とする．

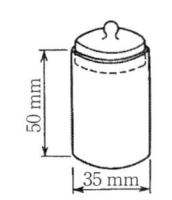

図 7.3 加熱試験用秤量びん

d．75℃安定度試験（75℃ international test）

b〜c 以外にも世界的に広く用いられている試験として 75℃安定度試験があるので，以下これについて説明する．

• 装置及び器具

(1) 試験装置

試験装置は加熱管部，恒温槽部及び測定記録部から成るものを使用する（図 7.4）．

(2) 加熱管部

加熱管は，高さ 150 mm，内径 50 mm のガラス製のものを 2 本使用する．加熱管を密閉する蓋は，熱電対及び 60 kPa の圧力で破裂する破裂板を取付けたものを使用する．

(3) 恒温槽部

48 時間以上 75±2℃ に温度を保持できるエアバスを使用する．

(4) 測定記録部

熱電対，零接点，レコーダー，アンプを使用する．

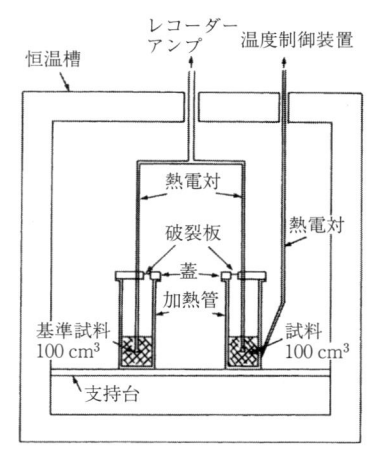

図 7.4 75℃安定度試験装置概略図 [23]

7.1 安定度

- 操　作
(1) 試料約 100 cm³ を一方の加熱管にとり，秤量する．別の加熱管に不活性物質の基準試料 100 cm³ をとる．
(2) 各加熱管に熱電対，破裂板を取付け密封する．
(3) 75±2℃に保持した恒温槽内に各加熱管を収め，加熱する．同時に試料温度と基準試料との温度差を記録する．
(4) 試料温度が 75℃ に達してから 48 時間加熱する．
(5) 48 時間後加熱管を取り出し，冷却後に秤量する．これより試料の質量減少率を求める．
(6) ただし，加熱中，試料の発火，爆発，自己発熱（1℃以上の温度差），破裂板の破裂が起こった場合は試験を終了する．

- 結果の判定

加熱中に試料の発火，爆発，1℃以上の自己発熱，破裂板の破裂が起こった場合，1%以上の質量減少が認められた場合，又は変色，脱色，臭気，膨張等が著しい場合は不合格とする．

e．メチルバイオレット試験（methylviolet test）

試料 2.5 g を常温で 12 時間乾燥して，肉厚試験管（内径 15 mm，長さ 290 mm，厚さ 3 mm）にとる．メチルバイオレット試験紙（70×20 mm）を試料の約 1 cm 上方に試験管壁に圧着させてとめる．試験管に径約 4 mm の孔をあけたコルク栓をつけ，135℃又は 120℃の加熱浴，あるいは加熱装置中に試験管の上部 6〜7 mm だけ表面に出るように入れる．また 135℃や 120℃では非常に不安定な物質，あるいはもっと低温での安定度のデータを望む場合には，100℃で試験することもある．加熱浴中に試験管を入れて 20 分経過したのち，5 分ごとに試験管をその長さの半分だけ引き上げて観測し，ただちに元に戻す．

ニトロセルロース又はシングルベース発射薬については 134.5±0.5℃ で試験する．合格基準は次のとおりである．

(1) メチルバイオレット試験紙が 30 分以内にサーモンピンク（明るい橙紅色）に変色しないこと．
(2) 45 分以内に NO_2 ガスの発生が認められないこと．
(3) 5 時間まで試験を続け，その間に爆発が起こらないこと．

ダブルベース及びトリプルベース発射薬は 120±0.5℃ で同様に試験し，合格基準はニトロセルロースやシングルベース発射薬などの場合と同じである．100℃で試験する場合には，内径 10 mm，深さ 75 mm のパイレックスガラス試験管に 0.5 g の試料とメチルバイオレット紙（10 mm × 35 mm）を入れて試験する．

7.2　感度（sensitivity）

7.2.1　火薬類と感度

　感度とは，火薬類の外部からの刺激に対する爆発感能性の尺度である．ある火薬類がある外部刺激に対して容易に爆発する場合に，その火薬類はその刺激に対して感度が高いという．その逆に容易に爆発しない場合には，感度が低いという．

　刺激には，衝撃，摩擦，熱，火炎，火花などさまざまな種類がある．火薬類のこれらの刺激に対する感度は火薬の種類あるいは成分組成だけでなく，温度，湿度，雰囲気の圧力などの外的条件，ならびに粒子径，吸湿水分，微小な気泡の有無，装填密度などの内的条件によっても変化する．また，同一の火薬類試料でも各種の刺激に対する感度はさまざまである．例えば，摩擦や衝撃には敏感でも，火炎には鈍感な火薬類がある．一方，火炎には敏感でも，摩擦及び衝撃に鈍感なものもある．摩擦に敏感でも衝撃に敏感とは限らない．これらの種々の試験法に対する感度の相互間の関係は，まだわかっていない．したがって，火薬類の感度はいろいろと異なる種類の感度試験を行わないと，その全貌を把握できない．

　火薬類の感度を知ることは，性能，したがって用途の指針となるとともに，製造，取扱い，貯蔵などに関する保安上の重要な知見が得られる．

7.2.2　衝撃感度及び打撃感度（shock sensitivity, impact sensitivity）

　銃砲用雷管には打撃あるいは刺突によって発火し，その機能を発揮するものが多い．また，火薬類は製造，運搬，取扱いなどにおいて不慮の衝撃を受ける可能性は高い．したがって，火薬類の衝撃感度は実用上ならびに保安上重要な性能である．

7.2 感度

衝撃には，打撃，衝突などの機械的衝撃と雷管や爆薬による爆発衝撃とがある．機械的衝撃による試験としては，落つい感度試験と平頭弾による銃撃感度試験がある．爆発衝撃による感度試験には，殉爆試験，カードギャップ試験及び雷管起爆試験がある．ただし，殉爆試験と雷管起爆試験は衝撃以外の要素も加わった実用的試験である．落つい感度試験，銃撃感度試験及びカードギャップ試験は比較的純粋に衝撃感度を測定する方法といえる．

a．落つい感度試験（drop hammer test）

落ついを試料火薬類に落として，爆発するかどうかを調べ，落高との関係から衝撃感度を求める試験法である．落つい質量は100 g〜100 kgとさまざまであるが，最も標準的でJIS規格になっているのは5 kgである．それについて説明する（図7.5）．

試料は吸湿してないものを使用する．膠質状の試料は厚さ0.7 mm，直径11 mmの円板状のものとする．半膠質状又は粉状のものは0.10〜0.12 mlの半球状のさじに一杯とる．試料を入れるスズ箔皿は，直径20 mmの円形スズ箔（80〜100 g/m^{2}のもの）を押型で凹ませて，直径12 mmの皿状にしたものを使用する．これを鋼製アンビル上に径，高さともに12 mmの2個の円筒ころの間にはさみ，ガス抜き孔のあるカバーをかぶせる．落ついを円筒ころ上に落とす．

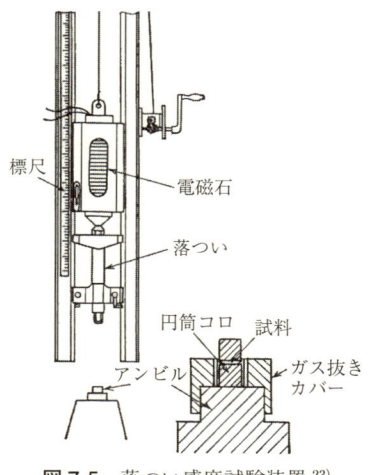

図 7.5 落つい感度試験装置[23]

爆，不爆の判定は次の基準で行う．

(1) 完爆　爆発音を発し，試料は完全になくなる．試験後，円筒ころの面に爆痕が残り，布で軽くふいても取れない．
(2) 半爆　爆音と煙を発し，試料は多少残る．試験後，円筒ころの面に爆痕が残り，布で軽くふいても取れない．
(3) 分解　概して爆発音と煙を発せず，試料はほとんど残る．試験後，円筒ころの表面に黒い線状の爆痕がかすかに残り，布で軽くふいても取れない．
(4) 不爆　爆音も煙も発せず，試料に変化も認めない．円筒ころの面に黒い線

状の爆痕のようなものが残ることがあるが，布で軽くふくと取れる．
以上の(1)〜(3)は爆とし，(4)を不爆とする．

同一落高で6回試験をして，1回だけ爆発するか，あるいは1回だけ爆発すると推定される高さを求め，これを1/6爆点とする．試験は5, 10, 15, 20, 30, 40, 50 cm の適当な落高で行い，1/6爆点を表7.2に示す落高の範囲として求める．等級の数字が小さいものほど鋭敏である．

表7.2 落つい感度の表示

落つい感度（等級）	1/6爆点 (cm)	落つい感度（等級）	1/6爆点 (cm)
1	5 未満	5	20 以上 30 未満
2	5 以上 10 未満	6	30 以上 40 未満
3	10 以上 15 未満	7	40 以上 50 未満
4	15 以上 20 未満	8	50 以上

落つい感度の例を表7.3に示す．

表7.3 火薬類の落つい感度例

火薬類	1/6爆点による等級	火薬類	1/6爆点による等級	火薬類	1/6爆点による等級
PETN	2〜4	テトリル	5〜8	新桐ダイナマイト	5
RDX	4〜6	TNT	6〜8	新梅ダイナマイト	3〜4
HMX	3〜4	コンポジションB	5〜8	アイレマイト	8
ニトロセルロース(N=13.4%)	2	コンポジションC	6〜7	5号黒カーリット	5
ニトロセルロース(N=11.5〜12.2%)	1〜2	黒色火薬	5〜8	硝安油剤爆薬	8

b．銃撃感度試験（bullet impact test）

試料に平頭弾を射撃し，爆発するかどうか調べる方法である．尖頭弾を使用すると，打撃感度と摩擦感度が組合された試験となるが，平頭弾の場合，先端平面で試料を衝撃するので，ほとんど純粋な打撃感度試験である．試験方法の一例を図7.6に示す．試料の爆発による弾丸の破片その他の飛散物に起因する災害を防止する措置を講じなくてはならないが，特に図の方法に限定されるものではない．

試料は直径40 mm，長さ50 mm以上で，薬包を切断した形状のものとし，紙又はプラスチック材料で被覆する．両端面は露出したままか，又は0.2 mm

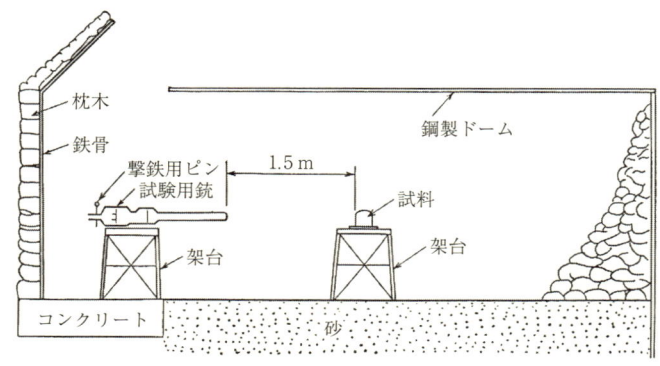

図7.6 銃撃感度試験方法の一例

以下の紙又はプラスチックフィルムで覆う．

試料は，作製時の見掛け密度，水分などの状態を維持するようにし，また，所定の温度に調整する．内面平滑な銃から直径15 mm，長さ15 mmの真ちゅう製の平滑弾を試料に双方の面が平行に打撃するように発射する．弾速は光電装置などで測定するが，弾速の平均値からの偏差が5％以内であることを確認し，その範囲内で試験を行う．ただし，毎回弾速の測定を行う場合にはこの制限はない．

試験は同一弾速で3回行い，弾速は15％間隔で変える．大体次のようにする．

爆，不爆の判定は，ブラストメータ，あるいは一端を試料に接触させ，他端を釘に巻いて固定した導爆線による．所定の弾速で3回とも不爆の場合を不爆とし，

弾速（m/s）	試験間隔（m/s）
100以下	10～15
100～200	15～30
200～300	30～45
300以上	50

3回とも爆発する場合を爆発とする．試験の記録は，不爆の弾速を分子，爆発の弾速を分母に表示する．なお，試料の見掛け密度を付記する．

c．カードギャップ試験（card gap test）

カードギャップ試験は，第1薬包と第2薬包の間にメタクリル樹脂板を入れて殉爆試験を行い，最大殉爆距離を求める試験法である．この試験では，第1薬包からの高温ガスや固体投射物はメタクリル樹脂板で遮断されるので，第2薬包には衝撃力だけが作用する．したがって，第2薬包を起爆させる最低衝撃

圧力を求めることができる．

図 7.7 で 100 mm 角の鉄板上に外径 38 mm，内径 31 mm で長さ 50 mm の硬質塩化ビニル管に試料を通常の見掛け密度で装填して立てる．その上に 50 mm 角の 1 級のメタクリル樹脂板を必要に応じて重ね合わせる．樹脂板は通常厚さ 5 mm と 10 mm のものが使用されているが，板の厚さには規制はない．板の間に空気泡が入らないように密着するなどの処置が必要である．ギャップ長はノギスで測定する．

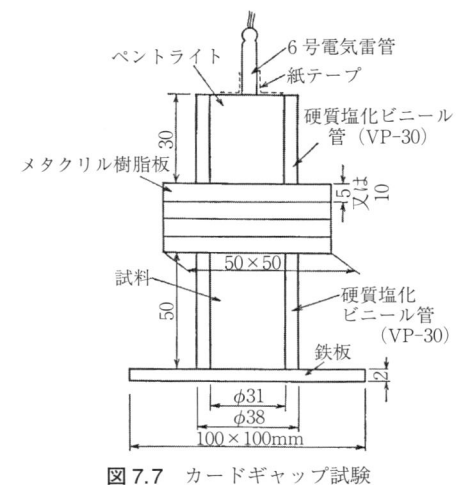

図 7.7 カードギャップ試験

第 1 薬包はペンライト（PETN/TNT = 50/50）を使用する．外径 38 mm，内径 31 mm，長さ 30 mm の硬質塩化ビニル管にこれを溶填するが，密度は $1.60\,\mathrm{g/cm^3}$ を標準とする．起爆には 6 号雷管を使用する．試料の爆，不爆は鉄板の損傷状況によって判定する．同一ギャップ長で 3 回繰返して試験し，3 回とも爆発しない最小ギャップ長を臨界ギャップ長とする．ギャップ長は 5 mm 刻みとする．

d．殉爆試験（gap test）

殉爆とは，爆薬塊が空気，水などの媒体を隔てて他の爆薬塊の爆轟に感応して爆轟する現象をいう．殉爆は，発破の実施上及び製造，貯蔵などの保安上重要な性能である．殉爆は最初の起爆する爆薬（第 1 薬包あるいは励爆薬）と感応する側の第 2 薬包あるいは受爆薬の性能に依存する．JIS では次のような砂上殉爆試験を規定している．

図 7.8 に砂上殉爆試験装置を示す．著しくは湿っていない砂床上の薬包径にほぼ等しい半円筒形の溝をつくる．2 本の試料薬包をこの溝の中に一直線上に並べる．薬包間の距離は薬包

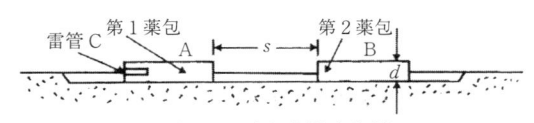

図 7.8 砂上殉爆試験 [23)]

径の倍数刻みとする．第1薬包を6号雷管で起爆し，第2薬包が3回連続で殉爆する最大距離 s を求める．s を薬包径 d で割った値，$n = s/d$ を殉爆度という．

- 殉爆感度に及ぼす各種要因の影響
(1) 媒体：水中殉爆では砂上殉爆より殉爆度が良い．衝撃圧力の減衰が水中では空中より少ないためである．
(2) 密閉度：鉄管内殉爆など，密閉度をあげると殉爆距離は大きくなる．
(3) 薬径：薬径が大きくなると，殉爆度があがる．
(4) 温度：温度の上昇により，殉爆距離は伸びる．
(5) 固体投射物：パラフィン包装した薬包の場合には，水中より空気中の殉爆度が大きいことがある．パラフィン粒子の飛散のためと考えられている．しかし，薬包と薬包の間に岩粉などが介在すると，殉爆度が大きくなる．
(6) 励爆薬の薬量：殉爆距離 s と励爆薬の薬量 w の間には，$s = kw^n$ の関係がある．k, n はともに定数であり，n は $1/2 \sim 1/3$ とされている．

e．雷管起爆感度試験（detonation initiation tests）

火薬類の中には，通常の摩擦及び落つい感度試験では測定できないものも多く，別の試験法が要望されるようになった．また，硝安油剤爆薬は6号雷管では起爆してはならないという規定がある．雷管起爆感度試験法はこのような状況からできた試験法である．多くの試験法があるが，そのうちの主要なものについて解説する．

(1) 28 mm 鋼管試験

この試験法は，緊急保安円筒及びコンクリート破砕器に対応してできた試験法である．

図 7.9 に示すように，鋼管は JISG3452（配管用炭素鋼鋼管）の SGP25A 鋼管（外径 34.0 mm，内径 27.6 mm，肉厚 3.2 mm）で長さ 200 mm のものを使用する．一端に 10 号のコルク又はゴム栓を 10 mm 以上入るように栓をし，試料を充填する．他端には，6号雷管を中央部内側に管底から 10 mm 出るように取付けた 10 号のコルク又はゴム栓を 10 mm 押し込む．

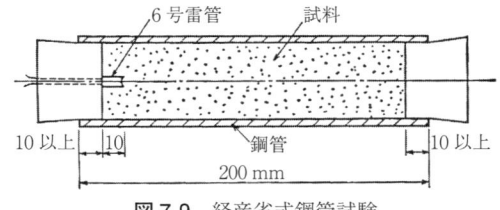

図 7.9 経産省式鋼管試験

試料を充填した鋼管を土又は砂の上に置いて，鋼管内部の試料中に取付けた6号雷管で起爆する．そして，鋼管の裂け具合から爆不爆を判定する．鋼管試験にはこの他に表7.4のような試験法がある．

表7.4 他の鋼管試験法

鋼　管	外　径 (mm)	肉　厚 (mm)	長　さ (mm)	起爆方法
油圧配管用炭素鋼管	28	3	200	6号雷管1～4本
1インチ鋼管	33.3	4	300	8号雷管
2インチ鋼管	60	5	500	RDX伝爆薬
4インチ鋼管	114	8	1 000	RDX伝爆薬

(2) 22 mm 鋼管試験

この方法は，総合安全工学研究所発行セイフティ・エンジニアリング誌31 (1981) において，爆発性物質の危険性の評価方法として挙げられているものである．

・試料の容器

内径22 mm，外径27.5 mm，長さ200 mmの鋼管（油圧配管用炭素鋼鋼管）で，一端をクラフト紙などでふさぎ，粘着テープで固着し，これに試料を詰め，起爆用の6号雷管をこの試料に取付け，この端をクラフト紙などで塞ぎ，粘着テープで固着したものとする．

・起爆の方法

試料を充填した容器を，鉛板（幅約100 mm，長さ約200 mm，厚さ約10 mm）の上に垂直に立て，容器内部の試料中に取付けた6号雷管で起爆する．

・判定

鋼板の破砕状態と鉛板の爆痕から，表7.5の基準に従って5段階のクラス分けをする．

(3) 起爆感度試験方法 A 法

次の起爆感度試験方法B法とともに硝安油剤爆薬起爆感度試験方法として規定されている．

JISA5706に規定する呼び径60の硬質塩化ビニール（外径60±2.0 mm，長さ130±20 mm）の一端をクラフト紙で塞ぎ，粘着テープなどにより本体に接着させる．管の開口端から試料を入れ，軽く3～4回たたいて管の上端まで詰

表 7.5 鋼管起爆感度試験の結果の判定基準

クラス	鋼管の破砕状態	鉛板の爆痕	爆轟状態
1 級	鋼管は細かく破砕される.	大きい	完 爆
2 級	鋼管はすべて破砕されるが,破片は大きい.	大きい	完 爆
3 級	鋼管の半分程度が破砕される.	中程度	半 爆
4 級	鋼管の雷管附近の部分にクラックが入るか,ブランク(注)に比べ大きく膨張する.	小さい	半 爆
5 級	ブランクと同じ程度の変形	な し	不 爆

（注） ブランクとは,試料と同じ程度の見掛け密度を呈する不活性物質（塩化ナトリウム,タルク,パーライト等）を用いて試験した結果をいう.

める．次に管口をクラフト紙で塞ぎ，粘着テープなどを使用して管に接着させる．管の一端の中心に 6 号雷管を，その雷管体上端が管の端面と同一面になるまで挿入する．管の他の一端の中心には，長さ 150〜300 mm の第 2 種導爆線を管の端から 30 mm 挿入する（図 7.10）．

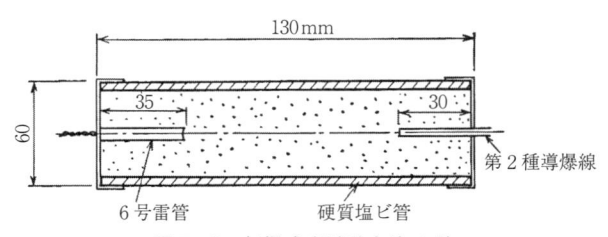

図 7.10 起爆感度試験方法 A 法

土又は砂の上に横に置いて，雷管を起爆させる．硝安油剤爆薬の場合には，3 回行い，3 回とも導爆線が爆発せずに残った場合を合格とする．

(4) 起爆感度試験方法 B 法

起爆感度試験方法 A 法とともに硝安油剤爆薬の起爆感度試験方法である．A 法又は B 法のいずれかを試験する．

試料容器はカップ原紙で作製する．その本体は深さ約 165 mm，内径約 85 mm，側面厚さ約 0.4 mm のラングストン二重巻きで，底の厚さは約 0.7 mm，蓋は深さ約 15 mm，内径は蓋をしたとき本体と密着するような内径とする．側面の厚さは約 0.32 mm のラングストン二重巻きで，上面の厚さは 0.45 mm とする．本体，蓋とも全面プラスチックコーティング仕上げとする．

この容器に試料を通常の包装状態と同様の密度で上端まで詰める．6号雷管を図7.11のように挿入して蓋をし，柔らかな土又は砂の上に直立させて，雷管を起爆させる．試験は3回行う．硝安油剤爆薬の場合，3回とも爆発によって土又は砂の上に漏斗孔を生じないものを合格とする．

(5) 弱雷管試験

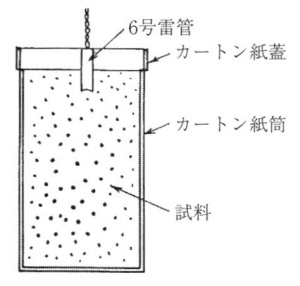

図7.11 起爆感度試験方法B法

この試験法は6号雷管で完爆する程度の火薬類について，これを起爆できる限界の起爆力を見出すための試験法である．

弱雷管は銅管体に添装薬としてペンライト（PETN/TNT = 50/50）を0〜0.4g，起爆薬としてDDNP 0.2gを装填し，長さ8mmの内管を圧入したもので，その級別と薬量の関係は表7.6のとおりである．

表7.6 弱雷管の級別

級別	0	0.5	1	2	3	4*
添装薬量 (g)	0	0.05	0.1	0.2	0.3	0.4
起爆薬量 (g)	0.2	0.2	0.2	0.2	0.2	0.2

*4級はJIS 6号雷管に相当する．

試料は薬径30 mm，薬長120 mm以上とし，通常の薄手の紙筒又は100 μm以下のプラスチックフィルム筒で包装して，両端をシールする．薬包を規定温度に20時間以上保った上で，試験直前に取り出して，雷管の全体が入る深さまで薬包端の中心に雷管を挿入したのち，直ちに爆発判定用鉛板の上で起爆する．鉛板の爆痕により完爆，半爆及び不爆を判別する．この試験を3回行い，3/3（完爆）及び0/3（不爆）を示す弱雷管の級別で表示する．

(6) 特定無煙火薬判定用鋼管試験

この方法は，火薬類取締施行規則第1条の6（火薬及び火工品の換算）において経済産業大臣が定めたところにより破壊的爆発の危険が少ない無煙火薬（これを「特定無煙火薬」という）であるかどうかを判定するための試験である．

• 試料の容器

下蓋（材質がJIS G4051（1979）機械構造用炭素鋼材に規定するS25Cで，外径76 mm，高さ44 mm，下部の厚さ14 mmのもの）をねじ（JIS B0203（1999）

管用テーパねじに規定するもの）止めした鋼管（材質が JIS G3454(1988) 圧力配管用炭素鋼鋼管に規定するもので，呼び径 50A，呼び厚さでスケジュール 60，長さ 500 mm の継目無鋼管）に試験物品を充填する．

• 起爆の方法

目開きが 1.18 mm の網篩（JIS Z8801-1(2000) 試験用篩に規定する金属製網篩）で全量通過し，かつ，目開きが 300 μm の網篩いで全量残留する黒色火薬 10 g からなる点火具を取付けた上蓋（材質が JIS G4051(1979) 機械構造用炭素鋼鋼材 S25C で，外径 76 mm，高さ 44 mm，上部の厚さ 14 mm のもの）を鋼管にねじ止めし，当該点火具を発破器の電流により点火する．

• 判　定

破壊的爆発の危険の少ない無煙火薬であると判断される破裂の程度は，鋼管，上蓋及び下蓋の破片のうち，質量が 200 g を超えるものの質量の合計が，起爆させる前の鋼管，上蓋及び下蓋の総質量の 50％を超える場合とする．

7.2.3　摩擦感度 (friction sensitivity)

摩擦感度は火薬類の摩擦による発火の難易を表すもので，実用上ならびに保安上重要な性質である．試験方法としては，硬くて摩擦係数が大きい固体の二面間に試料をはさんで，加圧下に一方の面を移動させる形式のものが多い．この場合，面の移動を一定にして荷重を変化させる方法と，荷重を一定にして移動速度を変化させる方法とがある．

a．BAM 式摩擦感度試験 (BAM friction test)

ドイツ材料試験所（BAM）で 1955 年に開発した方法で，わが国の JIS に採用されている．試験装置を図 7.12 に示す．ともに規定の硬さと表面粗さを持つ 25×25×5 mm の磁製摩擦板と直径 10 mm，高さ 15 mm の磁製摩擦棒を使用する．乾燥した試料約 0.01 ml を図のように板と棒の接触点に対して前後に 1：2 の割合になるようにはさむ．爆薬用には 4.9～353.0N，起爆薬用には 0.098～98 N の適当な荷重を加える．荷重はおもりの種類とおもりを掛ける位置によって変えることができる．次にモーターによって台座を約 7 cm/s の速度で 1 cm の往復運動させ，試料の爆・不爆を判定する．

爆・不爆の判定は次のように行う．

(1) 爆音：爆音を発生する．

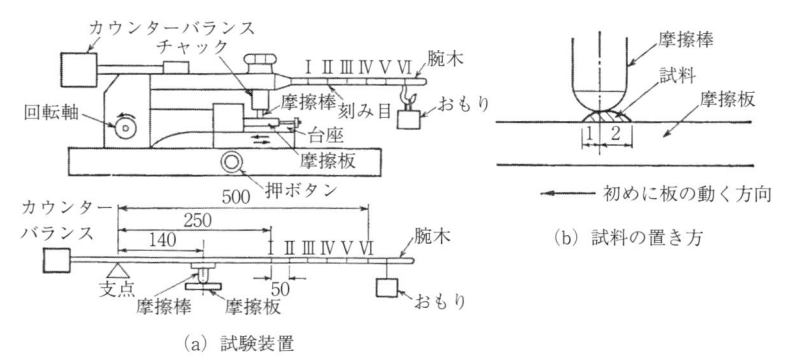

図 7.12 BAM 式摩擦感度試験の説明

(2) 発火,発煙:爆音は認められないが,炎又は煙が認められる.
(3) 部分変化:試料が溶融又は変色するが,爆音,炎,煙などは認められない.
(4) 無反応:爆音,炎及び煙を発せず,試料に変化を認めない.

以上 4 区分のうち,(1) と (2) を爆として,(3) と (4) を不爆とする.

摩擦板は場所を変えて数回,摩擦棒は上下各 1 回使用する.同一荷重で連続 6 回試験し,1 回だけ爆発するか,又は 1 回だけ爆発すると推定される荷重を求め,1/6 爆点とする.爆薬について感度の表示は表 7.7 のように等級をつける.

また,各種爆薬の本試験機による摩擦感度の等級は表 7.8 のとおりである.

表 7.7 BAM 式摩擦感度試験における等級

摩擦感度(等級)	1/6 爆点(N)
1 級	9.8 未満
2 級	9.8 以上 19.6 未満
3 級	19.6 以上 39.2 未満
4 級	39.2 以上 78.5 未満
5 級	78.5 以上 156.9 未満
6 級	156.9 以上 353.0 未満
7 級	353.0 以上

表 7.8 火薬類の BAM 式摩擦感度測定値

火薬類	1/6 爆点による等級	火薬類	1/6 爆点による等級	火薬類	1/6 爆点による等級
PETN	3	テトリル	5	新桐ダイナマイト	6
RDX	4	TNT	7	新梅ダイナマイト	6
HMX	5	コンポジションB	5	アイレマイト	7
ニトロセルロース (N=13.4%)	7	コンポジションC-4	6	5号黒カーリット	7
ニトロセルロース (N=11.5〜12.2%)	5	黒色火薬	7	硝安油剤爆薬	7

b．振子摩擦感度試験（pendulum friction test）

　試料を溝付き鋼製アンビルの上に置き，振子を自由落下させ，振子の先でこすって，試料を発火させる方法である．この試験法では，摩擦と衝撃の両作用が試料に加わるが，実際的な場合を想定した試験方法といえる．

　試験装置を図7.13に示す．アメリカ鉱山局で開発した試験機では，振子長は2mで，振子につける分銅は1～30kg，振子の落高は0.5～2.5mの範囲で調節可能である．試料は7g以下の一定量をアンビルの上に置く．シューとアンビルの間の摩擦状態は試料がないときに18回の運動後に振子が停止するように調節する．

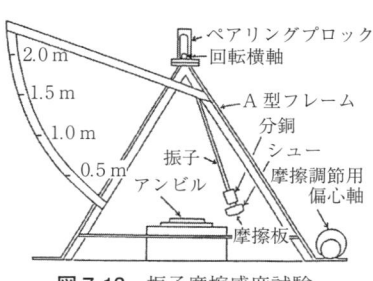

図7.13　振子摩擦感度試験

7.2.4　熱感度（heat sensitivity）

　火薬類を使用する場合には，加熱，火花，灼熱物体との接触，火炎などによって発火させることが多い．一方，保安上では外部からの熱エネルギーを受けた場合の熱分解に対する抵抗性が問題になる．熱感度はこのような加熱に対する感受性の尺度であって，発火点試験，耐火感度試験，密閉加熱試験などの試験法によって判定される．安定度試験も広義の熱感度試験に含まれるが，一般には独立の項目としている．

a．発火点試験（ignition temperature test）

　火薬類を加熱すると熱分解するが，熱分解速度は温度が高くなると次第に速くなり，分解による発熱量も多くなる．他方，温度が高くなると，伝導などで逸散する熱量も多くなる．発熱量と熱損失のバランスが破れて，自己加熱による分解が急速に進行すると，火薬類は発火する．この臨界温度を発火点という．発火点は物質固有の数値ではなく，試料の状態，加熱方法その他によって変化する値である．しかし，試験方法を一定にすれば，熱感度の比較値としての意味はある．発火点試験には定速加熱法と定温加熱法がある．

(1) 定速加熱発火点試験：一定速度で試料を加熱したときの試料の発火温度を測定する方法で，図7.14の装置を使用する．試料約0.1gを内径15mm，長さ125mm，肉厚0.5mmのアルミニウム又は銅製の試験管に入れてコル

ク栓をする．100℃の油浴にこの試験管を約45 mm浸す．温度計も試料と同じ型の空の試験管に入れ，同じ深さに浸す．浴温を毎分5℃の割合で温度上昇させ，試料が発火するときの温度を保護衝立の観測窓を通して読む．発火の時には爆音を発してコルク栓が飛ぶので明瞭にわかる．

(2) 定温加熱発火点試験：少量の試料を一定温度で加熱し，試料の投入から発火までの時間を測定する．発火待時間が4 sのときの温度が，定速加熱法の発火点とよく一致するので，この温度を発火点とする．

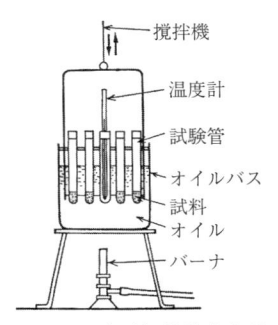

図7.14 定速加熱発火点試験装置[23]

図7.15において，鋼製円筒は径，高さともに約80 mmで，温度計又は熱電対挿入孔と直径約20 mm，深さ約35 mmの投薬孔がある．鋼製円筒を電気炉で250～400℃の適当な温度まで加熱したのち，温度降下速度が2℃/min以下になるようにスライダックで調整する．試料約20 mgを秤量カップから一度に投薬孔に投入し，投入の瞬間から発火までの待時間を測定する．以下，5℃降下ごとにこの操作を繰返し，発火待時間が1分以上になったら試験を終了する．試験中，発火の後に鋼製円筒の投薬孔内に金属製パイプなどで空気又は息を吹き込み，燃えかすを吹き飛ばす．

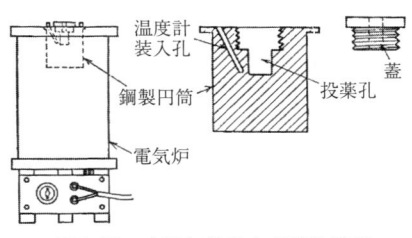

図7.15 定温加熱発火点試験装置

温度 $T(℃)+273$ における発火待時間を $t(s)$ とし，$\log t$ と $1/(T+273)$ の関係を図上にプロットして，図上の直線から $t=4$ s のときの発火温度 $T(℃)$ を求める．なお，待時間5 sの発火温度を発火点としている場合もある．

表7.9に火薬類の定温加熱発火点を示す．

7.2 感度

表 7.9 火薬類の定温加熱発火点（℃，待時間 5 s）

火薬類	発火点	火薬類	発火点	火薬類	発火点
PETN	225	ニトロセルロース (N=13.3%)	230	テトラセン	154
RDX	260	ニトログリセリン	222	コンポジション B	278
HMX	335	アジ化鉛	345	コンポジション C-4	290
テトリル	257	DDNP	180	桐ダイナマイト*	200 以上
TNT	475	トリシネート	265	黒色鉱山火薬*	310～350

*待時間 4 秒

b．熱分析試験

少量の試料に外部加熱を行い，熱分解開始温度や発熱，吸熱の有無及びその熱量ならびにその反応の過程を測定する試験である．これらのうち熱分解開始温度が熱感度に関連する．測定装置に次の 2 通りのタイプがある．

示差走査熱量測定（DSC）装置

示差熱分析（DTA）装置

いずれの装置も，数 mg の試料を所定の試料セルに入れ，基準物質（外部加熱によって発熱・吸熱を示さないものとして，通常 α-アルミナが用いられる）と並べて電気炉に入れ，外部から一定の昇温速度で加熱しながら，試料と基準物質との熱量の差又は温度の差を比較して，反応熱量及び反応過程を検討するものである．

c．ケーネン試験（Köenen test）

半密閉容器中の試料を外部から加熱し，その熱爆発の激しさを測定する試験である．装置，操作の違ういくつかの方法があるが，ここでは国連の危険物輸送専門家委員会が，火薬類に属するか否かを判定する目的に推せんしているケーネン試験について説明する．

図 7.16 に示すような鋼製容器に高さ 60 mm まで試料を充填し，下からカラーをはめ込み，上からオリフィス板を挿入してナットで締付け，4 個のプロパンガスバーナーで加熱して爆発するか否かを観察す

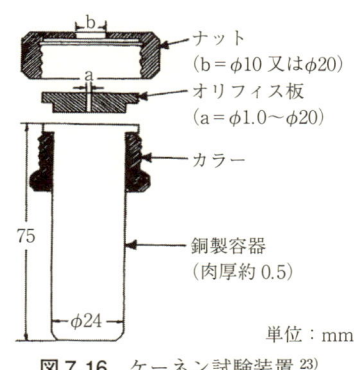

図 7.16 ケーネン試験装置[23]

る．容器が3つ以上の破片に破砕した場合を爆発とみなす．オリフィスの孔径は1mmから20mmまで各種があり，これを替えて爆発が起こる最大孔径（限界孔径）を求めて比較する．

7.2.5 着火試験（耐火感度試験）(ignitability test)

着火試験は，火炎，赤熱体などに触れることによって火薬類が着火するかどうか，着火した場合には点火源を取除いても燃焼を持続するかどうかを調べる試験法である．発火点試験とは方法が異なるだけでなく，発火点が低くても必ずしも着火性が良いとはいえない．また，黒色火薬のように発火点は比較的高いが，非常に着火しやすいものもある．

着火試験には以下に述べる方法がある（図7.17）．

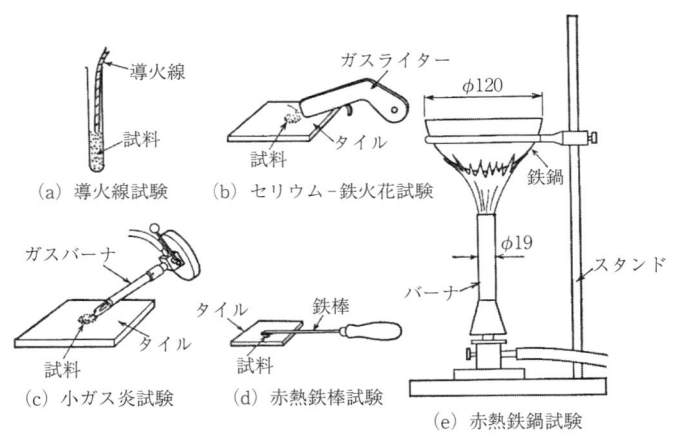

図7.17 着火試験[23]

a．導火線試験 (safety fuse test)

長さ125mm，内径15mm，肉厚0.5mmの試験管に試料を約3g入れる．試料のかさが極めて低い場合には試験管の量の1/3に相当する量を採る．軽く振って表面を平らにした試料面上に，長さ約10cmの導火線を一端が接するように置く．導火線に点火し，その終末炎で試料に着火するかどうか調べる．この試験を5回繰返し，不着火，燃焼の持続しない着火，完全な着火のいずれに属するかを判定する．

b．セリウム-鉄火花試験（celium-iron spark ignition test）

ピストル型ガスライターのセリウム-鉄火花を5 mm の距離から約3 g の試料に吹き付ける．試験は5回繰り返す．結果の判定は導火線試験に準じる．

c．小ガス炎試験（small gas flame test）

ブンゼンバーナーの長さ20 mm，幅5 mm の都市ガス又はプロパンガスの炎の先端を約3 g の試料に10 s 以内接触させ，着火するかどうかを見る．試験は5回繰返し，判定は導火線試験と同様とする．

d．赤熱鉄棒試験（red hot iron test）

直径15 mm，長さ約120 mm の鉄棒を明るい赤色に加熱（約900℃）し，約100 g の試料に10 s 以内接触させて着火の有無を見る．5回繰返し，着火，燃焼，鉄棒を取り去った場合の燃焼の持続性及び爆発の有無を判定する．たいていの試料は着火するが，起爆薬以外は爆発しない．試料の量が多いので，数m 離れ，保護板を介して操作する必要がある．

e．赤熱鉄鍋試験

直径120 mm，厚さ約1 mm の半球状鉄鍋をバーナーで赤熱し，700～900℃にする．試料0.5 g を投入し，爆発するかどうか調べる．爆発しなければ，0.5 g ずつ薬量を増し，5 g まで試験を続ける．この試験を5回繰返す．爆発の有無の他に，着火遅れ，燃焼持続時間，燃焼経過，残分の有無などを記録する．この試験では火薬類は全て着火するが，起爆薬以外はほとんど爆発しない．保安上，数m 離れるかあるいは保護板を介して操作する．

7.3 仕事効果（quasistatic effect, static effect）

火薬類が爆発するときには，多量の熱とガスを発生して断熱膨張し，外界に作用を及ぼす．これを仕事効果，推進効果又は静的効果という．この効果を表す目安の一つとして，火薬の力 f がある．また，仕事効果は鉛とう試験，弾動振子試験あるいは弾動臼砲試験によって相対的数値が得られる．

7.3.1 火薬の力 f（force of explosives, specific energy）

火薬の力 f は比エネルギーとも呼ばれ，火薬類の仕事効果を表すのに使用される．これは，火薬類1 kg を爆発させたときに生成するガスを，1 l の容器に

収納した場合に示す圧力の値である．火薬類 1 kg が爆発して，n モルのガスを生成し，爆発温度が T(K)，ガスの圧力が P(Pa)，その容器が V(m³) になったとすると，気体の法則によって，次の状態方程式が成立する．

$$PV = nRT \tag{7.1}$$

ここで，R は定数である．火薬の力 f は，定義により次のように表され，P，V の単位をそれぞれ Pa，m³ とすると，f は J で表される．

$$f = PV = nRT \tag{7.2}$$

$R = 8.314$ J/(K·mol) であるから，式 (7.2) は

$$f = nRT = 8.314nT \tag{7.3}$$

となる．f を算出する方法として次の二つがある．

(1) ガス比容を用いる場合

火薬類 1 kg が爆発したとき，圧力 $P_0 = 1.013 \times 10^5$ Pa，温度 $T_0 = 273$ K で占める生成ガスの容積（ガス比容という）を V_0 とすると，

$$P_0 V = nRT_0 \tag{7.4}$$

であるから，

$$nR = P_0 V_0 / T_0 = \frac{(1.013 \times 10^5) \times V_0}{273} \tag{7.5}$$

ゆえに，

$$f = nRT = \frac{(1.013 \times 10^5) \times V_0 T}{273} \tag{7.6}$$

によって求めることができる．

(2) 爆発温度を用いる場合

爆発温度 T は次式によって求めることができる．

$$T - T' = \frac{Q}{n' C_v} \tag{7.7}$$

ここで，T'：爆発前の温度（273 K とする），Q：発熱量（J），n'：生成ガスの物質量，C_v：生成ガスの平均定容比熱（J/(K·mol)）である．

したがって，火薬類 1 kg が爆発したときのガスの物質量 n と爆発温度 T がわかれば，f が計算できる．主な火薬類について，f の値を表 7.10 に示す．

表 7.10 爆薬の f の値（爆薬 1 kg 当たり）

種　類	火薬の力 (MJ)	種　類	火薬の力 (MJ)
ニトログリセリン	1.37	榎ダイナマイト	0.92
TNT	0.86	含水爆薬	0.78
PETN	1.50	硝安油剤爆薬	0.98

7.3.2 仕事効果の試験法

a．鉛とう試験（トラウズル試験）(lead block test, Trauzl test)

鉛とう試験は鉛とう内で火薬類を爆発させたときの孔の拡大容積をもって仕事効果の比較値とする試験法である．Trauzlの着想から発展したので，トラウズル試験ともいわれている．

図7.18に示すような高さ，直径ともに200 mmの鉛とうの中心軸に沿って内径25 mm，深さ125 mmの孔をあける．試料10 gを径24.5 mmの円柱形に形成し，スズ箔（80～100 g/m²）で包んで，中央に6号雷管を挿入する．これを鉛とうの孔底に入れ，乾燥石英粉を孔口まで満して，爆発させる．

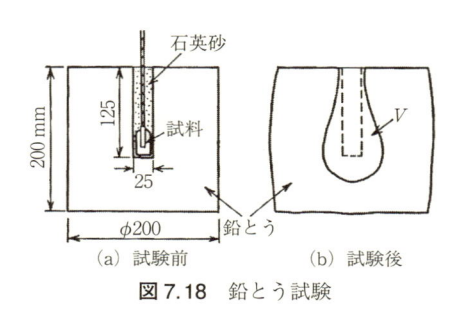

図7.18 鉛とう試験

拡大した孔に水を入れて容積 V(ml) を測定する．最初の容積は61 mlであるから，鉛とう拡大値は $(V-61)$ ml である．この値によって火薬類の仕事効果を比較する．ただし，容積を水で測定するので，15℃を標準温度として試験温度が t(℃) のときには修正拡大容積 V_t は，

$$V_t = (V-61)\{1+0.0025(15-t)\} \tag{7.8}$$

となる．

主要な化合火薬類についてTNTを100とした鉛とう拡大値を表7.11に示す．なお，TNTの鉛とう拡大値は270～280 ml である．表4.5, 4.7, 4.9, 4.11, 4.13及び4.14には混合火薬類の値を示してある．

表7.11 化合火薬類の鉛とう拡大値（TNT＝100）

火薬類	鉛とう拡大値	火薬類	鉛とう拡大値	火薬類	鉛とう拡大値
硝酸アンモニウム	59～75	PETN	170～181	HMX	153
ニトロセルロース (N＝13.3%)	130～142	ピクリン酸	103～111	DDNP	110
ニトログリセリン	185	テトリル	129	トリシネート	42
ニトログリコール	187～205	RDX	164～170	アジ化鉛	40

この試験は拡大値300 ml 前後の場合は比較的良い結果を示すが，威力の弱い火薬類では期待値よりもはるかに小さい拡大値となり，強力な爆薬では予想

以上の拡大値を示す．例えば黒色火薬では拡大値は 30 ml にすぎない．また，硝安油剤爆薬では伝爆薬を使用するので，伝爆薬の影響が大きくでる．なお，同種の火薬類について，薬量と拡大値が比例せず，薬量の増加量よりも拡大値の増加率のほうが大きい．

b．弾動振子試験（ballistic pendulum test）

弾動振子試験は，空洞のある質量 5 t の振子の空洞に向けて，臼砲から火薬類の爆発生成物を射ち込み，振子がそのために振れる幅によって，火薬類の仕事効果を比較する方法である．

装置の主要寸法は，図 7.19 に示した値を標準とする．試料は，直径 32 mm の薬包とし，1 回の装薬量は 100 g とする．込め物は目開き 1 mm の篩を通った粘土粉又は川砂 1 kg を径約 53 mm のハトロン紙袋に詰めて使用する．

試料に 6 号電気雷管を取付け，臼砲の装薬孔の奥に，雷管が孔口側になるように試料を装填する（正起爆という）．次に込め物を詰め，振子の前面 50 mm まで臼砲を近づけてから起爆させて，爆発後の振子の振れを測定する．同時に，標準爆薬の 60％桜ダイナマイト（ニトログリセリン 60％，ニトロセルロース 2.3％，木粉 8.5％及び硝酸カリウム 29.2％）について試験し，振子の振れを測定する．

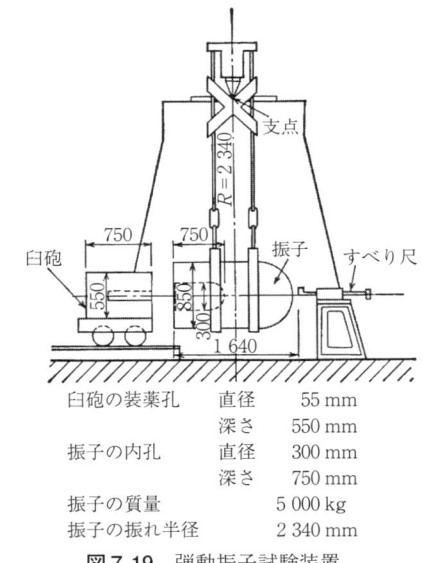

図 7.19 弾動振子試験装置

臼砲の装薬孔	直径	55 mm
	深さ	550 mm
振子の内孔	直径	300 mm
	深さ	750 mm
振子の質量		5 000 kg
振子の振れ半径		2 340 mm

試験当日の標準爆薬の振れを a_0，試験爆薬の当日の振れを a，標準爆薬の標準の振れを 78.8 mm とすると，試料の標準の振れ A(mm) は次式から求められる．

$$A = 78.8 (a/a_0) \tag{7.9}$$

なお，振子の振れは振子が受ける力積に比例する．

主な火薬類の弾動振子試験値を表 7.11 に示す．

7.3 仕事効果

表 7.12 主要な火薬類の弾動振子試験（TNT = 100）

火薬類	振れ	火薬類	振れ	火薬類	振れ
硝酸アンモニウム	79	テトリル	128	70 : 30 シクロトール	135
ニトロセルロース（N = 13.3%）	125	RDX	150	コンポジション B	133
ニトログリセリン	140	HMX	150	コンポジション C-4	130
PETN	145	50 : 50 ペントライト	126	70 : 30 テトリトール	120

c．弾動臼砲試験（ballistic mortar test）

弾動臼砲試験は，臼砲（質量約 450 kg，振子重心の支点からの距離約 3 m）自体が振子となっており，これに試料火薬類と円筒弾（質量 17 kg）を装填して起爆する．弾丸は発射されて前方の砂の中に突入し，臼砲振子はその反対方向に振れる．この振れ角によって仕事効果の比較を行う．

図 7.20 に示すように，試料は内径 24 mm，薬量 10 g とし，スズ箔（80～100 g/m^2）に包む．起爆には 6 号雷管を使用する．

臼砲薬室（直径約 50 mm，長さ約 140 mm）の中心にくるように試料の位置を定めて，試料のついた弾丸を臼砲の砲腔に奥まで挿入する．標尺の零点と指針とを合わせて，点火し，臼砲振子の振れ角 θ を求める．基準薬の 1 号 TNT で同様の試験を行い，その時の臼砲の振れ角を θ_0 とすると，次式で算出される値を弾動臼砲比という．

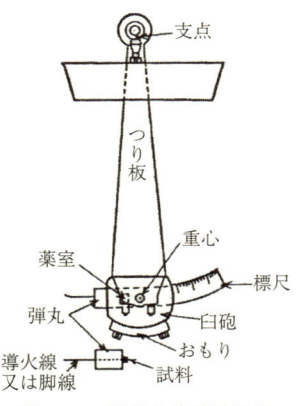

図 7.20 弾動臼砲試験装置

$$\text{弾動臼砲比}(\%) = (1 - \cos\theta)/(1 - \cos\theta_0) \times 100$$

TNT の代わりに松ダイナマイト（ニトログリセリン 92%，ニトロセルロース 8%）を使用して振れ角 θ_B を得たとすると，次式で算出される値を RWS（relative weight strength）という．

$$\text{RWS}(\%) = (1 - \cos\theta)/(1 - \cos\theta_B) \times 100 \tag{7.10}$$

この試験で，弾丸と臼砲振子の全運動エネルギーは，$1 - \cos\theta$ に比例する．
主要な爆薬の弾動臼砲比は表 7.13 のとおりである．

表 7.13 爆薬の弾動臼砲比 (TNT = 100%, 0.86 g/cm³)

火薬類	見掛け密度 (g/cm³)	弾動臼砲比 (%)	火薬類	見掛け密度 (g/cm³)	弾動臼砲比 (%)
PETN	0.85	139.0	コンポジション C-4	1.40	134
テトリル	1.10	143.2	桜ダイナマイト	−	119
RDX	0.86	146.2	桐ダイナマイト	−	128
HMX	0.73	125.3	5 号黒カーリット	−	119
硝酸アンモニウム	0.60	87.8	アイレマイト（含水爆薬）	−	89

7.4 破壊効果 (dynamic effect)

　火薬類の持つ効果には，静的な推進効果の他に，動的な破壊効果がある．破壊効果は衝撃効果ともいわれ，火薬類の持つエネルギー量とその放出速度が関係している．破壊効果の表現方法の一つとして猛度(6.3.4 項参照)が使われる．また，破壊効果の試験法としては，ヘス猛度試験，カスト猛度試験，鋼板試験，破片試験などがある．

a．ヘス猛度試験（鉛柱圧潰試験）(Hess brisance test)

　Hess が考案した方法で，鉛柱の圧縮値によって猛度の比較を行う．

　図 7.21 に示すように，堅固な鋼台の上に直径 40 mm，高さ 30 mm の鉛柱 2 個を積み重ね，その上に直径 40 mm，厚さ 5 mm の保護鋼板 1 枚を重ねる．保護鋼板の上に，直径約 41 mm の合成樹脂筒に収められた試料 50 g を置く．6 号雷管を試料の上部に取付け，起爆する．上部鉛柱の変形は火薬類の猛度によって著しい差があるので，その圧縮値を mm で表したものをヘス猛度とする．下部鉛柱の圧縮量には爆力の働く時間が関係して，猛度が小さくてもガス量が大きいものの方が，かえって圧縮量が大きい．したがって，下部鉛柱の圧縮量は猛度として取らない．

　火薬類のヘス猛度を表 7.14 に示す．

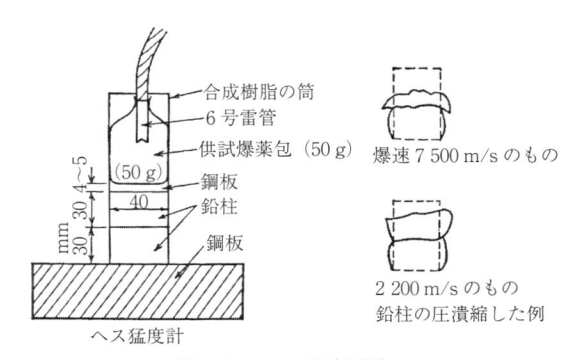

図 7.21　ヘス猛度試験

7.4 破壊効果

表7.14 火薬類のヘス猛度

火薬類	ヘス猛度(mm)	火薬類	ヘス猛度(mm)	火薬類	ヘス猛度(mm)
桜ダイナマイト	16～18	アイレマイト（含水爆薬）	14～16	EqS爆薬	6～9
3号桐ダイナマイト	18～21	サンベックス220(含水爆薬)	19～21		
GX-1ダイナマイト	22以上	5号硝安爆薬	12～13		

b．カスト猛度試験（銅柱試験）（Kast brisance test）

Kastが開発した試験法で，銅柱の圧縮値により猛度を比較する．図7.22の装置で，銅柱は直径8 mm，高さ13 mmのものを使用する．試料は薬量15 gの爆薬を直径21 mmに形成し，スズ箔あるいは紙で包装し，6号雷管で起爆する．銅柱は銅台と銅柱の間で圧縮される．銅柱の既知水圧による圧縮値と水圧との対照表をあらかじめ作成しておく．試料の猛度は，爆発による銅柱圧縮値から表によって得た圧力（MPa）で表す．ただし，薬包と銅柱の間には鉛板（2枚），鋼板及び銅柱があり，銅柱の受ける作用は間接的である．そのため，カスト猛度値は，破壊効果に推進効果が加わったものを表すとみなされている．

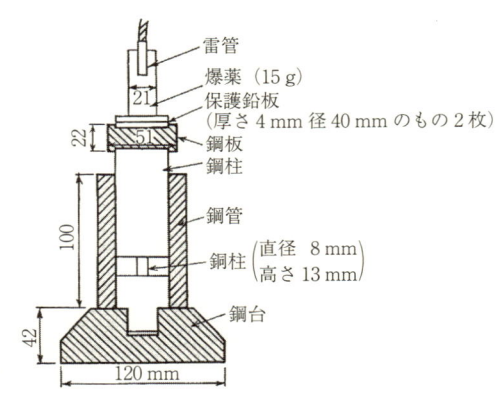

図7.22 カスト猛度試験装置

主な爆薬のカスト猛度値は次のとおりである．

爆薬	桜ダイナマイト	桐ダイナマイト	5号黒カーリット
カスト猛度値（MPa）	118	132	260

c．鋼板試験（dent test）

火薬類を鋼板の上で爆発させ，鋼板上にできた凹みの深さを猛度の比較値とする．わが国では試験法として確定していないが，一例を挙げると，次のとお

図 7.23 に示すように，外径 76 mm，内径 38 mm の鋼管の上に，100 mm 平方で厚さ 15.9 mm の鋼板（冷間圧延）を置く．鋼板上に試料 20 g と 5 g のテトリルペレットをのせ，8 号雷管で起爆する．鋼板上の凹みを 0.02〜0.05 mm の精度で測定して，猛度値（mm）とする．表 7.15 はこのようにして得られた値である．

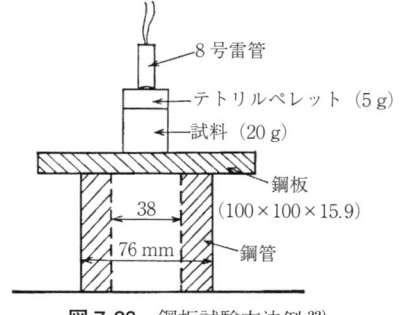

図 7.23 鋼板試験方法例[22]

表 7.15 爆薬の鋼板試験

爆薬	TNT	PETN	テトリル	RDX	ニトログアニジン	ペントライト (50/50)
密度 (g/cm³)	1.60	1.60	1.60	1.60	1.50	−
凹み深さ (mm)	5.18	6.55	6.02	6.81	2.97	5.82

d．水中爆力試験 (explosive strength test (underwater method))

この試験は，爆薬の動的効果と静的効果を一度に求めることができる．できるだけ広い水中で爆薬を爆発させ，動的効果を水中に発生した衝撃波のエネルギー E_s として，また，静的効果を水中に生じたガス球の膨張が水に与えた仕事エネルギー E_b として求める．爆発エネルギーの全量を E とした時，理想的には

$$E = E_s + E_b \tag{7.11}$$

となるが，実際には，一部にエネルギーは水の加熱等に消費されるので，この式のとおりにはならない．

E_s 及び E_b を求めるには，水中において爆源近くにピエゾゲージ等の圧力センサーを設置し，爆薬の爆発による水中衝撃波の挙動を調べる．爆薬が水中で爆発すると，はじめに衝撃波が発生し，続いて爆発生成ガスがガス球（泡）となって膨張する．このガス球はある容積まで拡がると，静水圧 (P_0) によって逆に収縮を始め，つぶれた時に圧力波を発生する．この現象は何度も繰返し観測させるので，ガス球の脈動といわれる．

圧力センサーで得られた典型的な圧力波形と，それに対応するガス球の挙動

7.4 破壊効果

を図7.24に示す．そしてこれから理論的にE_s及びE_bを導き出すことができる．

計算の過程は省略するが，結果として，E_s及びE_bにつき，(7-12)及び(7-13)の式が得られ，これを用いてそれぞれの数値を計算することができる．

つまり，この試験方法は，水中において爆薬を爆発させた場合の圧力変化を，経過時間とともに測定するだけで，動的効果と静的効果を同時に求めることができる，まことに巧妙な試験方法である．

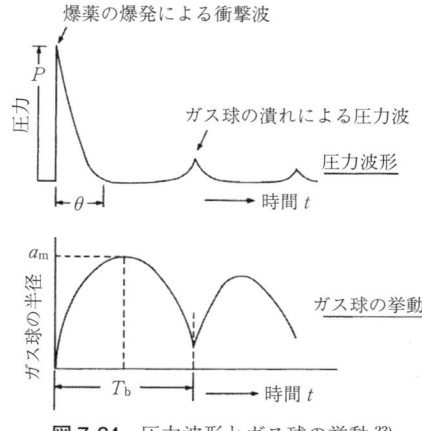

図7.24 圧力波形とガス球の挙動 [23]

t：水中衝撃波発生からの経過時間

$P(t)$：圧力 – 時間曲線（図7.24の圧力波形曲線）

θ：衝撃波の圧力持続時間

とすると，

$$E_s = \frac{4\pi R^2}{\rho_0 C}\int_0^\theta [P(t)^2]dt \tag{7.12}$$

ただし，R：測定点の爆源からの距離

ρ_0：水の密度

C：水中の音速

また，T_bを水中衝撃圧と最初のガス球圧力波ピークとの間の時間とすると，

$$E_b = 6.84 \times 10^7 \sqrt{P_0^5 T_b^3} \tag{7.13}$$

ただし，P_0は静水圧である．

（この式で，P_0，T_bの単位をそれぞれbar，sとすると，E_bはJで求められる．）

このようにして得られたE_s，E_bの値の例を表7.16に示す．

表7.16 E_s及びE_bの測定例 [23]

火薬類	見掛け密度 (g/cm³)	E_s (J/g)	E_b (J/g)
ペンスリット	0.9	1412	3036
テトリル	1.60	1043	1896

7.5 爆轟速度 (detonation velocity)

火薬学会規格で定められている爆轟速度(爆速)の測定方法には,ドートリッシュ法,イオンギャップ法,光ファイバー法がある.

7.5.1 ドートリッシュ法 (Dautrische method)

実験装置の概要を図 7.25 に示す.鋼管(又はガス管)に試料を装填し,導爆線と鉛板を使用して 2 点間の平均爆速を測定する方法である.

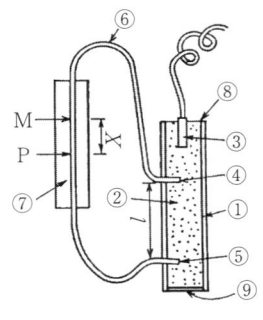

① 鋼管(内径 35 mm 肉厚約 3 mm)
  (又は JIS G 3452 のガス管)
② 供試爆薬
③ 6 号雷管
④,⑤ 導爆線の端末(約 10 mm の深さに装入)
⑥ 導爆線(爆速既知のもの)
⑦ 鉛板(厚さ 10 mm,長さ 180 mm,幅 60 mm)
⑧ クラフト紙等で作った紙蓋
⑨ 鋼板(ねじ込むか又は溶接して底とする)
M:導爆線の中点
P:爆轟波の衝突点
l:④,⑤間の距離(正確に 100 mm)
X:MP 間の距離(mm)

図 7.25 ドートリッシュ法爆速測定方法

鋼管は内径 35 mm,肉厚 3 mm のものを使用して,一端はクラフト紙など適当なもので蓋をし,他端は鋼板でしっかり蓋をする.導爆線は爆速既知のものを,長さ約 1.2 m 用いる.起爆には 6 号雷管を使用する.鉛板は厚さ 10 mm,長さ 180 mm,幅 60 mm とする.鋼管に試料を通常の見掛け密度で詰める.鋼管に 2 点間の距離 l を正確に 100 mm 取り,導爆線の両端末を試料内に約 10 mm 垂直に挿入する.雷管底と近い方の導爆線端末との間隔は 5 cm 以上とする.導爆線の中点 M の位置に鉛板上に基線をつけておく.

雷管により試料を起爆すると,C_2 と C_3 の 2 箇所で導爆線に着火し,P 点で爆轟波がぶつかり,鉛板上に刻印を残す.M と P の距離 X(mm)を測る.試料の爆速を D(km/s),導爆線の爆速を D_0(km/s)とすると,次式が成立する.

$$D = \frac{D_0 l}{2X} \text{(km/s)} \tag{7-14}$$

なお，爆速の表示は 50 m/s 間隔とする．

7.5.2 イオンギャップ法 (ion gap method)

実験装置の概要を図 7.26 に示す．直径 0.3〜0.7 mm のエナメル線を撚り合せ，先端を切断して爆薬中に 2 箇所以上挿入しておく．イオンギャップは爆轟波の到達によって急激に導電状態に入り，電気抵抗は事実上ゼロになる．これが数 μs の間持続したあと，再び最初の絶縁状態に戻る．この現象を利用して爆速を測定する．

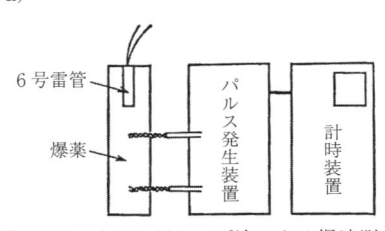

図 7.26 イオンギャップ法による爆速測定

イオンギャップの間隔は正確に 100 mm とり，雷管底と最も接近したイオンギャップ端末との間隔は 5 cm 以上とする．また，イオンギャップは試料内に約 10 mm 垂直に挿入する．

パルス発生装置は，イオンギャップが短絡したときに単一のパルスを出すようなパルス発生回路を 2 組以上持つものを使用する．計時装置はパルス発生装置から得られた 2 個のパルスの時間間隔を計測する装置で，0.1 μs の計時最小単位又はこれに準ずる時間分解能を持つものとする．タイムカウンターあるいはオシロスコープが用いられる．

7.5.3 光ファイバー法 (optical fiber method)

光ファイバー法は，ガラス系又はプラスチック系光ファイバーを爆薬の 2 箇所以上に挿入し，爆轟の際の光を光検知装置で順次とらえて，爆速を測定する方法である．実験装置の概要を図 7.27 に示す．

光ファイバーは試料爆薬の中に約 10 mm 垂直に挿入するが，挿入端面には黒色塗料を塗布するか，

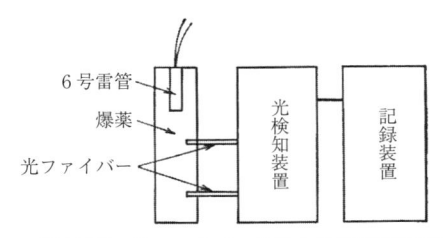

図 7.27 光ファイバー法による爆速測定方法

又はアルミニウム箔で覆うようにする．光検知装置の光電素子は，検知応答速度 10 ns 以下で，受光面は平面にする．記録装置には現象に見合った掃引速度を有するオシロスコープ，又はこれに準ずる時間分解能を持つタイムカウンターを使用する．光ファイバーの間隔は正確に 100 mm，起爆雷管底と最も近くにある光ファイバー端末との間隔は 5 cm 以上とする．このようにして，2 点間の平均爆速が求められる．

7.6 安全度（safety）

7.6.1 メタン及び炭じんの爆発とその対策

炭鉱における発破の際に，メタンガス又は炭じんが爆発を起こす危険性がある．このメタン着火及び炭じん爆発に対する爆薬の抵抗性を安全度という．炭鉱で使用する爆薬と雷管は，全て検定試験に合格したものでなくてはならない．この爆薬及び雷管を検定爆薬あるいは検定雷管という．

発破時におけるメタンガス及び炭じんの爆発の原因として，次のことが挙げられる．
(1) 爆轟によって生じた衝撃波
(2) 爆薬の爆轟による一次火炎
(3) 爆薬の爆轟生成物と空気との反応による二次火炎
(4) 爆轟による灼熱固体粒子

これらが個々に作用するというよりも，むしろ複合作用によってメタン着火あるいは炭じん爆発が発生する．その対策として，次の方法がある．
(1) 爆速を遅くする．すなわち衝撃波速度を遅くする．
(2) 火炎を小さくし，その温度を下げるために，食塩のような減熱消炎剤を配合する．
(3) 二次火炎を防ぐには，酸素バランスを正にして，速やかに反応を完結させる．
(4) アルミニウムのように灼熱固体粒子ができるものを爆薬組成中に入れない．

7.6.2 安全度試験

坑内における火薬類の安全度試験には，爆薬に対して行われるガス試験及び

炭じん試験と，雷管に対して行われるガス試験がある．これらの試験の概略を説明する．

ガス試験及び炭じん試験の種類をまとめたものを表 7.17 に示す．EqS 爆薬は，equivalent to sheathed explosives の略で，安全被筒付爆薬（メタン，炭じんに対して安全な物質でできた筒（例えば，炭酸水素ナトリウム及び食塩を粘土で固めたもの）の中に検定爆薬を充填したもの）と同等の安全度を持つ爆薬をいう．

表 7.17 坑内における火薬類の種類と安全度試験の種類 [23)]

爆薬・雷管の種類	試験の種類						
	ガス試験				炭じん（塵）試験		
	A 法	B 法	C 法	D 法	A 法	B 法	C 法
400 グラム爆薬	○				○		
600 グラム爆薬	○				○		
EqS-Ⅰ爆薬		○				○	
EqS-Ⅱ爆薬		○	○			○	○
雷管				○			

注記　○印は適用する試験方法

[ガス試験]

炭鉱の可燃性の坑内ガスに対する安全性を検定する試験であり，400 グラム爆薬，600 グラム爆薬，EqS-Ⅰ爆薬及び EqS-Ⅱ爆薬の試験に適用する．試験装置と操作方法は，日本工業規格 K4811 で規定されている．

a．ガス試験 A 法

400 グラム爆薬と 600 グラム爆薬の試験に適用する．

爆発室に所定の濃度のメタンガスを充填し，装薬孔を模擬した臼砲に試験爆薬を装填して起爆し，ガスへの引火の有無を調べる．なお，雷管は正起爆（図 7.28）となるように装着し，起爆する．

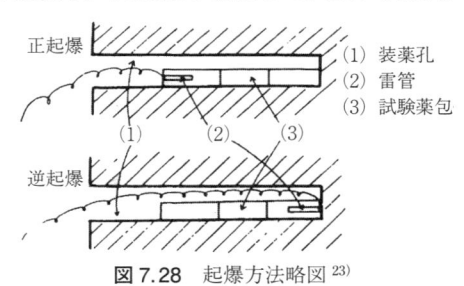

b．ガス試験 B 法

EqS-Ⅰ爆薬と EqS-Ⅱ爆薬の試験に適用する．

(1) 装薬孔
(2) 雷管
(3) 試験薬包

図 7.28 起爆方法略図 [23)]

爆発室に所定の濃度のメタンガスを充填し，装薬孔を模擬した臼砲に試験爆薬を装填して起爆し，ガスへの引火の有無を調べる．なお，雷管は逆起爆（図7.28）となるように装着し，起爆する．

c．ガス試験C法

EqS-I爆薬より更に安全度の高いEqS-II爆薬の試験に適用する．

爆発室に所定の濃度のメタンガスを充填し，溝切臼砲の溝の上に試験爆薬を置いて起爆し，ガスへの引火の有無を調べる．

d．ガス試験D法

可燃性の坑内ガス（メタンガス）の多い炭鉱で使用する雷管類の試験に適用する．

爆発室に所定の濃度のメタンガスを充填し，雷管を起爆してガスへの引火の有無を調べる．

［炭じん試験］

炭鉱の炭じんに対する安全性試験であり，400グラム爆薬，600グラム爆薬，EqS-I爆薬及びEqS-II爆薬の試験に適用する．試験装置と操作方法は，日本工業規格K4811で規定されている．

a．炭じん試験A法

400グラム爆薬と600グラム爆薬の試験に適用する．

爆発室に所定量の炭じんを置き，装薬孔を模擬した臼砲に試験爆薬を装填して起爆し，炭じんへの着火の有無を調べる．なお，雷管は正起爆となるように装着し，起爆する．

b．炭じん試験B法

EqS-I爆薬とEqS-II爆薬の試験に適用する．

爆発室に所定量の炭じんを浮遊させ，装薬孔を模擬した臼砲に試験爆薬を装填して起爆し，炭じんへの着火の有無を調べる．なお，雷管は逆起爆となるように装着し，起爆する．

c．炭じん試験C法

EqS-I爆薬より更に安全度の高いEqS-II爆薬の試験に適用する．

爆薬室に所定量の炭じんを浮遊させ，溝切臼砲上の溝の上に試験爆薬を置いて起爆し，炭じんへの着火の有無を調べる．

第 **8** 章

火薬類の貯蔵と消費

　火薬類の貯蔵は通常，火薬庫（magazine）において行う．火薬庫以外での貯蔵については，その数量が制限されている．また，庫外貯蔵の技術上の基準が，細かく明記されている．火薬庫内の貯蔵の場合も，火薬類の貯蔵，出し入れなどについて，技術基準が明確に規定されている．更に，火薬庫と保安物件との間の保安距離，火薬庫相互間の距離，火薬庫の最大貯蔵量などについても規定がある．

　これらは全て，次の事項を主眼としている．
(1) 火薬庫における爆発防止及び万一爆発が起こった場合，周囲の物件及び人間に対する被害を最小限にする．
(2) 火薬類の盗難を防止する．
(3) 貯蔵する火薬類の品質劣化を防ぎ，本来の性能を保持する．

　火薬類の運搬，取扱い及び消費の場合にも，同様に保安，盗難防止及び性能保持が最も重要な項目となる．

8.1　保安距離，保安物件

　保安距離（safety distance）とは，火薬類又は火薬類製造工場が保安物件との間の安全を保つためにとっておく距離をいう．この距離は，火薬類の最大貯蔵量，又は火薬類を製造する危険工室の停滞量によって変わる．
　保安物件は，火薬類又は危険工室の発火あるいは爆発から保護しなくてはならない物件で，次の4種類がある．
(1) 第1種保安物件：国宝建造物，市街地の家屋，学校，保育所，病院，劇場，

競技場，社寺及び教会．
(2) 第2種保安物件：村落の家屋及び公園．
(3) 第3種保安物件：家屋（第1種又は第2種保安物件に属するものを除く），鉄道，軌道，汽船の常航路又は係留所，石油タンク，ガスタンク，発電所，変電所及び工場．
(4) 第4種保安物件：国道，都道府県道，高圧電線，火薬類取扱所及び火気の取扱所．

市街地の家屋とは，普通規模の家屋が100軒以上軒を連ねている場合をいい，市，町，村などの行政区画あるいは住民の業態とは関係がない．村落の家屋は10〜100軒が群をなしている場合で，やはり行政区画あるいは住民の業態とは関係ない．なお，家屋とは人が1日の相当部分にわたって居住，勤務又は出入りする建築物である．倉庫，物置，厩舎などは含まない．

病院には診療所は含まない．劇場は常設の劇場をいい，仮設のものを含まない．社寺及び教会のなかには，山神，祠などは含まれない．火気の取扱所は火葬場，鍛冶屋，じんかい焼却所などをいう．学校のなかには専修学校及び各種学校を含む．

爆薬量と保安距離の関係について，わが国ではLüdenbergの理論に基づいて法規が定められている．爆薬量を$W(\mathrm{kg})$，距離を$D(\mathrm{m})$とすると，それは次のように表される．

$$D = K\sqrt[3]{W} \quad (Kは係数)$$

係数Kの値は，1級及び2級火薬庫の場合は各保安物件について次のように規定されている．

保安物件の種類	係数Kの値
第1種保安物件	16
第2種保安物件	14（10）
第3種保安物件	8（5）
第4種保安物件	5（4）

ここで，（　）内の数字は，土堤を火薬庫の屋根の高さの5/4以上の高さ（通常は屋根の高さと同じにとる）とした場合のKの値で，1級，2級又は煙火火薬庫にのみ適用される．保安距離の測り方は，火薬庫又は危険工室の本屋の外

壁面から保安物件までの水平距離を基準とする．

上式からわかるように，爆薬量が多くなれば保安距離は大きく取らなければならない．同一爆薬量では，第1種保安物件に対して最も大きい保安距離を取る必要がある．1級火薬庫に爆薬 40000 kg を貯蔵する場合について，保安物件に対する保安距離を計算してみる．ただし，土堤の高さは屋根の高さと同じとする．

第1種保安物件については，
 保安距離 $D = K\sqrt[3]{W} = 16\sqrt[3]{40000} = 16 \times 34.2 = 547$ m

第2種保安物件については，
 保安距離 $D = 14\sqrt[3]{40000} = 479$ m

第3種保安物件については，
 保安距離 $D = 8\sqrt[3]{40000} = 274$ m

第4種保安物件については，
 保安距離 $D = 5\sqrt[3]{40000} = 171$ m

8.2 庫外貯蔵

火薬類は火薬庫に貯蔵しなくてはならない．しかし，量が少ない場合には火薬庫ほどは技術上の規準が厳重でない施設に貯蔵することができる．これを庫外貯蔵という．庫外貯蔵といっても，野天に貯蔵するわけではない．

8.2.1 庫外貯蔵数量
火薬類以外の施設に貯蔵できる火薬類の種類と数量の限度は表 8.1 のとおりである．

8.2.2 庫外貯蔵の技術上の基準
(1) 火薬庫外で貯蔵する場所（庫外貯蔵所という）の付近には不必要な者は立ち入らない．また，付近には爆発，発火又は燃焼しやすい物を置かない．庫外貯蔵所では段ボール箱の開函以外は，荷造り，荷解き又は開函しない．
(2) 製造後1年以上経過した火薬があれば，異常の有無に注意する．
(3) 盗難と火災の防止に気をつける．

(4) 表 8.1 の (1) 及び (2) の場合には，盗難及び火災の防止と保安上，次のようにする．

　建物は鉄筋コンクリート造，コンクリートブロック造又はこれと同等の構造とする．入口は厚さ 2 mm 以上の鉄板を使用した鉄製扉又はこれと同等の扉で，錠（南京錠及びえび錠を除く）を使用する．屋根は金属板，スレート板，瓦その他の不燃物質とし，天井裏又は屋根に金網を張る．ただし，屋根が鉄筋コンクリート造，コンクリートブロック造又はこれと同等の場合には金網は必要ない．建築物内面は板張りで，床面にはできるだけ鉄類を表さない．建築物には自動警報装置を設置し，常にその機能を点検して，良好な状態にしておく．帳簿を備え，責任者を定め，火薬類の種類，数量，出納年月日及び相手方の住所氏名をそのつど明確に記録する．

(5) 表 8.1 の (1) 及び (2) で，火薬類を金属ロッカーなどの設備に収納して，建築物内に貯蔵する場合には，設備は内面を板張りにし，扉に錠をつけ，また自動警報装置を設置し，容易に持ち運びできない設備とする．また (4) と同様に帳簿を備え，責任者を定める．

(6) 表の (5) の場合には，堅固な設備に収納して施錠する．

8.2 庫外貯蔵

表 8.1 庫外貯蔵における火薬類の種類と数量

貯蔵する者等の区分 / 貯蔵する火薬類の種類	(1) 販売者	(2) 土木事業その他の事業を営む者 6ヶ月以内に完了する事業	(2) 土木事業その他の事業を営む者 その他の事業	(3) がん具煙火販売業者 (イ)	(3) がん具煙火販売業者 (ロ)	(4) 法令に基づきその事務又は事業のために火薬類を消費する者	(5) 知事が指示する安全な場所以外の安全な場所に貯蔵する者
火　薬（kg）	20	25	10				5
爆　薬（kg）		15	5				
工業雷管及び電気雷管（個）		300	100				
導爆線（m）		500	100				
導火線（m）	1000	1000	200				100
電気導火線（個）	2000	2000	1000				500
銃用雷管（個）	30000					3000	2000
実包及び空砲（建設用びょう打ち銃用空砲を除く）（個）	4000					5000	800
薬液注入用薬包（個）	2000						200
建設用びょう打ち銃用空砲（個）	8000	4000	2500				2000
コンクリート破砕器（個）	4000	4000	2000				1000
ロープ発射用ロケット（個）	50	50	25				10
鉱さい破砕機及び爆発せん孔器（個）			100				
爆発びょう（個）			4000				
油井用火工品（個）			100				
信号雷管（個）						500	25
鉄道車両用，車両用，船舶用及び航空機用火工品（kg）	25					100	
信号焔管及び信号火せん（kg）	50						5
煙火（がん具煙火を除く）（kg）	25		25				5
がん具煙火（クラッカーボールを除く）（kg）				500	250		25
クラッカーボール（kg）				25	15		5
銃用雷管付薬きょう（火薬を装填しないものに限る）（個）	無制限					無制限	
その他の火工品（kg）	50	25	25			25	5

8.3 火薬庫 (magazine)

　火薬類の販売業者と製造業者は自分が使用する火薬庫を持っているか，又は借りる場合には占有しなくてはならない．消費者にはその義務はないが，長期間消費する場合あるいは多量に消費する場合には，火薬庫を所有又は占有することが，保安上，盗難防止上及び能率上からみても望ましい．

8.3.1　火薬庫の種類と貯蔵区分
a．構造上の種類
　火薬庫には，構造上，次のような種類がある．
(1) 地上式：地上に設置する火薬庫である．
(2) 地上覆土式：地上に火薬庫を設置し，その上に3m以上の厚さの覆土を設ける．
(3) 地中式：堅ろうな地盤の坑内に設置する．
(4) 水蓄式：建築物のなかにピットを設けるか，あるいは横穴式の水の漏れることのない構造とし，これらのなかに火薬類を貯蔵する．

b．規模及び貯蔵区分による種類
(1) 1級火薬庫：本格的な恒久的火薬庫で，最も多量の火薬類を貯蔵できる．
(2) 2級火薬庫：土木工事などで一時的に使用する臨時の火薬庫．
(3) 3級火薬庫：少量の火薬類を貯蔵する恒久的な火薬庫．通常，火薬庫内には火薬及び爆薬と火工品とは一緒に貯蔵することはできない．しかし，3級火薬庫では隔壁で区分すれば貯蔵できる．
(4) 水蓄火薬庫：無煙火薬，TNT，RDXなどの火薬類を水中に貯蔵する．
(5) 実包火薬庫：実包と空包だけが貯蔵できる．
(6) 煙火火薬庫：信号焰管，信号火せん，煙火（がん具煙火を含む），これらの原料になる火薬類，コンクリート破砕器，導火線又は電気導火線を貯蔵することができる．
(7) がん具煙火貯蔵庫：がん具煙火（クラッカーボールを除く）だけを貯蔵する．
(8) 導火線庫：導火線，電気導火線及び導火管を貯蔵する．

c. 貯蔵区分

同一の火薬庫のなかに一緒に貯蔵してよい火薬類と，一緒に貯蔵してはならない火薬類とがある．それぞれの火薬庫に貯蔵できる火薬類は表8.2のとおりである．

表 8.2 火薬庫の貯蔵区分

貯蔵火薬類の区分	貯蔵すべき火薬庫
火薬（信号焔管，信号火せん及び煙火の原料用火薬を除く），爆薬（信号焔管，信号火せん及び煙火の原料用爆薬を除く），実包，空包，コンクリート破砕器，導爆線，電気導火線，導火線，導火管及び制御発破用コード	1級火薬庫
火薬（信号焔管，信号火せん及び煙火の原料用火薬を除く），爆薬（信号焔管，信号火せん及び煙火の原料用爆薬を除く），建設用びょう打ち銃用空包，コンクリート破砕器，導爆線，電気導火線，導火線，導火管及び制御発破用コード	2級火薬庫
火薬（信号焔管，信号火せん及び煙火の原料用火薬を除く），爆薬（信号焔管，信号火せん及び煙火の原料用爆薬を除く）及び火工品（信号焔管，信号火せん及び煙火を除く）	3級火薬庫
無煙火薬	水蓄火薬庫
実包及び空包	実包火薬庫
火工品（信号焔管，信号火せん及び煙火を除く）	1級火薬庫
工業雷管，電気雷管，建設用びょう打ち銃用空包，コンクリート破砕器，導爆線，導火線，電気導火線，導火管，導火管付き雷管その他火工品であって経済産業大臣が告示で定めるもの	2級火薬庫
トリニトロトルエン，トリメチレントリニトロアミン及びこれらの混合物ならびにこれらを主とする爆薬	水蓄火薬庫
信号焔管及び信号火せん	1級火薬庫
信号焔管，信号火せん，煙火，コンクリート破砕器，電気導火線及び導火線ならびに信号焔管，信号火せん及び煙火の原料用火薬及び爆薬	煙火火薬庫
がん具煙火（クラッカーボールを除く）	がん具煙火貯蔵庫
導火線，電気導火線及び導火管	導火線庫

8.3.2 最大貯蔵量

一棟の火薬庫に同時に貯蔵できる火薬類の最大数量を最大貯蔵量という．火薬は爆薬の2倍の最大貯蔵量である．

表8.3に各火薬類の最大貯蔵量を示す．

表8.3 火薬庫の最大貯蔵量

火薬類の種類＼火薬庫の種類	1級火薬庫	2級火薬庫	3級火薬庫	水蓄火薬庫	実包火薬庫	煙火火薬庫	がん具煙火貯蔵庫	導火線庫
火薬	80 t	20 t	50 kg	400 t				
爆薬	40 t	10 t	25 kg	200 t				
工業雷管及び電気雷管	4000万個	1000万個	1万個					
信号雷管	1000万個		1万個					
導爆線	2000 km	500 km	1500 m					
銃用雷管	4億個		40万個					
実包及び空砲	8000万個	2000万個	6万個		8000万個			
信管及び火管	200万個		3万個					
コンクリート破砕器	400万個	100万個	1万個				25万個	
導火管付き雷管	1000万個	250万個	2500個					
制御発破用コード	400 km	100 km	300 m					
信号雷管及び信号火せん	80 t		100 kg			5 t		
煙火並びに煙火の原料用火薬及び爆薬	40 t					5 t		
信号雷管及び信号火せんの原料用火薬及び爆薬						5 t		
がん具煙火（クラッカーボールを除く）							10 t	
導火線及び電気導火線	無制限	無制限	無制限			無制限		無制限
導火管	無制限	無制限	無制限					無制限
弾薬	40 t		25 kg					

注）弾薬の場合は内部の爆薬量をいう

1～3級火薬庫（3級火薬庫では隔壁を有しない場合）で2種類以上の火薬類を同時に，貯蔵するときは，次式を満足しなくてはならない．

$$\frac{火薬類Aの貯蔵数量}{火薬類Aの最大貯蔵量} + \frac{火薬類Bの貯蔵数量}{火薬類Bの最大貯蔵量} + \cdots\cdots + \cdots\cdots \leqq 1$$

例えば，1級火薬庫に爆薬15 t，火薬35 t，導爆線250 kmを同時に貯蔵できるか否かについて調べてみる．

$$\frac{15}{40} + \frac{35}{80} + \frac{250}{2000} = 0.375 + 0.4375 + 0.125 = 0.9375 < 1$$

なお，火薬及び火工品の爆薬量への換算は表8.4によって行う．

表8.4 火薬及び火工品の爆薬量への換算

火薬及び火工品	爆薬1tに換算される数量
火薬	2t
実包及び空包	200万個
信管及び火管	5万個
銃用雷管	1000万個
工業雷管及び電気雷管	100万個
信号雷管	25万個
導火管付き雷管	25万個
導爆線	50km
制御発破用コード	10km
コンクリート破砕器	10万個
弾薬その他の火工品	その原料をなす火薬2t又は爆薬1t

8.3.3 火薬庫相互間の距離

互いに隣接する火薬庫は，貯蔵する爆薬量を W(kg) とすると，次の距離 D (m) 以上をとらなければならない．ただし，火薬あるいは火工品については，3級及び煙火火薬庫を除き，表8.4によって貯蔵量を換算する．
(1) 1級火薬庫： $D = 0.75\sqrt[3]{W}$
(2) 2級火薬庫：土堤を設けた場合　$D = 0.75\sqrt[3]{W}$
　　　　　　　土堤を設けない場合　$D = 1.5\sqrt[3]{W}$
(3) 3級火薬庫：土堤又は簡易土堤を隔てて隣接してもよい．
(4) 煙火火薬庫：土堤，簡易土堤又は防爆壁を隔てて隣接してもよい．

この場合，貯蔵する爆薬量として計算する量は2棟の火薬庫の貯蔵量のうち，いずれか大きいものをとる．2級火薬庫で土堤を設けない場合は，土堤を設けた場合の2倍の距離をとる．

8.3.4 火薬庫の保安距離

a．保安距離

火薬類の保安物件に対する保安距離は，8.1 節に記したように Lüdenberg の式に従う．

それぞれの火薬庫について，最大貯蔵量に対する保安距離を表 8.5 に示す．なお，地中式 1 級火薬庫に爆薬 40 t を貯蔵するときは，29 m 以上の地盤の厚さを必要とする．

表 8.5　火薬庫の最大貯蔵量に対する保安距離

火薬庫の種類	貯蔵火薬量	保安距離（m 以上）			
		第 1 種保安物件	第 2 種保安物件	第 3 種保安物件	第 4 種保安物件
1 級火薬庫	爆薬 40 t	550	480	270	170
2 級火薬庫	爆薬 10 t	340	300	170	110
3 級火薬庫	爆薬 25 kg	10	10	10	10
煙火火薬庫	火薬又は爆薬 5 t	210	150	105	50

b．最大貯蔵量を超える場合

表 8.3 の最大貯蔵量を超えて火薬類を貯蔵する場合には，前記 a の Lüdenberg の式に従って計算される保安距離をとる．また，次式によってもよい．

$$保安距離（\mathrm{m}） = \frac{\left(\begin{array}{c}\text{分母の貯蔵量に対}\\\text{応する保安距離}\end{array}\right) \times \sqrt[3]{\text{貯蔵しようとする数量}}}{\sqrt[3]{\text{表 8.3 の貯蔵量}}}$$

c．土堤増高の場合

1 級，2 級及び煙火火薬庫について，土堤の高さを火薬庫の屋頂の高さの 5/4 以上にとれば，第 2 種，第 3 種又は第 4 種保安物件に対する保安距離を縮小することができる．この場合，Lüdenberg 式の係数 K の値は次のようになる．

保安物件	係数 K
第 1 種	16（変化なし）
第 2 種	10
第 3 種	5
第 4 種	4

8.3 火薬庫

表8.5に対応して，土堤増高の場合の最大貯蔵量に対する保安距離を計算すると，表8.6のようになる．

表8.6 土堤増高の場合の最大貯蔵量に対する保安距離

火薬庫の種類	貯蔵火薬量	保安距離（m 以上）		
		第2種保安物件	第3種保安物件	第4種保安物件
1級火薬庫	爆薬 40 t	340	170	140
2級火薬庫	爆薬 10 t	220	110	80
煙火火薬庫	火薬又は爆薬 5 t	105	50	45

d．2級火薬庫で土堤を設けない場合

地上に設置する2級火薬庫で，周囲に土堤を設けない場合には，表8.5の保安距離の2倍以上の保安距離をとる．

8.3.5 貯蔵上の技術基準

(1) 火薬庫の境界内には，不必要な者は立ち入らない．また，爆発，発火あるいは燃焼しやすいものを堆積しない．
(2) 火薬庫には火薬類以外のものを貯蔵しない．また，貯蔵以外の目的のために使用しない．
(3) 火薬庫に入る場合には，鉄類，鉄製器具及び灯火（携帯電灯はよい）を持ち込まない．履物はゴム裏又は麻裏草履のような安全な履物をあらかじめ定めておいて使用する．土足のままではいけない．ただし，搬出入装置のある火薬庫では，この限りではない．
(4) 火薬庫内では，段ボール箱の開函以外に，荷造り，荷解き又は開函をしない．
(5) 火薬庫内の換気に注意し，できるだけ温度変化を少なくする．特に無煙火薬又はダイナマイトを貯蔵する場合には，最高最低温度計を備え，夏期と冬期における温度変化を少なくするような措置をする．
(6) 火薬類を収納した箱は，火薬類の内壁から30 cm以上を隔て，枕木又はすのこ板を置いて平積みとする．その高さは1.8 m以下とする．
(7) 火薬庫から火薬類を出すときは，古いものから先に出す．火薬類に製造後1年以上を経過した火薬類が残っている場合には，異常の有無を注意する．

(8) ダイナマイトの貯蔵中に薬包からニトログリセリンがにじみ出て，外箱の面又は床上を汚染したときは，水酸化ナトリウムのエチルアルコール溶液を注いで，ニトログリセリンを分解し，布片でよく拭きとる．水酸化ナトリウムのエチルアルコール溶液は，水酸化ナトリウム100gを水150mlに溶解し，これにエチルアルコール1lを混合してつくる．外箱からニトログリセリンがにじみ出し，又は吸湿液が洩れ出した場合には，内容物を点検し，直ちに消費又は廃棄する．
(9) アジ化鉛を主とする起爆薬を使用した工業雷管又は電気雷管と，管体に銅を使用した工業雷管又は電気雷管とは，危険なアジ化銅ができる可能性があるので，混積しない．
(10) 火薬庫に設置してある警報装置は，常にその機能を点検し，作動するようにしておく．
(11) 水蓄火薬庫では，粉状の火薬類は15％以上の水分で粉末状にし，非侵水性の袋に入れて木箱などに納める．塊状の火薬類は水と隔絶しない状態で貯蔵する．火薬類は水面下50cm以上の深さの水中に沈め，減水しないように注意し，減水したときは直ちに給水する．

8.4 火薬類の消費

8.4.1 消費の許可と運搬
a．消費の許可

火薬類を消費しようとする場合には，火薬類消費許可申請書と火薬類消費計画書を消費地の都道府県知事に提出して許可を受ける．公海での消費のように消費地を管轄する知事がないときは，消費者の住所の知事に提出する．ただし，許可を受けないで消費してもよい場合もある．その一例をあげると，理化学上の実験のために，1回につき火薬5kg以下，爆薬2.5kg以下，工業雷管，電気雷管，銃用雷管，信号雷管，実包，空包，信管，火管あるいは導火管付き雷管100個以下又は導爆線あるいは導火管200m以下を消費する場合である．

b．運搬

火薬類は火薬庫又は庫外貯蔵所から消費地まで，次の経路で運搬する．

8.4 火薬類の消費

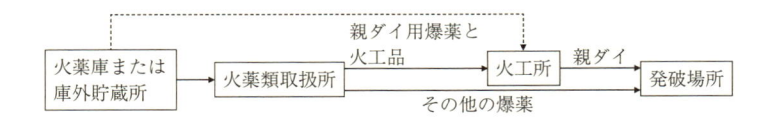

```
火薬庫または      親ダイ用爆薬と
庫外貯蔵所  →  火薬類取扱所  ――火工品――→  火工所  ―親ダイ→  発破場所
                           その他の爆薬
```

(1) 一般の場合，実線の経路を通る．
(2) 1日の消費見込量が下記の場合，点線の経路を通る．

火薬又は爆薬	25 kg 以下
工業雷管又は電気雷管	250 個以下
導爆線	500 m 以下

　一般の場合には，その日の消費見込量を火薬庫又は庫外貯蔵所からまず火薬類取扱所に運搬する．そのうち，親ダイ用爆薬と火工品だけを火工所に運搬して親ダイをつくる．その他の爆薬は火工所に持ち込まず，火薬類取扱所から直接発破場所に運搬し，できるだけ爆薬と火工品が出会う機会を少なくする．しかし，1日の消費見込量が少ない場合には，そのような区別をせず，いずれも火薬庫又は庫外貯蔵所から火工所に持ち込むことができる．

8.4.2 火薬類の取扱い

　火薬類の消費場所において，火薬類の取扱いは次のようにする．
(1) 火薬類の収納容器は，木その他の電気不良導体でつくった丈夫な構造のものとし，内面に鉄類を表さない．
(2) 火薬類を存置し，又は運搬するときは，火薬，爆薬又は導爆線と火工品（導爆線を除く）とは，それぞれ別の容器に収納する．ただし，火工所でつくった親ダイを火工所に存置し，又は火工所と発破場所の間を運搬する場合には，その必要はない．
(3) 火薬類を運搬するときは，衝撃などに対して安全にして行う．雷管又は親ダイを運搬するときは，背負袋，背負箱などを使用する．
(4) 電気雷管を運搬する場合には，不慮の暴発を起こさないために，脚線が裸出しないような容器に収納し，乾電池その他電路の裸出している電気器具を携行せず，また電灯線，動力線その他漏電のおそれのあるものにできるだけ接近しない．

(5) 火薬類は使用前に凍結，吸湿，固化その他の異常の有無を検査し，不発が発生しないようにする．
(6) 固化したダイナマイトなどはもみほぐす．
(7) ダイナマイト，含水爆薬などで凍結した場合，又は加温を要する場合には，50℃以下の温湯を外槽に使用した融解器（加温器）により，あるいは30℃以下に保った室内に静置することにより，融解又は加温する．
(8) 使用に適しない火薬類は，その旨を明記して，火薬類取扱所に返送する．
(9) 1日に消費場所に持ち込む火薬類の数量は，その日の消費見込量以下とし，消費場所に持ち込む火薬類は，火薬類取扱所を経由させる．
(10) 消費場所では，やむを得ない場合を除き，火薬類取扱所，火工所又は発破場所以外の場所に火薬類を存置しない．
(11) 1日の消費作業終了後は，やむを得ない場合を除き，消費場所に火薬類を残置させないで，火薬庫又は庫外貯蔵所に返納する．
(12) 消費場所において，火薬類を取扱う者は，他の者と容易に識別できる腕章などをつける．それ以外の者は火薬類を取扱ってはならない．
(13) 火薬類を取扱う場所の付近では，喫煙及び火気の使用をしない．
(14) 火薬類の取扱いには，盗難予防に留意する．

8.4.3 火薬類取扱所

火薬類取扱所は，消費場所において，火薬類の管理と導火線や導爆線の切断など発破の準備（親ダイの作製と取扱いの作業を除く）をする場所である．一つの消費場所について1箇所設けなくてはならない．しかし，1日の火薬類消費見込量が，火薬又は爆薬25 kg以下，雷管250個以下，導爆線500 m以下の消費場所では，火工所でこの作業を行う．

火薬類取扱所は次のようにする．
(1) 通路，通路となる坑道，動力線，火薬庫，火気を取扱う場所，人の出入する建物などに対し安全で，湿気の少ない場所に設ける．
(2) 火薬類取扱所の建物の構造は，火薬類を存置するときに見張人を常時配置する場合を除き，平屋建の鉄筋コンクリート造，コンクリートブロック造，又はこれと同等程度に盗難と火災を防ぎ得る構造とする．
(3) その建物の屋根の外面は金属板，スレート板，瓦その他の不燃物質を使用

し，建物の内面は板張りとし，床面にはできるだけ鉄類を表さない．
(4) 入口の扉は，火薬類を存置するときに見張人を常時配置する場合を除き，外面に厚さ 2 mm 以上の鉄板を張り，しかも，錠（南京錠及びえび錠を除く）を使用するなどの盗難防止の措置を講ずる．
(5) 暖房の設備には，温水，蒸気又は熱気以外のものを使用しない．
(6) 建物内を照明する設備は，火薬類取扱所の建物内と完全に隔離した電灯とし，しかも取扱所の建物内に導電線を表さない．ただし，安全な装置を施した定着電灯を使用し，配線は金属管工事，又はキャップタイヤケーブルあるいはがい装ケーブルを使用するケーブル工事で行い，自動しゃ断器又は開閉器を火薬類取扱所の建物外に設けるときは，この限りでない．
(7) 火薬類取扱所の周囲には，適当な境界さくを設け，「火薬」，「立入禁止」，「火気厳禁」などと書いた警戒札を建てる．
(8) 火薬類取扱所内には，見やすいところに取扱いに必要な法規及び心得を掲示する．
(9) 火薬類取扱所の境界内には，爆発，発火又は燃焼しやすい物を堆積しない．
(10) 火薬類取扱所には定員を定め，作業者の人数は定員内とし，また，特に，必要のある者以外は入らない．
(11) 火薬類取扱所に存置できる火薬類の数量は，1日の消費見込量以下で，しかも，火薬又は爆薬 250 kg，雷管 2500 個，導爆線 5 km 以下とする．
(12) 火薬類取扱所には，帳簿を備え，責任者を定めて，火薬類の受払い及び消費残数量をそのつど明確に記録させる．
(13) 内部は整理整とんし，火薬類取扱所内における作業に必要な器具以外の物を置かない．

8.4.4 火工所

　消費場所において，爆薬包に工業雷管又は電気雷管を取付ける，すなわち親ダイを作製する作業と，できた親ダイを取扱う作業をするために，火工所を一つの消費場所に1箇所設けなくてはならない．1日の消費見込量が一定数量以下の場合には，前記のように火薬類取扱所を設けなくてもよい．その場合には，火工所が火薬類取扱所の機能を持つ．すなわち，火工所で火薬類の管理と発破の準備も行う．

(1) 火工所は，通路，通路となる坑道，動力線，火薬類取扱所，他の火工所，火薬庫，火気を取扱う場所，人の出入する建物などに対して安全で，しかも湿気の少ない場所に設ける．
(2) 火工所として建物を設ける場合は，適当な換気の措置を講じ，床面にはできるだけ鉄類を表さない．その他の場合は，日光の直射と雨露を防ぎ，安全に作業ができるような措置を講ずる．火薬類取扱所のような堅ろうな建物を必要としない．
(3) 火工所に火薬類を存置する場合には，見張人を常時配置する．
(4) 暖房の設置は，温水，蒸気又は熱風以外のものは使用しない．
(5) 火工所内の照明設備は，火工所内と完全に隔離した電灯とし，また，火工所内に導電線を表さないこと．ただし，安全な装置を施した定着電灯を使用し，配線は金属管工事，又はキャップタイヤケーブルあるいはがい装ケーブルを使用するケーブル工事で行い，自動しゃ断器又は開閉器を火工所外に設けるときは，この限りでない．
(6) 火工所の周囲には，適当なさくを設け，「火薬」，「立入禁止」，「火気厳禁」などと書いた警戒札を建てる．
(7) 火工所内には，見やすいところに取扱いに必要な法規と心得を掲示する．
(8) 火工所の境界内には，爆発，発火，又は燃焼しやすい物を堆積しない．
(9) 火工所には，定員を定め，定員内の作業者又は必要がある者の他は立ち入らない．
(10) 火工所以外の場所では，親ダイをつくる作業を行わない．
(11) 火工所には，親ダイをつくるために必要な火薬類以外には，火薬類を持ち込まない．ただし，1日の消費見込量が一定数量以下で，火工所が火薬類取扱所の機能を兼ねる場合は，この限りでない．
(12) 火工所には帳簿を備え，責任者を定めて，火薬類の受払いと消費残数量をそのつど明確に記帳させる．
(13) 火工所の内部は，整理整頓し，火工所内における作業に必要な器具以外のものを置かない．

第 9 章

発破の準備及び終了後の措置

9.1 導火線発破

9.1.1 導火線発破の特徴
導火線点火による発破（blasting）には次のような特徴がある．
(1) 発破付属品として口締器と蚊取線香があればよいから簡単である．
(2) 雷，漏洩電流，静電気などに起因する事故の心配がない．
(3) 導火線は水で濡れる心配のあるところでは使用できない．
(4) 点火の際の逃げ遅れによる事故に注意を要する．
　　電気発破は発破現場から離れたところで点火するが，導火線発破は発破現場で点火しなくてはならない．知らぬ間に導火線が濡れたり湿気を帯びたりすると，点火に手間取ることがあるのでよく注意する．

9.1.2 導火線発破の付属品
a．口締器
　導火線を工業雷管に取付けるのに使用する．まず，導火線の端は貯蔵中に吸湿している危険性があるので，約 3 cm を切断する．切断は鋭利な刃物で導火線の軸方向に直角に行い，静かに工業雷管の内管に軽く触れるところまで挿入して締付ける．携帯式口締器を使用する場合には 2 方向からだけでなく，多方向から締付けるとともに，吸湿の心配があるときは締付部に防水塗料を塗布する．
b．蚊取線香又はカンテラ

導火線への点火に使用する．普通のマッチでは導火線に容易に点火できない．

9.1.3 導火線発破の注意
導火線発破には次のような注意が必要である．
(1) 使用する導火線の全体を代表するように1mの導火線を5本採取して燃焼秒時試験（5.4.1項）を行い，規定の平均秒時とばらつき内にあることを確認する．
(2) 硝安油剤爆薬発破のときはビニール導火線を使用しないと，硝安油剤爆薬の油分が導火線に浸入して不発になることがある．
(3) 点火のときには捨て導火線にまず点火し，捨て導火線が燃えつきたときは，未点火の導火線があっても直ちに退避する．捨て導火線の長さは使用する最も短い導火線の長さから，退避に要する時間に相当する長さを差し引いた長さとする．あるいは，ベルの鳴る，時間の正確な時計を用意する．
(4) 同一人が連続点火する数は，導火線の長さが1.5m以上のときは10発まで，0.5～1.5mでは5発まで，0.5m未満では1発とする．
(5) 爆発音によって全数の爆発を確認する．確認できないときは15分以上経過してから発破現場に近づく．

9.2 電気発破

9.2.1 電気発破の特徴
電気雷管を使用して行う発破は次のような特徴を有する．
(1) 多数斉発や段発発破ができて，能率上有利である．
(2) 退避を確認してから点火するので，逃げ遅れの心配がなく，安全である．
(3) 耐水性が良いから，水孔発破や水中発破も可能である．
(4) 発破器，テスターなど種々の計器を必要とする．
(5) 雷，静電気，漏洩電流などによる暴発の危険性がある．ただし，耐静電気雷管の使用により，2000 pF, 8 kVまでの静電気には安全である．

9.2.2 電気発破の付属品
電気発破には次のような付属品を必要とする．

9.2 電気発破

a．発破母線及び補助母線

電気雷管の脚線，補助母線，母線，発破器の順に接続して使用する．補助母線は発破の際に破損しやすいから，脚線と同程度の太さのものを使用し，数回の発破で取替える．母線は損傷が少ないから，太くて丈夫なものを使用する．

b．電気発破器

発電機式とコンデンサー式がある．前者は能力に個人差があるので現在ではほとんど使用されず，後者が多く使われている．コンデンサー式発破器には定格が10発，30発，50発，100発，200発及び500発の能力のものがある．

発破母線を発破器の端子に確実につなぎ，鍵を挿入口に入れて時計方向に90°回転すると，ブザーが鳴り，数秒以内にネオンランプに点灯する．これはコンデンサーが充電したことを示す．次に鍵を元の位置に戻すと，コンデンサーは発破回路に接続され，瞬時に発破回路にコンデンサーからの放電が起こる．残留エネルギーは内部抵抗により直ちに消費される．

発破器は定格容量（能力）以内で使用する．例えば，15発の電気雷管の点火に10発掛発破器を使用してはならない．かならず30発掛発破器又はそれ以上の能力の発破器を使用する．充電に時間がかかりすぎ，ネオンランプの点灯が遅くなったときには電池を交換する．

c．導通試験器（抵抗測定器）

0.01 A（半導体集積回路を組み込んだ電気雷管にあっては0.3 A）を超えない微小電流を流して回路の抵抗をしらべ，電気雷管の断線や結線漏れを防ぐ装置である．導通試験器には電流計型，交さ線輪型，ホイーストンブリッジ型，光電池型及びデジタル式がある．

導通試験を行う場合には，全員が安全な場所に退避したのち，装填箇所から30 m以上離れた安全な場所において試験をする．回路抵抗の計算値と測定値が誤差10％以内でほぼ同じ数値になる必要がある．

d．漏洩（迷走）電流検知器

発破現場に動力線，電灯線などからの漏洩電流があると，電気雷管が暴発する危険性があるので，あらかじめ漏洩電流検知器を使用して測定し，危険の有無を知る．

漏洩電流検知器はアース板，計器及びテスト棒がリードワイヤーで接続されている．計器の内部抵抗は電気雷管1個分に相当する1Ωで，電流値が100

mA 以上検出されれば危険領域となる．アース板を地中に埋め，テスト捧でレール，パイプ，支柱などの金属に触れて，計器の振れが危険領域に入っているかどうかを見る．危険領域に入っていれば，その原因を確めて，不良箇所を修理する．

e．発破器能力試験器

発破器が定格能力を有するかどうかを試験する装置である．発破器の出力端子を能力試験器につないで，発破のときと同様に発破器を操作する．フュージョンテスター型では発破器に規定の能力があればフューズが溶断する．メーター直読式では測定器の針の振れによって能力を読む．

f．雷警報器

発破現場への雷の接近を知らせる装置で，雷が接近すれば警報を発するようになっている．ポータブルラジオのスイッチを入れておけば雷の接近によって雑音を出すので，これを使用してもよい．

g．静電気測定器

携帯式の静電圧あるいは静電荷の測定器であって，発破現場の必要な箇所及び発破担当者自身の静電気を測定できる．測定値が電気雷管を暴発させる危険性のある数値を示したときは，電気雷管の使用をしばらく中止し，アースをとる，又は静電気がなくなるのを待つなどの処置をする．

9.2.3 電気発破の注意

電気発破に際して次のことを注意しなくてはならない．
(1) 雷及び漏洩電流が認められる場合には，電気発破は中止する．発破現場ならびに人体の静電気による帯電に注意し，電気雷管を暴発させる危険性がある場合には静電気を除去する．
(2) 電気雷管は，使用前に全数導通検査を行うことが望ましい．導通検査は万一雷管が爆発しても安全なようにして行う．導通検査が終わったならば，脚線は結線のときまで短絡しておく．
(3) 結線方法は一般に直列結線が用いられる．結線方法及び抵抗測定が容易であり，電気エネルギーも少なくてすむからである．ただし，数百発を同時に点火する場合には直並列結線が有利である．並列結線は通常行わないが，確実に点火したい場合には，2個の電気雷管を並列にして点火する．

(4) 結線は，少々の力では外れないようにするために，図9.1のように結び，結線部が接地，浸水あるいは金属との接触などがないようにする．結線部にビニールテープを巻くとよい．
(5) 発破母線は発破直前まで短絡しておく．発破母線の電気雷管の脚線と結線する側は，短絡しないように心線を長短不揃いにしておく．結線が完了したならば導通試験を行う．
(6) 発破器の鍵は点火するとき以外は発破器から外して，発破担当者自身が携帯する．すなわち，点火直前に発破器に取付け，発破が終わったなら直ちに外して自ら所持する．
(7) 多数斉発の場合には，電源，発破母線，電気雷管の全抵抗と電圧を考慮して，電気雷管に斉発に必要な電流値が流れるようにする．

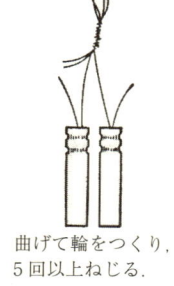

図9.1 電気雷管の結線方法
曲げて輪をつくり，5回以上ねじる．

9.3 導爆線発破

a．導爆線発破の特徴
導爆線を使用する発破の特徴は次のとおりである．
(1) 電気を使用しないので，雷，漏洩電流及び静電気に対して安全である．
(2) 耐水性があり，水中でも使用できる．
(3) 導爆線相互の適正な結線法を行えば，多数箇所の同時起爆ができる．また，MSコネクターを用いれば段発発破ができる．
(4) 穿孔内で導爆線の発生ガスにより，硝安油剤爆薬が死圧になることがある．

b．導爆線発破付属品
導爆線の最初の起爆には工業雷管又は電気雷管を使用するので，9.1.2又は9.2.2項の場合の付属品と同じである．

c．導爆線発破の注意
導爆線発破で注意しなくてはならないことは次のとおりである．
(1) 雷管との結合：図9.2のように，導爆線の端から5～10 cmの位置に，雷管管底を導爆線の爆轟進行方向にあわせて結合する．

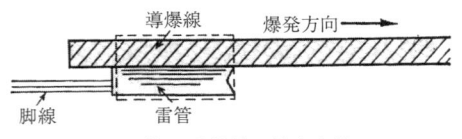

図9.2 雷管と導爆線の結合方法
（ビニールテープなどで結着する）

(2) 導爆線相互の結合：端末相互の結合の場合は図9.3のように，幹線からの分岐の場合は図9.4のように結合する．

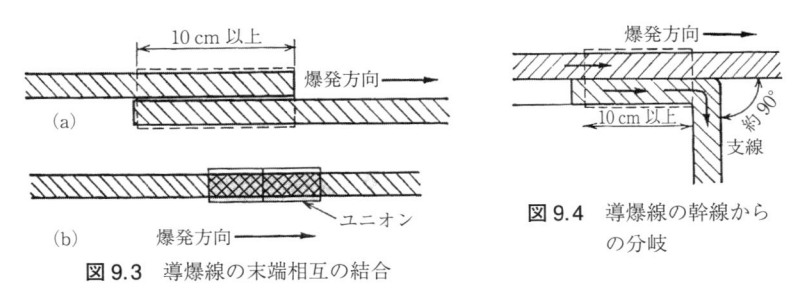

図9.3 導爆線の末端相互の結合

図9.4 導爆線の幹線からの分岐

(3) 爆薬との結合：図9.5のように導爆線の端を5～10 cm余らせて爆薬を固定する．

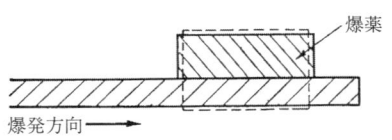

図9.5 導爆線と爆薬との結合

9.4 爆薬の準備

a．爆薬の選択

(1) 硬岩には破壊効果の強い爆薬，軟岩には爆速が遅く，ガス量が多い爆薬を使用する．
(2) 水孔では耐水性のある爆薬，また，水中の深い所では耐圧性もある爆薬を用いる．
(3) 坑内など通気不良の場所では，後ガスの良好な爆薬を用いる．
(4) 張付け発破には破壊効果の大きい爆薬を使用する．
(5) 高温の発破現場では耐熱用爆薬及び火工品を使用する．
(6) 長孔発破には低密度爆薬又は導爆線でつないだ細めの爆薬を使用する．

(7) 炭鉱その他可燃性のガス又は炭じんの存在する発破箇所では，炭坑用爆薬及び火工品を使用しなくてはならない．

b．爆薬への雷管の取付け（親ダイの作製）

親ダイの作製は火工所で行う．

まず爆薬包の一端を開き，木製の雷管挿入棒で雷管挿入に必要な深さの孔をあける．雷管の口元と爆薬の上端面が一致する深さまで，雷管を挿入する．

工業雷管の場合，開いた薬包紙を導火線に巻きつけ，ひも又はゴム輪で抜けないようにしっかり結びつける．電気雷管の場合，図9.6のように脚線を爆薬包にくくりつける．ただし，脚線にキンク（よじれ）をつくらないよう，また雷管管体を持って脚線を引張らないよう注意する．

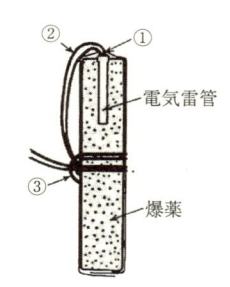

①脚線を引張るときに，管体あるいは塞栓に力が加わらないようにする．
②脚線にゆとりを持たせる．
③薬包に2巻きして結ぶ．脚線を引張ったとき，この部分で力を受けるようにする．

図9.6　爆薬への電気雷管の取付け

含水爆薬に雷管を挿入する場合には雷管が抜けやすいので，特にしっかりと結びつける．また，孔はクリップのできるだけ近くのフィルムに小さめの孔をあけて雷管は爆薬の中心軸に平行に挿入する．工業雷管を使用する場合には，導火線の締付部から含水爆薬の水分が入る可能性があるので，締付部は防水する．

9.5　発破終了後の措置

a．通常の場合

発破が終了したならば，作業者はまず有毒ガスによる危険の有無を調べる．また，天盤，側壁その他の岩盤，コンクリート構造物などについてその危険性を調査する．そして，安全とわかったのちにはじめて発破場所及びその付近に

立入るようにする．坑道式発破の場合には，発破後 30 分経過して安全とわかったのちに発破場所及びその付近に立入るようにする．

ｂ．不爆あるいはその確認が困難な場合

電気点火の場合には発破母線を発破器から外す．母線の端を短絡する．そして，再点火できないように措置する．それから 5 分以上過ぎたのちに装填箇所に近づく．IC 電気点火以外の場合は，点火後 15 分以上たってから装填箇所に近づく．この場合，他の作業者を近づけないようにする．

ｃ．不発の装薬がある場合

不発の装薬が発破孔に残存している場合には，次のいずれかの方法をとる．
(1) 不発の発破孔から 0.6 m 以上（手掘りの場合には 0.3 m 以上）の間隔をおいて平行に穿孔して発破を行い，不発の装薬を爆発させる．
(2) 不発の発破孔にゴムホースなどで水を流し込み，込め物と火薬類を流出させる．
(3) 不発の発破孔からゴムホースによる水流又は圧搾空気で込め物を流し出す．あるいは雷管に触れないように注意して少しずつ静かに込め物の大部分を掘り出す．次に新しい薬包を取付けて装填し，再点火して爆発させる．
(4) 以上のような方法でうまくいかない場合には，不発爆薬が存在するおそれのある場所に適当な標示をし，直ちに責任者の指示を受ける．

9.6　不発と残留 (misfire, remaining)

9.6.1　不発と残留の発生

発破器あるいは導火線によって点火したにもかかわらず，爆薬が爆発しない場合を不発という．不発には次のような場合がある．
(1) 雷管が爆発しない．したがって，爆薬も爆発しない．
(2) 雷管は爆発したが，爆薬は爆発しない．

残留とは，爆薬は起爆したが，発破孔又はずりのなかに不発の爆薬が残っていることをいう．残留には次のような場合がある．
(1) 親ダイあるいはこれに連続した爆薬の一部は爆発したが，途中で爆轟が中断し，残部が不発になる．
(2) 近隣孔の爆発のために，親ダイが吹きとばされる，いわゆるカットオフの

ために，不発になる．

9.6.2　不発残留の発生原因と対策

不発残留にはさまざまな原因があり，その防止のためにはそれぞれ適切な対策をとって，その発生を未然に防がなくてはならない．以下に主な発生原因とその対策を説明する．

a．導火線発破

(1) 導火線は完全に燃えているのに，雷管は不発．

　導火線の切断不良又は吸湿については，導火線の端は吸湿している可能性があるので，3 cm くらいを鋭利な刃物で直角に切断する．被覆が薬面を覆わないようにする．導火線の末端と工業雷管の内管との接触不良については，正規の締付器を使用し，導火線が雷管の内管に軽く接触するまで挿入してから締付ける．雷管の吸湿については，雷管を湿気の多いところに置くときは吸湿に気をつける．雷管内に水滴を入れない．近隣孔による過圧については，孔間隔，岩盤の亀裂などを事前にチェックする．

(2) 導火線が完全に燃えていない．

　導火線の吸湿については，導火線は使用前に，全体を代表するように各 1 m ずつ 5 本取り，燃焼秒時試験を行う．締付け不良による吸湿については，正規の締付器で確実に締付ける．湧水孔ではグリース又は防水テープで締付部の防水を行う．導火線の損傷による吸湿又は横吹きについては，装填及び填塞のとき，導火線の被覆を破らないようにする．近隣孔発破によるカットオフについては，導火線の末端をまるめて，たれ下がらないようにする．硝安油剤爆薬の油分の心薬への浸透については，硝安油剤爆薬を使用する発破のときは，ビニール導火線を使用する．

(3) 導火線への不点火．

　点火忘れについては，2 人以上で点火する場合には，点火の責任分担を明確にするとともに，上位責任者を決めておく．暗いところでの点火は特に注意を要する．点火困難については，切り口に水滴をつけないようにする．水滴が激しく落下するところでは，導火線を電気雷管に切替える．

b．電気発破

(1) 電気雷管が一発も発火しない．

母線，補助母線あるいは電気雷管の脚線の結線漏れについては，あらかじめ導通試験（抵抗試験）を行い，結線漏れを速やかに発見する．母線，補助母線あるいは脚線の断線については，導通試験器によりあらかじめチェックする．装填時に断線させないように気をつける．また，脚線にキンクをつくらないようにする．
(2) 電気雷管が1発だけ発火しない．

　不発になった雷管だけ結線漏れの場合は，結線漏れがないように，結線直後に確認する．装填時の脚線の損傷については，装填をていねいに行う．結線部のリーク又はショートについては，結線部にビニールテープを巻くとともに，水に浸っている場合には，水から引き上げる．電気雷管の不良については，良品と換える．
(3) 発破回路の複数箇所で不発が生じる．

　発破器の定格以上の発破をかけた場合は，発破器は定格内で使用する．発破器の不良の場合は，ネオンランプの点灯が遅くなったときは電池を取替える，発破器能力試験器で能力を確認する，発破器端子をきれいにしておくなど，発破器の管理を十分に行う．母線及び補助母線が切れかけている場合はあらかじめ抵抗値，絶縁性などをよくチェックしておく．結線部分の接触不良については，結線部分の錆はサンドペーパーで磨いて除く．結線は確実に行う．結線部が水に浸っている場合は，結線部を水から引き上げ，ビニールテープなどを結線部に巻く．他社メーカの電気雷管の混用については，混用しない．
(4) 発破母線に近い雷管が発火し，回路の中ほどの雷管が不発になる．

　特定の部分が浸水している場合が多いので，浸水しないようにする．結線部にビニールテープを巻く．
(5) 発破回路の特定の部分の雷管が不発になる．

　特定の部分が浸水している場合は，前記のとおりである．結線のミスも前記のとおりである．
(6) 近接孔発破の影響により，不発が発生する．

　穿孔間隔が狭い場合は，孔間隔を広くとる．発破孔付近の岩石に亀裂，節理，断層などがある場合は，岩盤の状態を事前にチェックする．水中発破のときは，水中発破用電気雷管を用いる．

c．導爆線発破

導爆線の不発又は爆轟中断は次の場合に発生する．またその対策は下記のとおりである．

導爆線の外傷及び強いよじりによるキンクなどの損傷については，導爆線の取扱いに注意する．長時間，硝安油剤爆薬中に配線したときの油分の浸み込みによる不発については，硝安油剤爆薬と導爆線が長時間接触しないようにする．重量物吊下げ（例えば親ダイ）による切断又は性能変化については，吊り下げ時間が2時間以上になるときは，最大荷重は30 kg 以下とする．前段発破の衝撃波，飛石などによる損傷及びカットオフについては，発破の設計の段階で考慮する．逆方向結線については，結線後，よくチェックする．

2本の導爆線が接近し，殉爆することによる不発については，接近しないようにする．分岐は直角になるようにする．なお，導爆線の発生ガスにより，硝安油剤爆薬が死圧になることがある．穿孔径が小さいときは，硝安油剤爆薬を使用しない．

d．爆薬の不爆及び爆轟中断

雷管あるいは導爆線が完爆したにもかかわらず，親ダイが不発の場合，あるいは爆轟中断する場合がある．それぞれについて，原因と対策は次のとおりである．

(1) 親ダイが不発の場合

親ダイに対して，雷管又は導爆線の装着が不完全の場合は，引抜かれないように，しっかりと装着する．親ダイの性能劣化（吸湿，固化，老化など）については，爆薬の管理に気をつける．不適切な爆薬の使用（臨界薬径以下の爆薬，あるいは耐寒性，耐圧性などの不足）については，必要な性能の爆薬を使用する．

(2) 爆轟中断

カットオフによる場合は，孔間隔を広くするなどの処置をする．チャンネル効果による場合は，穿孔径と装填する爆薬の直径との差を小さくする．差を小さくとれない場合は，強力な爆薬を使用する，導爆線に沿って爆薬を配置するなどの方法をとる．薬包間に岩粉その他の異物が介在する場合は，異物が介在しないようにし，薬包と薬包を密着させる．

9.7 火薬類の廃棄

　使用不可能になった火薬類は廃棄しなくてはならない．しかし，従来，廃棄中にしばしば事故が発生している．廃棄作業は経験者が行うか，その指導の下に実施する必要がある．
　火薬類の廃棄は，次のように行う．

a．火薬又は爆薬
　火薬又は爆薬は，少量ずつ爆発又は焼却する．ただし，黒色火薬，含水爆薬，カーリットなどのような硝酸塩，過塩素酸塩などの水溶性成分を主とする火薬類は，完全な水溶液としたのち，多量の水に流すか，地中に埋めてもよい．

b．雷管
　工業雷管，電気雷管などの雷管類は，不発のまま四散しないように，まとめて小包とし，孔を堀って入れ，工業雷管又は電気雷管で爆発処理する．工業雷管で爆発処理する場合は，導火線の長さを1m以上とし，導火線の点火側の火炎又は灼熱物が雷管に入らないようにする．

c．導火線
　燃焼処理するか，又は湿潤状態にして分解処理する．

d．導爆線
　工業雷管又は電気雷管により，爆発処理する．第2種導爆線は，少量ずつ燃焼処理してもよい．

e．爆発又は燃焼処理の方法
　爆発処理又は燃焼処理は，次のように行う．
(1) 爆発又は燃焼処理は，広い場所，高さ2m以上の土堤で囲まれた一定の場所など，廃棄しようとする火薬類の全量が爆発しても，他に危害を及ぼさない場所で行う．
(2) 爆発又は燃焼するときは，赤旗をかかげ，見張人を置き，作業に必要でない者の交通をしゃ断する．
(3) 廃棄する火薬類は安全な場所に置き，処理終了前に次の処分に着手しない．
(4) 燃焼により廃棄するときは，風のない日を選び，点火は風下から行い，焼却中はみだりに接近しない．薬量が大量になると，燃焼から爆轟に転移する

ことがあるので，気をつける．
(5) 電気雷管で爆発させる場合には，爆発場所を離れて，安全な場所であらかじめ導通試験を行ったのちに点火する．

第10章

発　破（爆破）

　火薬類を使用して岩石，鉱石，土壌，立木などの自然物，あるいは鉄，コンクリート，煉瓦などからなる建築物や構造物を破壊する作業を発破（あるいは爆破）という．採鉱，採炭，採石，隧道堀進，ダムの建設，道路及び橋の建設，土地の造成，構築物の撤去，抜根，開墾，暗礁の除去，海洋開発，都市開発などで発破が行われている．

　発破を合理的に実施するには，被破壊物の性質及び状況と爆薬の性能をよく知った上で，各種の要因を十分に考慮して計画し実施することが必要である．

10.1　発破の基礎

10.1.1　Hauser の式

　図 10.1 のように岩石中に爆薬を集中して装填し発破すると，円錐形の発破孔ができる．これを漏斗孔（crater）という．また，発破を実施する前における岩石と外界（すなわち大気）との境界面を自由面（free surface），装薬の中心から自由面までの最短距離を最小抵抗線（burden），漏斗の底部の半径を漏斗半径という．

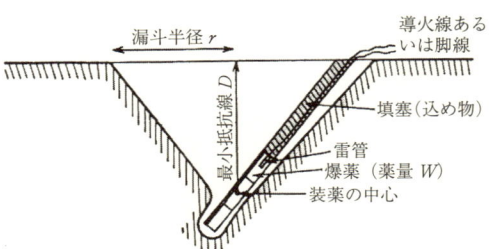

図 10.1　一自由面集中装薬発破と漏斗孔

一自由面の集中装薬発破では，経験的に次式の成立が認められている．

$$W = CD^3 \tag{10.1}$$

ここで，W：装薬量（kg），D：最小抵抗線（m），C：発破係数である．

この式を Hauser の式といい，わが国では広く用いられている．Hauser の式は最小抵抗線が 1 m 付近でよく適合するといわれている．すなわち，発破係数 C の値は最小抵抗線 D が大きく変化する場合には一定値ではなく，変化をする．また，岩石は節理，成層，亀裂などがなく，均質で理想的な状態を仮定している．

発破が理想的に行われた場合には，漏斗半径 r と最小抵抗線 D の値が等しくなる．すなわち，$r = D$ である．この場合の漏斗孔の体積 V を求めると，

$$V = \frac{1}{3}\pi r^2 D = \frac{1}{3}\pi D^3 \quad (\because \quad r = D)$$

$$= D^3 \qquad (\because \quad \pi \doteqdot 3) \tag{10.2}$$

V は最小抵抗線 D の 3 乗である．これを Hauser の式に代入すると，次のようになる．

$$W = CD^3 = CV \tag{10.3}$$

したがって，発破が理想的に行われた場合には，装薬量は漏斗孔の体積に比例する．

発破係数 C は次のようになる．

$$C = ged \tag{10.4}$$

ここで，g：岩石抗力係数，e：爆薬の威力係数，d：填塞係数．すなわち，

$$W = gedD^3 \tag{10.5}$$

漏斗半径 r と最小抵抗線 D とが等しくなる理想的な発破が行われた場合（$r = D$）の装薬量を適正装薬又は標準装薬という．また，最小抵抗線よりも漏斗半径が大きい場合（$r > D$）の装薬量を過装薬，最小抵抗線よりも漏斗半径が小さい場合（$r < D$）の装薬量を弱装薬という．漏斗半径と最小抵抗線との比 r/D を漏斗指数 n と称する．すなわち $n = r/D$ である．この n で表すと，適正装薬で $n = 1$，過装薬では $n > 1$，また弱装薬では $n < 1$ となる．

10.1.2　Hauser 式の修正

Hauser の式は適正装薬の場合に適用できる式であるが，実際の発破にあたっ

ては，最初から適正装薬で理想的な発破が行われるとは限らない．また，最小抵抗線を1mから大幅に変更したい場合も生じてくる．このような場合に必要な装薬量の修正を計算によって実施する方法について多くの人が提案しているが，Dambrumの方法とLaresの方法が最も実際的である．

a．第1回目の試験発破で過装薬又は弱装薬の場合に，最小抵抗線は同一として適正装薬量を求める方法

Dambrumの式，$f(n) = (\sqrt{1+n^2} - 0.41)^3$ を用いて，

$$W = f(n)CD^3 \tag{10.6}$$

とする．ただし，$n = r/D$ で，$f(1) = 1$ である．すなわち，Dambrumの式の0.41は $f(1)$ が1になるための修正項である．

[例1]　もし過装薬量 W_0 のために $n = 1.3$ になったとすると，適正装薬量 W は $n = 1$ における装薬量であるから，次式によって求められる．

$$\frac{W}{W_0} = \frac{f(1)CD^3}{f(1.3)CD^3} = \frac{f(1)}{f(1.3)} = \frac{1}{1.86} = 0.54$$

$$\therefore W = 0.54 W_0$$

適正装薬量は第1回目の実験の54％の薬量である．

[例2]　また，適正装薬量よりも若干強くしたい場合もある．最初，過装薬で $n = 1.3$ であったものを，$n = 1.1$ に修正したい場合は次のようにする．

$$\frac{W}{W_0} = \frac{f(1.1)CD^3}{f(1.3)CD^3} = \frac{f(1.1)}{f(1.3)} = \frac{1.26}{1.86} = 0.68$$

装薬量を第1回目の発破の68％にすればよい．

b．第1回目の試験発破で適正装薬量であったが，最小抵抗線を変更するために装薬量修正を行う方法

発破係数 C の値は最小抵抗線の値によって変ってくる．最小抵抗線のわずかな変化ならば C の値は変らないものとして計算してもよいが，大幅に変更する場合には同じ C の値を用いると，適正な発破ができず，過装薬又は弱装薬となる．このような場合の薬量修正は，Laresの式

$$f'(D) = \left(\sqrt{1 + \frac{1}{D}} - 0.41\right)^3 \tag{10.7}$$

を用いて，

$$W = f'(D)CD^3 \tag{10.8}$$

とすることによって行う．なお，$f'(1)=1$となる．

[**例3**]　第1回の試験発破で最小抵抗線$D_0=1$mの場合の適正装薬量Wが0.9
kgであったとする．したがって，
$$C=W/D^3=0.9/1^3=0.9$$
となる．同じ場所で最小抵抗線を変更し，$D=3$mで発破しようとするときは，$f'(3)=0.41$であるから，
$$W=f'(D)CD^3=0.41\times 0.9\times 3^3=9.96\text{ kg}$$
適正装薬量は9.96 kgである．

もしも修正を行わなければ，
$$W=CD^3=0.9\times 3^3=24.3\text{ kg}$$
となり，適正装薬量の約2.4倍もの爆薬を使用することになる．このような過装薬は不経済であるばかりでなく，飛石による事故が発生する危険性がある．

[**例4**]　試験発破を$D=1.8$mで行い，標準装薬量が4 kgであったとする．$D=5$mに変更する場合の標準装薬量を求める．

$W=f'(D)CD^3$において，$W=4$ kg，$D=1.8$m及び$f'(1.8)=0.59$を代入すると，
$$C=\frac{4}{0.59\times (1.8)^3}=\frac{4}{0.59\times 5.83}=1.16$$
$D=5$mの場合には，$f'(5)=0.32$，$C=1.16$であるから，
$$W=1.16\times 0.32\times (5)^3=1.16\times 0.32\times 125=46.4\text{ kg}$$
装薬量は46.4 kgである．

10.1.3　発破係数C

前記のように，発破係数Cは岩石抗力係数g，爆薬の威力係数e及び填塞係数dから成り立っている．

a．岩石抗力係数g

岩石抗力係数gは発破における岩石の破砕に対する抵抗性を示す値であって，岩石の硬さ及びじん性が大きいものほど抗力係数は大きくなる．

最小抵抗線$D=1$mで適正装薬量の標準爆薬（ニトログリセリン60％の桜ダイナマイト，$e=1$）を填塞係数$d=1$になるように装填して爆破したときの爆薬量Wから，その岩石の抗力係数gを求める．すなわち，$W=gedD^3$にお

いて，$e=d=D=1$ であるから，$W=g$ となる．

表 10.1 は各種の岩石についてこのようにして求めた岩石抗力係数 g の値である．

表 10.1 岩石抗力係数 g の値

岩石名	g		
	最大	最小	平均
最硬岩（硬硅岩，硬角閃岩）	4.32〜3.06	2.70〜2.56	3.26〜2.88
硬岩（硅岩，硬砂岩，硬粘板岩）	2.86〜2.16	2.54〜2.16	3.68〜2.16
中硬岩（花こう岩，閃緑岩，片麻岩）	2.34〜2.30	1.85〜1.84	2.09〜2.07
軟岩（砂岩，石灰岩，安山岩）	2.27〜1.66	1.85〜1.22	2.02〜1.44
最軟岩（粘板岩，凝灰岩）	2.58〜1.08	1.08〜0.72	1.33〜1.00

　実際の発破においては，岩石の種類だけでなく，成層や目などによって発破の効果は違ってくる．したがって，発破計画の際にはこれらをよく調査し，更に試験発破を行って適正装薬量を決定する．また，一般的にいうと，硬い岩石には高爆速の爆薬を，弱い岩石には低爆速の爆薬を使用する．

b．爆薬の威力係数 e

　表10.2は各種の爆薬の威力係数 e の値である．桜ダイナマイト（ニトログリセリン60％）を基準にして爆薬の発破効果を比較したもので，威力係数が小さいほど威力が大きい．

表 10.2 爆薬の威力係数 e

爆薬種類	e	爆薬種類	e	爆薬種類	e	爆薬種類	e
松ダイナマイト	0.63	3桐ダイナマイト	0.84	アーバナイト	0.88	硝安爆薬	1.23
桜ダイナマイト	1.00	2榎ダイナマイト	0.87	硝安油剤爆薬	1.00	青カーリット	1.17
特桐ダイナマイト	0.79	杉ダイナマイト	0.85	黒色火薬	3.0	コーズマイト12号	1.07
新桐ダイナマイト	0.83	あかつき爆薬	0.94	含水爆薬（日油）	1.04		

c．填塞係数 d

　岩盤に穿孔し，爆薬を装填したのちに，砂，粘土などを充填して穿孔をふさぐ．これを填塞（stemming, tamping）という．填塞が不十分な場合には爆薬のエネルギーは岩盤の破砕に有効に働かない．したがって，発破効果をあげるためには填塞を確実に行う必要がある．填塞が完全に行われた場合の填塞係数を $d=1$ として，図10.2のような填塞状態について填塞係数を経験的に求めた

のが表 10.3 である．填塞係数 d が大きくなると，他の条件が同じならば，爆薬の必要量が大きくなる．

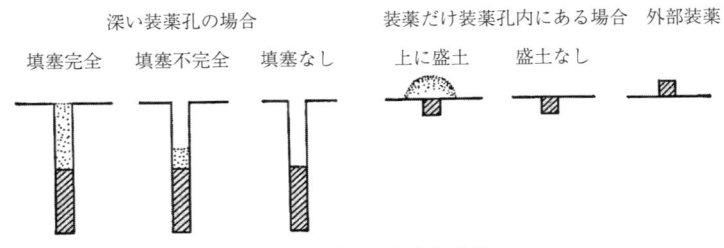

図 10.2 種々の填塞状態 [22]

填塞を確実に行うためには，込め物に使用する材料，込め物の長さ，填塞方法などについても配慮しなくてはならない．

(1) 込め物材料：込め物に使用する材料には，発火性又は引火性の材料を使用してはならない．水分を含んだ粘土，砂，粘土と砂の混合物，あるいは水が通常用いられる．紙やわらは以前使用されていたが，これらは込め物抵抗がほとんど零であり，しかも発破の際に燃焼して一酸化炭素を発生するので，使用してはならない．

込め物は含水率が多くても少なくても抵抗が減少する．含水率と込め物抵抗の関係は次のとおりである．粘土（関東ローム，密度 2.72 g/cm³，粒子径 0.106 mm 以下）では含水率 20～25％で込め物抵抗が最大となる．含水率 10％以下及び 35％以上では込め物抵抗は極めて小さい．珪砂（密度 2.65 g/cm³，粒子径 0.85 mm 以下）の場合には含水率 8～12％で最大となり，2％以下及び 16％以上では極めて小さくなる．この粘土と珪砂の 1/1 混合物では，含水率 8～16％で込め物抵抗が最大となり，2％以下及び 18％以上では込め物抵抗は極めて小さい．なお，最大値で比較すると，含水粘土は含水珪砂の約 4 倍の込め物抵抗を持っている．

表 10.3 填塞状態と填塞係数 d

填塞の状態		填塞係数
深い装薬孔の場合	填塞完全	$d = 1.0$
	填塞不完全	$1.0 < d < 1.25$
	填塞なし	$d = 1.25$
装薬だけ装薬室内にある場合	上に盛土	$d = 1.5$
	盛土なし	$d = 2.0$
外部装薬	多くの場合	$2.0 < d < 4.5$
	ときとして	$d = 9$

水はポリエチレン袋に入れて使用すれば，爆薬の爆轟の瞬間には完全剛体に近い性質を示す．したがって，爆速が大きく，衝撃圧の大きい爆薬には，水の込め物は有効である．黒色火薬のように爆轟せずに爆燃する火薬には効果はあまりない．また，水には発破時に粉じんが舞い上がるのを防ぐ効果がある．特に炭鉱では炭じんの浮遊を抑制し，爆発温度を下げるので，メタン及び炭じんに対する安全度を向上させる．硫黄鉱山では硫黄の着火を防止する．

(2) 込め物長さ：込め物の長さは爆薬の種類，岩石の種類，穿孔径，発破方法などによって変わってくる．

孔径については下記のように，孔径が大きくなるほど長くしなくてはならない．

孔径（mm）	25	50	70
込め物の必要長さ（cm）	18	45	50

発破方法については，ベンチカットのような下向き穿孔の2自由面発破では，最小抵抗線の1〜1.5倍の込め物長さとする．透かし掘り，盤打ち発破のような1自由面発破では，低爆速の爆薬を使用するときは穿孔長の1/2以上，高爆速の爆薬を使用するときは穿孔長の2/3以上の込め物長さとすれば，飛石が防止できる．

(3) 込め物の装填：込め物を装填するときには，導火線又は電気雷管の脚線を損傷させないように，静かに薬包に軽く接触するところまで込め物を装填する．このとき導火線又は脚線がたるまないように軽く保持する．込め物は孔口に近くなるほど強く込めて，填塞を完全にする．

10.1.4 その他の要因

発破を合理的に行うためには，Hauser の式だけでなく，次の要因についても考慮しなくてはならない．

a．自由面

岩盤中で爆薬を爆発させると，装薬の周囲の小部分に粉砕圏ができる．しかし，岩石のような脆性物質は爆轟による応力が自由面で反射して引張応力となったときに主として破壊が起きる．岩石は圧縮強度よりも引張強度がはるか

に弱いためである．したがって，自由面の数が多いほど発破は有利となる．

図10.3の自由面と装薬の関係に対して，発破係数の修正値は表10.4のようになって，自由面の数が多いほど，同一体積の岩石を破砕するための爆薬量は少なくてすむことがわかる．

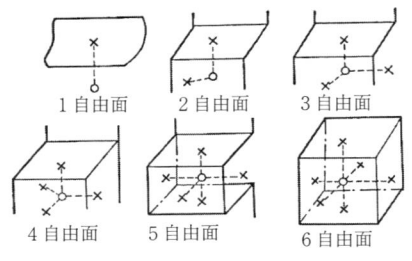

図 10.3 自由面と装薬の関係[23]

1自由面　2自由面　3自由面
4自由面　5自由面　6自由面

表 10.4 自由面の数と発破係数の関係

自由面の数	発破係数 C
1	C_1
2	C_1
3	$0.66C_1$
4	$0.5C_1$
5	$0.4C_1$
6	$0.25C_1$

b．デカップリング及びチャンネル効果

爆薬を発破孔に装填するとき，孔径より薬径が少し小さくないと装填しにくい．しかし薬包と内壁の間にすき間があると，岩石に作用する圧力は小さくなり，発破効果は低下する．この効果をデカップリング効果（decoupling effect）といい，そのパラメーターとして，次のデカップリング指数（decoupling index）を用いる．

$$\text{デカップリング指数} = \frac{\text{発破孔の直径}}{\text{薬包の直径}} \tag{10.9}$$

なお，密装填のときにこの指数は1となる．

この指数の値が1.12～4.00の範囲にあると，発破孔内での爆轟が途中で止まる爆轟中断（break away of detonation）が起こることがある．これは爆薬の爆轟よりも空隙を通る衝撃波の方が先行し，未爆轟の爆薬を強圧して死圧現象を起こさせるためであると推定されている．これをチャンネル効果（channel effect）という．チャンネル効果を防止するためには穿孔に爆薬を装填する際に込め棒で薬包を孔の奥へ強く押しつけるように密装填する．

ただし，制御発破ではデカップリング指数を大きくとり，周壁に作用する圧力を低下させてその破壊を少なくし，凹凸の少ない面を出すようにする．この場合に爆轟性の悪い爆薬を用いると，チャンネル効果によって爆轟中断を起こ

すので，爆轟性の良い爆薬を使用しなくてはならない．一般にはダイナマイトあるいは含水爆薬が用いられる．

c．爆薬の装填 （loading, charging）

爆薬を装填する前に穿孔内をキューレン又はブローパイプでよく掃除し，くり粉や岩片が残らないようにする．穿孔内には薬包を1本ずつできるだけ密に装填する．薬包間に空隙がある場合，あるいは岩粉が間に介在する場合には殉爆性が低下し，爆轟が中断する危険性がある．また，薬包と穿孔の間にすき間があると，チャンネル効果によって爆轟中断を起こす可能性がある．しかし，薬包紙が破れて裸薬になり岩粉と混ざると，摩擦，衝撃に対して鋭敏になり，危険である．また，硝安油剤爆薬など硝安系粉状爆薬では，あまり強く圧搾すると（装填密度 $1.1\,\mathrm{g/cm^3}$ 以上）爆轟しないことがある．

制御発破では，穿孔径と薬径の比を大きくとり，薬包間の距離をとって，薬包を導爆線に添わせて配置し装填する場合がある（図 10.14）．含水爆薬で殉爆性の悪いものは，短い薬包を多数使用するよりは，長い薬包を少数使用した方が，爆轟中断が起こりにくく有利である．親ダイを装填するときは，薬包と雷管が離れないように，また脚線のもつれや導火線あるいは脚線の損傷が起こらないように，静かに込め棒で押し込める．

硝安油剤爆薬は薬径が細いと爆轟伝播しないので，穿孔径は 30 mm 以上にする．下向き穿孔の場合には重袋から直接流し込む．ただし，水孔の場合又は孔内にすき間がある場合には，ポリエチレンの長い袋を使用してその中に流し込む．硝安油剤爆薬をローダー（装填機）を使用して装填する場合には，特に静電気の発生による電気雷管の暴発に注意しなくてはならない．その対策として次のようにする．

(1) ローダーの金属部分は全て接地する．
(2) 装填用のホースその他のゴム及び合成樹脂には静電気を速やかに消散することができる材料を使用する．
(3) 電気雷管には耐静電気雷管を使用する．
(4) 硝安油剤爆薬を装填したのち，15分くらい経過してから親ダイを装填する．できれば，親ダイ装填前に静電気を測定する．

親ダイの位置には，正起爆，中間起爆及び逆起爆の3通りがある．このうち正起爆が最も多く用いられている．特に，炭鉱爆薬を使用するときには正起爆

が規定されている．

正起爆の場合には隣接孔での発破によって親ダイがまだ爆発しないうちに空中に吹きとばされるか，あるいは導火線が口元付近で切りとられるために残りの爆薬が孔内に残留するいわゆるカットオフが起こりやすい．カットオフを防止するには，孔間隔を広くすること，親ダイをあまり口元付近にしないことなどが必要である．特に，トンネル掘進発破で心抜き助孔は穿孔間隔が狭くなりやすい．また，その周辺孔は装薬長が長くなりやすい．いずれもカットオフの危険性が高い．

孔間隔が狭いと，隣接孔の爆轟圧によって，爆薬が死圧になる，あるいは雷管が変形して不発になるなどの現象も起こる．逆起爆はカットオフには安全性が高くなるが，脚線長が長くなって経済的に不利である．孔尻に親ダイを入れるので親ダイの雷管が孔底に衝突する危険性があるなどの欠点を有する．

装填中の静電気の発生により雷管が暴発する危険性については，正起爆と逆起爆のどちらが危険性が高いかまだ明確でない．しかし，中間起爆は最も雷管の暴発の危険性が高い．

d．公害問題

最近では発破における騒音，振動及び飛石が大きな社会問題となっている．これらの事項については 11 章で取扱うが，そのために発破がいろいろな制約を受けている．特に市街地ではその制約が大きい．したがって，1 回に使用する爆薬量を少なくする，公害防止のために種々の補助資材を使用する，爆薬からコンクリート破砕器に切り替える，発破が不可能と判断して，別の方法を選択するなどの方法がとられている．

e．穿孔

孔径，孔の方向，孔の長さ，孔の数と配置，最小抵抗線などの選び方によって発破の良否が左右される．

f．点火方法

斉発にするか，段発にするか，段発の場合は MS にするか，DS にするかを決定しなくてはならない．また，落雷の頻繁に発生するところや漏洩電流のあるところでは，電気雷管を使用すると暴発の危険性があるから，導爆線又は導火線を使用しなくてはならない．

g．要求される岩石の破砕の程度

　発破によって採れた岩石があまり大きいと，小割発破などによって再度破砕しなくてはならない．このような事態になるのを避けるためには，発破の設計の段階で考慮しなくてはならない．

　段発の秒時間隔が短いほど，岩石は細かく粉砕される．しかし，秒時間隔が短くなると，飛石の飛距離も大きくなるので，飛石に対する対策を十分に取らなければならない．大口径よりも小口径の穿孔の方が岩石の大きさの分布は狭くなる．しかし，大口径の方が作業能率は向上するので，小口径を推奨はできない．また，孔間隔よりも最小抵抗線を大きくとると，岩石は大きくなる．

h．後ガス

　トンネル掘進発破では，使用する爆薬の後ガスが悪いと，換気に手間がかかるので，後ガスの良い爆薬を使用しなくてはならない．硝安油剤爆薬の使用は好ましくない．

i．湧水

　湧水のあるところでは，ダイナマイト，含水爆薬などの耐水性のある爆薬を選択する必要がある．

　発破にはこのように要因の数が多く，しかも各要因の重要性は発破の場所によって複雑に変化する．したがって，発破には基礎的理論があるが，その定数の値を決定するために試験発破が必要である．また，各種要因を総合的に判断して発破方法を決定しなくてはならない．

10.2　トンネル等掘進発破 (drift round)

　水平，斜坑及び立て坑掘進では，発破現場（切羽あるいは加背という）の自由面は1であるから，切羽の中央部付近に空洞をつくる発破（心抜き発破という）をまず行って自由面の数を増す．次に，その自由面を利用して空洞の拡大（払い発破という）を行い，トンネル等の周辺壁を形成する．通常，段発電気雷管を使用して心抜きと払いを一挙に行う．

10.2.1　心抜き発破 (cut, center cut, center shot)

　心抜き発破には自由面に対してある角度をつけて穿孔するアングルカット

と，自由面に垂直に穿孔するパラレルカットの2種類がある．

a．アングルカット

わが国では，心抜き発破には，主としてアングルカットが行われている．岩質の変化に対応して心抜き法が変えられるという利点があるが，切羽の大きさによって穿孔長が制限をうけ，1発破の進行長が制限されるという問題点もある．アングルカットには図10.4に示すようにVカット，プリズムカット，ピラミッドカットなどがある．いずれの場合でも穿孔角度は60〜70°，孔尻の間隔は20〜30 cm程度で，孔尻ができるだけそろうようにV字形に穿孔する．硬岩の場合には荷を軽くするために初めに助心抜きをすることもある．

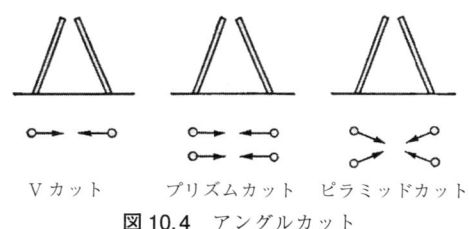

図10.4　アングルカット

b．パラレルカット

パラレルカットは切羽の大きさによって穿孔長が制約を受けることが少なく，ずりの飛距離が少ないという利点がある．しかし，穿孔位置と穿孔の平行度に厳密さが要求され，高度の穿孔技術が必要である．また，穿孔間隔が接近しているので，装薬の殉爆，カットオフあるいは死圧による不発の発生に注意を要する．

パラレルカットには，図10.5に示すようにカラムカット，スパイラルカット，コロマントカットなどがある．

(1) カラムカット：中央の1本の空孔及びその周囲の数本の装薬孔をいずれも自由面に対して直角に穿孔する．この場合，空孔は自由面の役割をする．空孔と装薬孔の距離は10〜20 cmである．この間隔があまり大きくなると，発破抵抗が大きくなり，発破に失敗する．

(2) スパイラルカット：空孔の周囲にスパイラル状に穿孔を配置して，空孔に近い孔から順次発破を行う方法である．

これらのパラレルカットでは，装薬量が多すぎたり，威力の強すぎる爆薬を

カラムカット　　　スパイラルカット　　　コロマントカット

図 10.5　パラレルカット

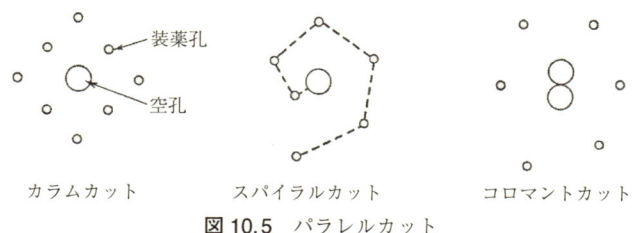

使用したりすると，心抜きによる破砕岩石が再び岩壁面に燃結固化するので，発破の設計に注意する必要がある．

(3) コロマントカット：中央の空孔を相互に接合するいくつかの空孔とする方法である．心抜き孔の穿孔は型板（テンプレート）を利用して行う．

10.2.2　払い発破 (easer shot, round)

払い発破は心抜きでできた空洞を拡大して掘進断面を形成するとともに，トンネル等の周辺壁を凹凸少なく仕上げる必要がある．ただし，周辺壁の発破については制御発破に属するので，10.5節で詳述する．払い発破は穿孔の位置によって払い，冠り及び踏まえと呼ばれる（図10.6）．これらは切羽に垂直に穿孔するが，周辺孔はわずかに外に向けて穿孔する．孔間隔は岩の硬さ，じん性，亀裂などにもよるが，通常は0.5～0.8 m程度である．

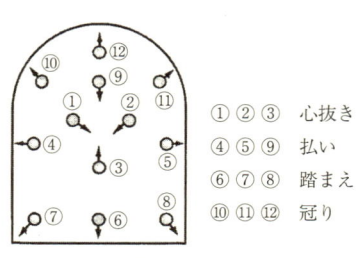

① ② ③　心抜き
④ ⑤ ⑨　払い
⑥ ⑦ ⑧　踏まえ
⑩ ⑪ ⑫　冠り

図 10.6　坑道掘進発破における穿孔配置図

10.2.3　トンネル等掘進における発破の設計

a．穿孔長

掘進断面積を $A(\mathrm{m}^2)$ とすると，穿孔長 $L(\mathrm{m})$ は次式で表される．

$$L = a\sqrt{A} \tag{10.10}$$

ここで，a は通常 0.6～0.7 であるが，発破のききの悪い岩石では a の値を小さくとる．1発破の掘進長は穿孔長より 0.1～0.2 m 短くなる．

b．装薬量及び穿孔数

(1) 心抜き発破の装薬量

この場合は Hauser 式が適用できる．最小抵抗線を D(m) とすると，装薬量 W(kg) は次式のとおりである．

$$W = CD^3 \quad (C：発破係数) \tag{10.11}$$

(2) 払い発破の装薬量

次の式で表される．

$$W = CLD^2 \tag{10.12}$$

ここで，L：穿孔長 (m)，D：最小抵抗線 (m)，C：発破係数で，発破断面積などの種々の要因によって変わるが，60 m² 以上の断面の場合には硬岩で 1.3〜2.0 kg/m³，中硬岩で 0.5〜1.5 kg/m³，軟岩では，0.5 kg/m³ 以下である．

50 m² 以下の断面において，断面積と装薬量及び穿孔数の関係を図 10.7 に示す．更に細かく，岩種による単位あたりの穿孔数と装薬量の関係を図 10.8 に示す．

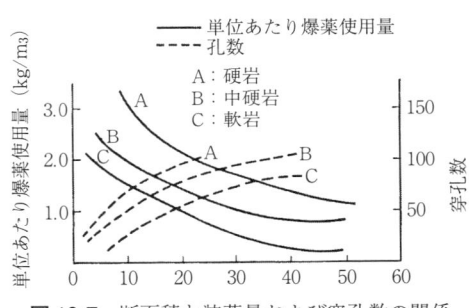

図 10.7 断面積と装薬量および穿孔数の関係

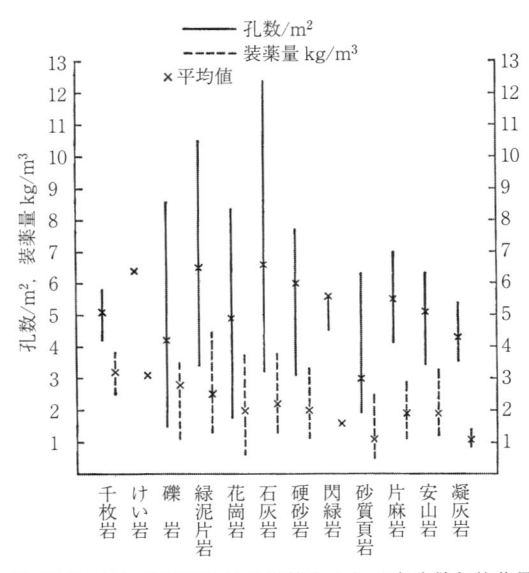

図 10.8 払い発破における単位あたりの穿孔数と装薬量

10.3 ベンチ発破（ベンチカット，階段発破）(bench cut)

a．特徴

ベンチ発破は岩盤に上部から平らな数段のベンチ（階段）をつくり，採掘の進行に伴って掘り下げる発破法である（図10.9）．

ベンチ発破の特徴は次のとおりである．
(1) 平地で作業するので，墜落や落石の危険が少なく，安全性が高い．また，後ガスの心配がいらない．
(2) 大型機械の導入ができるので，作業能率があがり，省力化が可能である．
(3) 作業を単純化でき，発破計画を能率的に組みやすい．
(4) 岩層の変化に応じて選別しで採掘できるので，品質管理上有利である．
(5) 伐採，表土剥離など準備作業が多く，初期投資が大きい．したがって多量採石に適する．
(6) 露天採掘であるから，騒音，振動，飛石などの公害問題が発生しやすい．

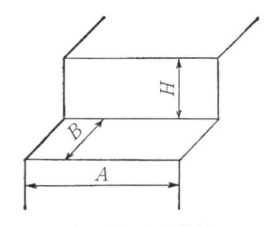

A：ベンチの長さ
B：ベンチの幅
H：ベンチの高さ

図10.9 ベンチの形態

b．発破の設計

(1) 穿孔径 d：わが国では65〜75 mm が多い．大口径では100〜300 mm もある．大口径の方が穿孔能率はあがり，起砕量も増加する．
(2) 穿孔角度：60〜80°が多い．90°にすると，崩落の危険性が高い．
(3) 最小抵抗線 D：$d=65$ mm の場合は2.5〜3 m が多い．通常 $D=(40\sim45)d$ である．
(4) ベンチの高さ H：わが国では5〜15 m 前後が多い．$H=(3\sim4)D$ が普通である．
(5) 孔間隔 S_c：$S_c=(1\sim1.4)D$ で，標準は $(1\sim1.25)D$ である．
(6) ベンチの幅 B：ダンプカーなど使用する土木機械が入るのに都合のよいベンチ幅が必要であるが，ベンチの高さの1〜2倍にするところが多い．
(7) 穿孔長 H_0 及び装薬長 L_0：$L_0/H_0=0.65\sim0.7$ が望ましい．込め物長は最小

抵抗線より大きくとる必要がある．
(8) サブドリリング（補助穿孔長）S：根切り（ベンチの根元の破砕）をよくするために，穿孔長をベンチフロアより下に伸ばすことをいう．$S=0.3D$ が普通である．
(9) ベンチの長さ A：わが国では 20～40 m が多い．10 m くらいのところもある．図10.10にベンチカット装薬図の一例を示す．
(10) トーホール：図10.11のようにベンチの根元から切羽に向かって水平又は 5～10° 下向きに穿孔したものである．根切りをよくするために行う．トーホールは飛石が飛びやすいので，込め物を十分に行う．長さは上部からの穿孔の延長線までは穿孔する．あまり短いと意味がない．穿孔間隔は上部穿孔間隔よりも小さくとる．
(11) 使用火薬類：ベンチ発破では経済的に有利な硝安油剤爆薬が最もよく用いられる．硝安油剤爆薬は発破孔に流し込まれるか，あるいはローダーを使用して圧搾空気で注入する．水孔の場合及び岩盤内に空隙がある場合には，ポリエチレンの長い袋に硝安油剤爆薬を入れて使用する．いずれの場合にも硝安油剤爆薬を充填する際には静電気が発生する．ローダーなどの金属にはアースする，ポリエチレンは導電性のものを使用する，作業者は電気雷管を取扱う前にしばらく手をつくなどして帯電を除去する必要がある．また，硝安油剤爆薬を充填してから親ダイの装填まで 15 分くらいの時間をおいて静電気を緩和させる．

　ベンチ発破では根切りをよくするために底部には含水爆薬又はダイナマイトを使用することが多い．伝爆薬（親ダイでもある）にも含水爆薬又はダイナマイトを使用する．
(12) 装薬量 W：$W=CS_cDH$ で表される．ここで，S_c：孔間隔，D：最小抵抗線，H：ベンチの高さ，C：発破係数である．C の値は表10.5がおおよその目

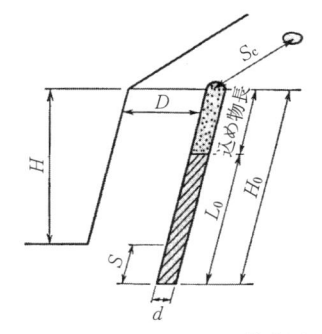

図 10.10 ベンチカット装薬図

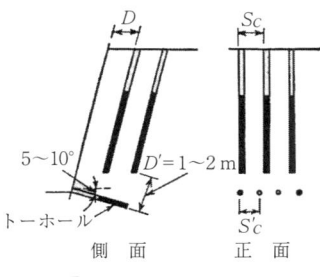

図 10.11 トーホール

10.4 坑道式発破

表 10.5 ベンチカットにおける発破係数 C の値

岩石の種類 \ 爆薬	硝安油剤爆薬	3号桐ダイナマイト
硬 岩	0.4 以上	0.3～0.4
中硬岩	0.3～0.4	0.2～0.3
軟 岩	0.2～0.3	0.1～0.2

(13) デッキチャージ：爆薬を発破孔内に連続的に装填せず，爆薬と爆薬の間に込物などをして全体の装填密度を調節する装薬であり，分散装薬ともいう．ベンチの高さや必要装薬量などの関係から，このような方法が取られることもある．

10.4 坑道式発破（chamber blasting, coyote blasting）

a．坑道式発破とその特徴

坑道式発破は，排水に必要な程度の勾配をつけた水平に近い小断面を掘進し，計画に基づいた薬室を設けて集中装薬したのち，坑道を埋め戻して，これを爆破することにより，一挙に大量の採石をする工法である．坑道式発破の一例を図 10.12 に示す．坑道は全て直線状，直角に分枝し，T字型の翼をつくる．翼は1つの場合と複翼の場合とがある．上下2段に坑道を設ける場合もある．坑道式発破はダムの原石採掘のために行われることが多い．

坑道式発破の特徴は次のとおりである．
(1) 地形に対する適応性が高く，一挙に大量の原石が採取できるので，工期が短縮できる．

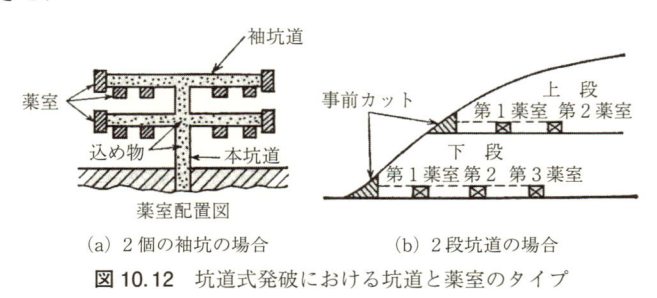

図 10.12 坑道式発破における坑道と薬室のタイプ
(a) 2個の袖坑の場合　(b) 2段坑道の場合

(2) 集中装薬発破であるから,発破効率が良い.
(3) 発破回数が少なくてよいから,退避などに要する時間が節約できる.
(4) 大型機械を必要としないので,地形が急峻で,大型機械を持ち込みにくい場合には有利である.しかし,小断面の坑道の掘削,埋戻しなどに手間がかかる.
(5) 岩層の構造によっては,坑道の維持支保や発破係数の取り方に困難をきたす場合がある.
(6) 発破の失敗は,保安上,経済上重大な結果をもたらすことが多い.
(7) 騒音,振動,飛石などの問題のために,この工法が採用できないことがある.
(8) 最小抵抗線が大きくなると,大塊の岩石ができやすいので,小割発破を必要とすることがある.

b. 発破の設計及び方法

(1) 図 10.13 において,山ののり尻 A 部分は一般に $h \geqq 3\,\mathrm{m}$ 程度に掘削する.薬室深さ l と最小抵抗線 D との関係が $l \geqq D$ の場合には,のり尻が残留して地山を崩壊できないから,更に掘削するか,補助薬室を設ける.
(2) 坑道の断面は小さいほうが掘進の能率があがるが,小さすぎるとかえって掘進,装薬及び土埋戻しの作業が困難になる.一般には幅 $1.0\sim1.3\,\mathrm{m}$,高さ $1.2\sim1.5\,\mathrm{m}$ である.$1/100\sim1/200$ 程度の上り勾配をつけ,排水のための側溝を設ける.

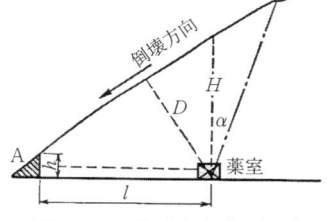

図 10.13 坑道式発破の設計

(3) 薬室の大きさは爆薬 1 t あたり約 $3\,\mathrm{m}^3$ である.薬室の床は $10\sim20\,\mathrm{cm}$ 高くして爆薬が浸水しないようにする.床は平らにして木の板を敷く.
(4) 最小抵抗線 D:$10\sim15\,\mathrm{m}$ が適当で,$30\,\mathrm{m}$ 以下とする.
(5) 薬室間隔 S:$S=(1.3\sim1.5)D$ がよい.
(6) 薬室深さ H:$H<2D$ とする.2 倍を超えると,荷が重すぎて奥鳴りになるか,又は大きな岩石が落ちて小割発破が必要となる.したがって,このような場合には上下 2 段に薬室を設ける.
(7) 装薬量 W:$W=CD^3$ で表される.発破係数 C は岩石の種類及び最小抵抗

表 10.6　坑道式発破における発破係数 C

D(m)	8	10	12	15	20	25	30
D^3	512	1000	1728	3375	8000	15625	27000
軟　岩	0.29	0.26	0.24	0.23	0.23	0.21	0.21
中硬岩	0.34	0.31	0.29	0.27	0.27	0.25	0.25
硬　岩	0.48	0.43	0.40	0.38	0.38	0.35	0.35
極硬岩	0.57	0.51	0.48	0.45	0.45	0.42	0.42

線 D の大きさによって異なるが，表 10.6 が目安となる．薬量の算定には試験発破を行って発破係数を決定しなくてはならない．ただし，このようにして得られた発破係数の値が，坑道式発破を行う場所全体を代表しているかどうかに問題がある．また，装薬量は最小抵抗線の3乗に比例するから，最小抵抗線のわずかな誤差が装薬量に大きく影響する．

(8) 爆薬には大発破用爆薬又は硝安油剤爆薬を使用する．爆薬は，間違いを防ぐため，一薬室ごとに計算量を手渡しで運び込む．ゴム輪のついた手押車を使用してもよい．所要量の爆薬を薬室の板の上に積み上げたのち，ビニールシートなどで防水を行う．硝安油剤爆薬を使用する場合には全装薬の中央部に伝爆薬を置く．

(9) 点火には導爆線又は電気雷管を用いるが，2本使用して確実を期する．ビニールパイプなどで導爆線又は電線を保護するとよい．

(10) 薬室口は板で塞ぎ，埋戻しは込め物でしっかりと抗口まで行う．

(11) 発破効果を確認できるように，装薬前に薬室の真上に赤旗，崩壊予定線に黄旗を立てる．

(12) 発破30分前に，係員以外は危険区域外に待避させ，危険区域の境界線には標示旗を持った警戒員を立てる．

(13) 点火は指名された者が安全な場所で行う．点火前に抵抗試験を行う．

(14) 警報は発破30分前，5分前及び爆破完了を確認したのちに行う．

10.5　制御発破（controlled blasting）

通常の発破方法では，発破によってできた面は凹凸が激しく亀裂も多い．そのため，これを補修し滑らかな面に仕上げるために，多くの手間と多量のコンクリートが必要である．これに対して，岩盤から岩石を削り取ったような掘削

面を発破によってつくり出す工法を制御発破という．制御発破には次の 4 種類がある（図 10.14）．

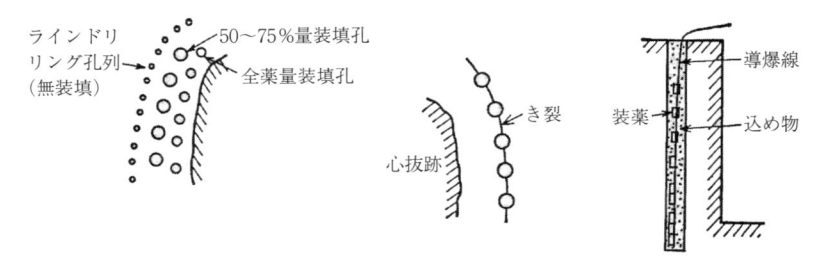

(a) ラインドリリング法　(b) プレスプリッティング法　(c) クッションブラスティング

(d) スムースブラスティング

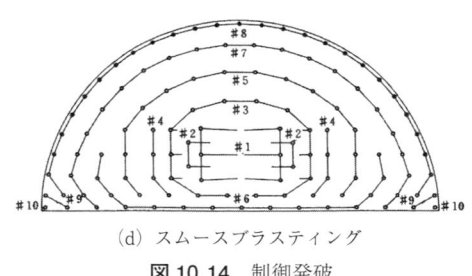

図 10.14　制御発破

a．ラインドリリング

　最終予定線上に多数近接して穿孔し，この孔には爆薬を装填しない．これをラインドリリング孔という．ラインドリリング孔に隣接する孔は孔間隔を通常の 75% 程度とし，他の孔の 50～75% の爆薬を装填する．その内側の孔には通常の装填をして，一度に発破する．発破による亀裂はラインドリリング孔で止まり，奥の岩盤には及ばない．この方法は穿孔費がかさむのが欠点である．

b．プレスプリッティング

　最終予定線上に穿孔し，できるだけ少なく装薬して，全ての発破に先立って起爆する．孔間の岩に亀裂が入って,払い発破によって平滑な壁面が得られる．全体の発破を 2 回に分けなくてはならないのが難点である．プレスプリッティングにおける発破条件を表 10.7 に示す．

表10.7 プレスプリッティングにおける発破条件

穿孔径 (mm)	37〜43	50〜62	75〜87	100
孔間隔 (cm)	35〜45	45〜60	45〜90	60〜120
装薬量 (g/m)	120〜360	120〜360	190〜700	360〜1100

c．クッションブラスティング

最終予定線上の穿孔には，穿孔径より小さい薬径を導爆線に沿わせて分散装薬する．下部の孔列の発破は一番最後に行う．爆薬が爆轟すると，周囲の込め物や空気がクッションとして働き，爆轟応力は予定線より奥では岩盤を破砕しない程度に弱められ，自由面に向った方向にだけ破壊力が働く．クッションブラスティングにおける発破条件は表10.8に示す．

表10.8 クッションブラスティングにおける発破条件

孔 径 (mm)	孔間隔 (cm)	最小抵抗線 (cm)	装薬量 (g/m)
50〜60	90	120	120〜360
75〜90	120	150	190〜740
100〜110	150	180	370〜1100
125〜140	180	210	1100〜1500
150〜160	210	270	1500〜2000

d．スムースブラスティング

プレスプリッティングと異なり，最終予定線上の穿孔の爆薬は最後に爆発させる．点火は同時に行ってもよい．この爆薬は，装薬孔より小さい直径の爆薬を用いるが，爆轟中断防止のため，ダイナマイトあるいは含水爆薬を使用する．爆轟応力は予定線より奥では岩盤を破砕しない程度に弱められ，自由面に向った方向にだけ破壊力が働く．爆薬量は装薬量1mあたり0.3kgくらいである．

10.6 小割発破 (secondary blasting)

大きな岩石を爆破によって適当な大きさに破砕する方法である．小割発破には次の3方法がある．小割発破では飛石がどの方向に飛ぶかわからない．3方法のいずれの場合もマットをかぶせるなど飛石に対する保安対策を十分に行う必要がある．

a．穿孔法

岩石に穿孔して爆薬を装填し，込め物を填塞して発破する方法である．他の2方法より手間がかかるが，爆薬量は少なくてよい結果が得られる．穿孔は岩石の直径が1.0～1.5 m なら1孔でよい．穿孔長は短径の60～65％程度で，硝安油剤爆薬の場合は65～70％とする．穿孔間隔と最小抵抗線は60～80 cm 程度に計画する．

b．張付け法（外部装薬法）

岩石の表面に爆薬を装填して発破する方法で，発破準備は簡単であるが，次の注意が必要である．

(1) 爆速の速い爆薬（新桐ダイナマイトなど）を使用する．
(2) 爆薬の装着位置は，爆発によって生じた引張波が自由面で反射するように設計する（図10.15）．

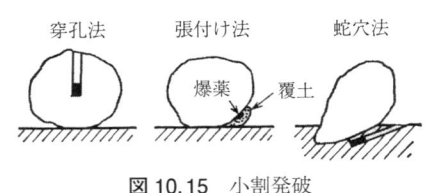

図10.15 小割発破

(3) 爆薬の外側は厚い粘土でしっかりと覆土する．

張付け法では爆薬所要量が穿孔法の7～8倍となる．

c．蛇穴法（スネークホール法）

岩石の一部が地中に埋没している場合に適用される方法で，岩石の下部に蛇穴のような穴を掘り爆薬を装填して発破する．一般にはあまり使用されない．

d．爆薬所要量

小割発破の爆薬所要量には次式を使用する．

$$W = CD^2 \tag{10.13}$$

ここで，W：薬量（g），D：岩石の短径（cm），C：発破係数で，おおよそ穿孔法では0.007～0.01，張付け法では0.08～0.20，蛇穴法では0.03～0.07であるが，岩質及び形状によって異なる．

10.7 構造物の爆破

a. 木材の爆破

木材の直径又は短辺長を D(cm) とすると，木材の切断に必要な外部装薬による TNT の薬量 W(kg) は次式で示される．

$$W = 0.0018 D^2 \tag{10.14}$$

内部装薬の場合には，この 1/6 の薬量を基準とする．

立っている樹木の伐採の場合は，次式に従う．

$$W = C D^2 \tag{10.15}$$

ここで，W：薬量（g），D：樹径（cm），C：発破係数で，外部装薬の場合は 0.60～0.75，覆土装薬の場合は 0.35～0.45，穿孔法の場合は 0.05～0.07 である．ここで，外部装薬とは爆薬を樹幹に密着させ，ひもなどでおさえる方法であり，覆土装薬とは爆薬を樹幹に密着させ，その上から覆土して更に紙とひもでおさえる方法である．穿孔法は，樹木に穿孔して爆薬を装填する方法である．

b. 鋼材及びコンクリートの破壊

鋼材及びコンクリートの切断破壊に必要な TNT の薬量は次のとおりである．

$$W = CA \tag{10.16}$$

ここで，W：薬量（g），A：切断面積（cm²），C：発破係数で，その値は，次のとおりである．

切断方法	コンクリート	鋼材	備考
穿孔法	0.25～0.5	−	コンクリートにおける穿孔の深さはコンクリートの厚さの 1/2～2/3
張付け法	5～10	25～30	

棒状の鋼材の張付け発破による切断の場合，薬量 W (g) と半径 r (cm) の関係は次の式による．

半径 2 cm 以上では　　$W = 82 r^2$

半径 2 cm 以下では　　$W = 220 r^2$

c. コンクリート破砕器

市街地でのコンクリート構造物の破壊には，爆薬を使用する発破法は，騒音，振動及び飛石のために実施が不可能な場合が多い．また，橋脚を除去しようと

する場合に，近くに現在使用している橋梁があれば，やはり爆薬の使用は危険である．このような場合にコンクリート破砕器を使用すると，騒音，振動及び飛石が少なく，近傍の構造物に損傷を与えることなく安全に作業ができる．ブレーカーやピックのように騒音や振動が多く，しかも能率の悪い工法と比較すると，はるかに有利である．コンクリート破砕器の性能を表10.9に示す．

表10.9 コンクリート破砕器の性能

名　称	密度 (g/cm^3)	発生ガス量 (cm^3/g)	発熱量 (kJ/kg)	燃焼または爆発速度 (m/s)	落つい感度 (級)
SLB CCR	0.99	160〜180	2.1〜2.5	40〜60（密閉） 2〜5　（開放） (cm/s)	6〜8
アーバナイト	1.30			2000（密閉）	5

コンクリート破砕器による発破は，SLBとCCRの場合，コンクリートに穿孔径30〜34 mmの穿孔をして行う．鉄筋コンクリート及び無筋コンクリートにおける最小抵抗線，穿孔長，穿孔間隔及び装薬量は表10.10のとおりである．

表10.10 コンクリート破砕器によるコンクリートの発破条件

名　称	鉄　筋		無　筋	
コンクリート破砕器薬量 (g)	30	60	30	60
最小抵抗線 (cm)	30〜40	40〜60	30〜50	50〜60
穿孔長 (m)	4.5〜5.5		2.5〜3.5	
穿孔間隔 (cm)	30〜60	50〜70	30〜60	50〜70

表10.11 コンクリート破砕器の標準使用量

破砕対象物		薬量 (g/m^3)	摘　要
コンクリート大型基礎（無筋）		150	2自由面
コンクリート大型基礎（有筋）		300	2自由面
コンクリート小型基礎（無筋）		120	4〜5自由面
コンクリート小型基礎（有筋）		210	4〜5自由面
コンクリート小割　　　（無筋）		90	5自由面
岩盤1自由面		600	Vカット方式
岩盤2自由面	軟　岩	180	ベンチカット方式
	中硬岩	240	ベンチカット方式
	硬　岩	300	ベンチカット方式
転石小割		60	

種々の破砕対称物についての標準装薬量を表10.11に示す．

込め物は，飛石防止のために特に十分行う必要がある．込め物の材料には砂，砂とゴム栓及びセメントモルタルが使用される．後者ほど填塞効果があるので，込め物長が長くとれない場合には後者を使用する．セメントモルタルは孔に流し込んだのち，必要な硬度になるまでに夏期で30～45分，冬期で60分以上の時間を要する．表10.12は込め物長のとり方を示したものである．

表 10.12 コンクリート破砕器による込め物長のとり方

| 破砕器種類 | 最小抵抗線 | 込め物長 ||| 孔間隔 |
		砂の場合	砂・ゴム栓の場合	セメントモルタルの場合	
30 g品	（無筋コンクリート・岩盤）30～50 cm （有筋コンクリート）　　　30～40 cm	60 cm 以上	40 cm 以上 （ゴム栓2個） 50 cm 以上 （ゴム栓1個）	40 cm 以上	30～60 cm
60 g品	（無筋コンクリート・岩盤）50～60 cm （有筋コンクリート）　　　40～60 cm	80 cm 以上	70 cm 以上 （ゴム栓1個）	60 cm 以上	50～70 cm

填塞が終わったならば，電気雷管と同様に直列結線し，抵抗試験を行って抵抗値が計算値とあまり違わないことを確認したのち，点火を行う．なお，飛石による事故を防止するためにマット，古畳などで完全に被う．

アーバナイトの場合は性能が若干異なるので，発破条件も違ってくる．アーバナイト-17（薬径17 mm，薬長170 mm，薬量50 g）を使用する場合について，発破条件の一例をあげると，表10.13のようになる．

表 10.13 アーバナイトの発破条件

	孔径 (mm)	孔長 (mm)	最小抵抗線 (cm)	孔間隔 (cm)	込め物長 (cm)
無筋コンクリート	32～35	100	60	60	83
有筋コンクリート	32～35	70	40	40	53

込め物としてはポリエチレンに入った粘土又は砂を使用し，火薬の周囲に粘土又は砂が入らないようにする．口元は込め物をしっかり詰める．

10.8 土発破

土壌，粘土，土丹岩及び粘土まじりの擬灰岩で行う発破を土発破という．土発破はききが悪く，主として生成したガスの膨張によって土壌を吹き飛ばす発破である．したがって，爆速が遅く，ガス量が多い，いわゆる静的威力の大きい爆薬が土発破には適している．アンモン爆薬，硝安油剤爆薬などがそれにあたる．

a．薬量計算

薬量 $W(\text{kg})$ は Hauser 式に従う．

$$W = CD^3 \tag{10.17}$$

ここで，D は最小抵抗線ではなく，穿孔長（m）であって，2 m 程度を限度とすべきである．発破係数 C は 0.35〜0.5 程度である．事前に試験発破を行って，C の値を決定しておく．

b．溝掘発破

溝掘発破は過装薬にして土壌を吹き飛ばし，原野などに水路をつくる，あるいはパイプラインを埋設するための溝を堀るなどの工事に利用する．大型機械の使用の必要がなくまた労力が少なくてよいという利点がある．

土質によって発破条件は異なるが，幅 1 m，深さ 1.5 m の溝を掘るには，穿孔長 1〜1.2 m，穿孔間隔 0.4〜0.6 m，装薬量 300〜450 g/孔程度である．集中装薬でなく，棒状装薬にする．導火線発破では時間差がつくため，せっかくできた漏斗孔に次の発破の土砂が入り込む．電気雷管を使用した斉発発破を行うとよい．

c．側溝発破（トレンチ発破）

穿孔の方法は溝を掘る計画の中心線に，1列に所定の深さに穿孔する．孔の深さは計画溝程度（土質によっては計画溝の深さの 70〜80％程度でも良い）で，孔間隔は孔の深さの 1.2 倍程度が一般的である．

d．植樹発破

果樹園を造成したり植樹する場合に，工期

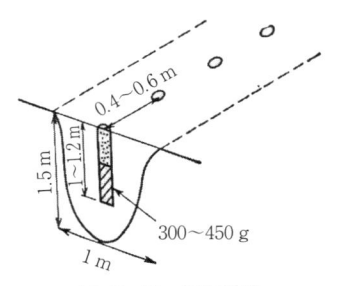

図 10.16　溝掘発破

の短縮とか，植樹後の樹木成育向上等の目的にこの発破が利用される．また，老齢の果樹園で果樹間に小さな発破を行い，地盤を緩めて果樹の若返りをはかる目的にも利用される．

e．抜根発破

樹木を伐採した後を開墾するため，切株の根の下に火薬類を装填して抜根する方法である．切株の種類，伐採後の経過年数，土質の状態，株根の大小，株根の発達状態等によって装薬量が異なる．

10.9 水中発破（underwater blasting, submarine blasting）

10.9.1 特徴

水中発破は水中土木工事，水中生物資源又は鉱物資源の開発，地震探鉱などの目的のために行う．陸上における発破と異なり，種々の困難を伴うが，次のような特徴を持っている．

(1) 水中では水深 10 m ごとに約 0.1 MPa の圧力増加がある．爆薬に圧力が加わると，爆速が低下し，爆轟しなかったり，低速爆轟することもある．また，起爆感度も低下する．雷管は水圧が高くなると，脚線の被覆のピンホールから心線への浸水によるリーク，塞栓部分から雷管内部への浸水による性能劣下などが懸念される．したがって，爆薬，火工品とも耐水圧用を使用しなくてはならない．

(2) 水中で穿孔する場合，軟弱な表土層を除去することなく，穿孔しなくてはならない場合が多い．穿孔が埋まることがないよう，またその位置がわからなくならないように対策が必要である．水中で削岩機を使って穿孔する方法は水深 20 m が限度である．それ以上の深さでは，船上あるいは SEP（自動昇降式作業台）から穿孔を行う．

(3) 水流が速い場所では，発破回路の切断などのために有線起爆はできない．無線起爆を行う必要がある．

(4) 水中発破で発生する衝撃波及び振動による水中ならびに陸上の構築物，航行中の船舶，遊泳者，魚介類などへの影響について十分配慮する必要がある．

10.9.2 水中衝撃波

水中で爆薬を爆発させた場合,ピーク圧力及び衝撃量は次式で表される.

$$P_m = K(M^{1/3}/D)^\alpha \tag{10.18}$$
$$I_m = L\, M^{1/3}(M^{1/3}/R)^\beta \tag{10.19}$$

ここで,P_m:ピーク圧力(MPa)
　　　　I_m:衝撃量(ms・MPa)
　　　　M:薬量(kg)
　　　　R:爆発中心からの距離(m)
　　　　K, L, α, β:爆薬の水中衝撃波の特性値(Coleによる)

主な爆薬についての定数を表10.14に示す.

表10.14 水中衝撃圧のパラメータ

爆薬	K	n
TNT (1.52 g/cm³)	574	1.13
テトリル (0.93 g/cm³)	520	1.15
ペントライト (1.60 g/cm³)	556	1.13

10.9.3 発破方法

装薬方法によって分類すると,次の3方法がある.
(1) 水中吊し発破(懸吊発破)
(2) 水中張付け発破(外部装薬法)
(3) 水中穿孔発破(内部装薬法)

また,起爆方法によって分類すると,次のとおりである.
(1) 有線起爆法:発破電流の漏洩が起こりやすく,潮流の速いところ,水深の深いところでは発破回路の切断やもつれが起こるので使用できない.発破母線,発破器及びテスターは特殊品を使用しなくてはならない.
(2) 導爆線起爆法:水深10mくらいの場合,深水用導爆線を使用すれば,水圧490kPaで20日間は耐水性がある.潮流が速いと,導爆線が損傷したり,穿孔内から爆薬が引き抜かれたりすることがある.
(3) 無線起爆法:超音波型と電磁界型とがある.潮流の速い場所,水深の深い場所でも使用できる利点がある.ただし,操作は複雑である.

10.9.4 火薬類の選定
a．爆薬
　水中発破用爆薬を使用しなくてはならない．表 10.15 に示すように，ダイナマイト，混合爆薬を鋳造したもの，混合爆薬を圧搾成形したものの 3 種類がある．

表 10.15　水中発破用爆薬の性能

種類	名称	形態	成分	密度 (g/cm³)	爆速 (km/s)	耐水圧	水中爆発性 殉爆	水中爆発性 伝爆
ダイナマイト	GX 1 号	膠質	ニトログリセリン 硝安	1.55	6.5～6.8	10 気圧 10 日 5 気圧 30 日	大	良
鋳造爆薬	CX 1 号	鋳造	TNT PETN	1.60	6.7～7.0	10 気圧 30 日以上	小	小
鋳造爆薬	CX 2 号	鋳造	TNT RDX Al	1.60	6.7～7.0	10 気圧 30 日以上	小	小
成型爆薬	SX 1 号	成型	RDX	1.6	7.0～7.5	10 気圧 30 日以上	小	小

b．電気雷管
　水中発破用電気雷管には EDX-1, EDX-2, EDX-3 の 3 種類がある．いずれも 1 MPa の水圧に 30 日間耐える．耐衝撃圧は，それぞれ 40 MPa 以上，80 MPa 以上，180 MPa 以上である．

10.9.5　発破の設計と実施
　サブドリリングは，最小抵抗線の 0.6 倍はとる．標準装薬量は表 10.16 のとおりである．

表 10.16　水中発破における標準装薬量 (kg/m³)

発破法 ＼ 岩石種類	軟岩	中硬岩	硬岩
水中穿孔発破	0.5	0.8	1.0
水中張付け発破	2.0	3.0	4.0

標準装薬量に対して，水深による次の補正を行う．

$$W_\mathrm{a} = C_\mathrm{a} H \tag{10.20}$$

ここで，W_a：装薬量の増加（kg/m³），H：水深（m），C_a：定数で，その値は 0.005～0.015 である．岩盤が表土層（オーバーバーデンという）で覆われている場合の補正は次のとおりである．

$$W_\mathrm{b} = C_\mathrm{b} H_0 \tag{10.21}$$

W_b：装薬量の増加（kg/m³），H_0：オーバーバーデンの高さ（m），C_b：定数で，その値は 0.01～0.03 である．

　水中吊し発破では，爆薬の吊される位置を正確に所定の位置にあるようにする．爆破のときの水中衝撃圧によって水中の生物や付近の構造物が受ける影響についてよく調査してその対策を立てておく．

　水中張付け発破では，岩盤上の堆積物を除去して直接岩盤に爆薬を密着させるとともに，水流で流されないようにする．

　水中穿孔発破では，穿孔数がなるべく少なくなるように穿孔径を大きくし，また簡単な穿孔配置になるようにする．

　岩盤上に軟弱な表土層がある場合には，オーバーバーデン工法を行うとよい．この工法では回転穿孔する外管と，その内部で通常の穿孔をする内管を有する二重式の削岩機が使用される．表土層を掘り下げて岩盤に達し，更に岩盤中に 10～20 cm 穿孔する間は二重管式のドリルパイプによって回転穿孔する．次に内管だけで所定の深さまで穿孔する．内管を引抜き，プラスチックチューブを挿入する．ついで外管を引抜くと，軟弱な表土層はプラスチックチューブによって崩壊を防げる．爆薬はプラスチックチューブ内に装填する．

　水中発破では，不発薬や残留薬があると，その後の処理は非常に困難である．不発残留を絶対に起こさないように念を入れて発破準備を行う．電気雷管は脱落しないように爆薬の中央部に入れ，水圧や水流で抜けないようにテープなどでしっかり結ぶ．結線の接続部は確実に接続し，防水措置を施して海水の浸入による電流の漏洩を防ぐ．脚線は細くて弱いから，直接力が加わらないようにする．補助母線は潮流によって断線が起こらないように太いものを使用する．いずれの電線も水中で漏洩電流がないようにピンホールのないものを使用する．

　発破器は，陸上での発破に使用する通常の発破器とくらべて 10 倍の能力を

持った大容量の発破器を使用しなくてはならない．

　水中衝撃圧から生物，構造物などを保護するためには，エアバブルカーテン又はドライアイスカーテンなど水中に気泡のカーテンをつくる方法及び緩衝材を使用する方法がある．エアバブルカーテンによって衝撃圧は 1/2～1/20 程度の減少効果がある．緩衝材としては，発泡スチロール，発泡ポリエチレン，発泡コンクリートなどがある．

10.10　氷の爆破

　海洋，河川，湖沼などに厚く張りつめた氷盤を爆破し，船舶の航行を容易にするなどのために行う．

a．爆破孔

　まず，外部装薬（氷の厚さ 30 cm 以下の場合）又は内部装薬（氷の厚さ 50 cm 以上の場合）によって爆破を行い，爆破孔をつくる．爆薬量 W(kg) と氷の厚さ h(m) の関係は次のとおりである．

　　外部装薬　$W = 10h^3$
　　内部装薬　$W = 2h^3$（穿孔長は $2h/3$ とする）

b．氷の破壊

　次に，氷下に爆薬を装填して爆破を行うと，氷を広範囲に破壊できる．その場合の爆破式は次式で示される．

$$W = 10h^2 \tag{10.22}$$

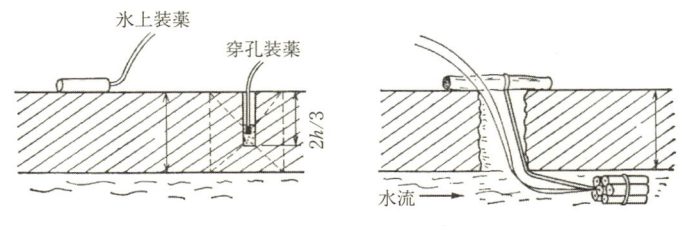

図 10.17　氷の爆破[18]

第 11 章

爆発の影響

11.1 爆風 (air blast, blast)

11.1.1 爆風圧の特性
a. 爆風の特徴
　爆薬が爆轟すると,その瞬間には体積がほとんど変化せず,大部分が気体となる.このとき,爆薬の種類にもよるが,1 GPa ないし 10 GPa のオーダーの圧力を発生する.この圧力を爆轟圧という.爆轟が周囲の空気中あるいは水中を伝播するときの衝撃波及び圧縮波を爆風という.

　爆風には次のような特徴がある.
(1) 伝播速度が音速以上である.
(2) 波面が不連続で,波面の前後で密度,圧力及び温度の急激な変化がある.
(3) 爆風のあとに負圧を伴う.

　球形の爆薬を,地表その他の障害物のない自由空間で爆発させた場合,理想的な爆風の圧力－時間曲線は図 11.1 のような形をとる.

　爆風が空気中を伝播するときの圧力は入射圧といい,固体に遭遇して反射するときの圧力を反射圧という.図 11.2 で,(a) のように測定すれば入射圧,(b) のように測定すれば反射圧が測定できる.

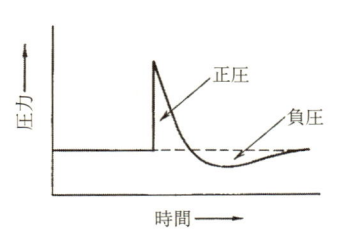

図 11.1 爆風の圧力－時間曲線

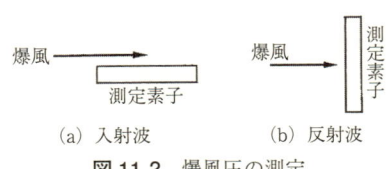

図 11.2 爆風圧の測定
(a) 入射波　　(b) 反射波

入射波を測定する場合には，測定素子を爆風の方向と平行させて設置する．反射波を測定したいときは，測定素子を爆風に正対させる．

爆風が音速付近の速度になった場合，あるいは更に減衰して音速になった場合，反射圧は入射圧の 2 倍である．しかし，入射衝撃圧が増加すると，この比は次第に大きくなる．この比の上限は 8 倍という説もあるが，実際にはもっと大きく，20 倍以上にもなり得る．

b．地表での爆発

自由空間で爆発した場合と地表で爆発した場合では爆風圧は異なり，地表で爆発した方が爆風圧は強くなる．

地表での爆発による爆風圧 $P(\mathrm{Pa})$ は，爆薬量 $W(\mathrm{kg})$，爆源からの距離 $D(\mathrm{m})$，爆薬の種類，形状などによって変化する．その他，地形，樹木，建造物などの影響を受けるが，地表が平坦な場合には，爆風圧は換算距離 $D/W^{1/3}$ によって表されることが多い．

図 11.3 と図 11.4 は旧通産省工業技術院（現　産業技術総合研究所）の実験による TNT の換算距離と爆風過圧及び力積との関係を図示したものである．

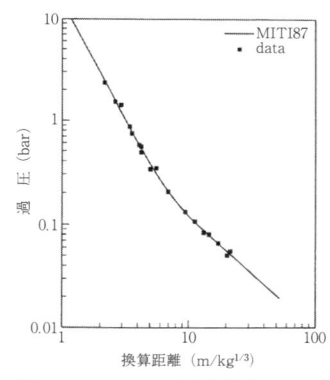

図 11.3　TNT の地表爆発における換算距離と爆風過圧の関係[28]

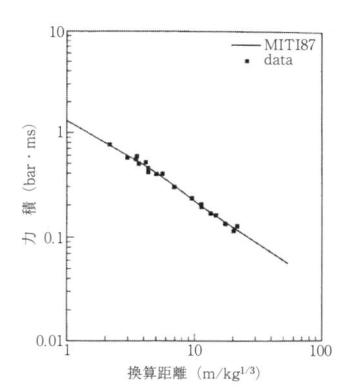

図 11.4　TNT の地表爆発における換算距離と爆風力積の関係[28]

爆風は空中を長距離伝播すると，衝撃速度が次第に減衰し，遂には音波となり，音速で伝播するようになる．空気が均一で静止した媒体ならば，音速領域では一定速度で伝播し，先端圧力は距離に逆比例して減少する．しかし，かな

り遠距離の地点で思いがけない大きな爆発音が聞こえることがある．爆源からある方向で聞こえる地域と聞こえない地域とが交互にできることもある．このような長距離集束は，気象条件，すなわち風速，温度ならびに多少は湿度も影響をする．

音速は，図 11.5 に見られるように，高度によってさまざまに変化する．高度が増すとともに，音速が速くなる場合，遅くなる場合，それが一定の場合，ある高度で突然変化する場合などいろいろな場合がある．その結果，ある地点から発生した爆風が，放物線を画いて再び地表面に戻ってくるという事態が発生する．

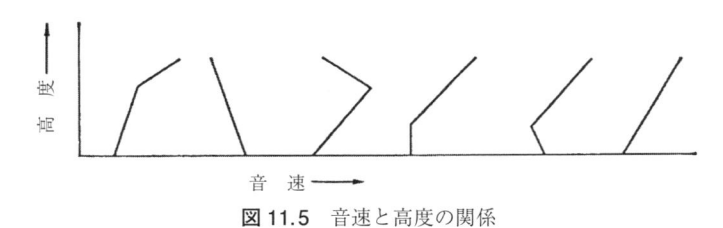

図 11.5 音速と高度の関係

現在では，集束化が起こり得る地区の位置の決定と，その地区における軽量構造物に及ぼす圧力と，被害のおおよその推定が可能となっている．その計算には，爆源から集束化が予想される地区まで含めた全地域について，少なくとも 3000 m までの高度の関数として，温度と風向と風速のデータが必要である．しかも，気象条件があまり変化しないうちに，全ての計算を迅速に行う必要がある．

c．構造体内での爆発

ノルウェーでの研究によれば，爆薬がトンネル内，建物の室内などで爆発した場合，その中のある地点における爆風圧は，爆薬量と爆風が通過してきた容積との比，爆発地点と測定地点の断面積の比，内壁の粗さ，通路が枝分かれしている場合にはその角度，爆薬の種類などの関数として表される．すなわち，図 11.6 にお

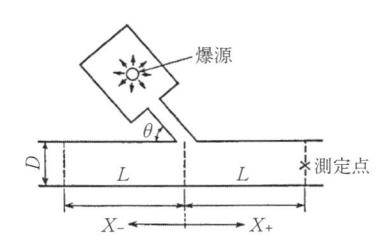

図 11.6 構造体内での爆風式の説明図

いて，

$$\text{爆風圧} \quad P = A(WX_{\pm}/V_\text{t})^a \, (A_\text{i}/A_\text{j})^b \tag{11.1}$$

$$\text{力積} \quad I A_\text{j}/W = A'(WX_{\pm}/V_\text{t})^{a'} (A_\text{i}/A_\text{j})^{b'} \exp(-cL/D) \tag{11.2}$$

$$\text{正圧持続時間} \quad t A_\text{j}/W = A''(WX_{\pm}/V_\text{t})^{a''} (A_\text{i}/A_\text{j})^{b''} \exp(-c'L/D) \tag{11.3}$$

ここで，P：爆風圧（Pa），W：爆薬量（kg），V_t：爆風の通過容積（m³），A_i，A_j：それぞれ爆源と測定点の断面積（m²），$X_{\pm}$：枝分かれ通路における正方向及び負方向へのエネルギー分配で，枝分かれの角度が θ（°）の場合，正方向と負方向ではそれぞれ次のようになる．

$$X_+ = 2(1-\theta/180°), \quad X_- = \theta/90° \tag{11.4}$$

更に，I：力積（Pa·s），L：枝分かれ部分から測定点までの長さ（m），枝分かれのない場合は，爆発した部屋と通路との境界面から測定点までの距離になる．ここで，D：通路の直径（m），t：正圧の持続時間（ms），A，A'，A''，a，a'，a''，b，b'，b''，c，c'：爆薬の種類，壁の粗さなどによって変わる定数である．

実物の火薬庫の 1/40〜1/100 の規模で行った実験例をあげると，TNT 8 g 以上使用して，火薬庫の容積は 300〜15200 cm³ で実験している．TNT の火薬庫における装填密度は 0.5〜267 kg/m³ に相当する．断面積比 A_i/A_j は 0.125〜0.5，角度 θ は 35〜90° である．そして，次のような測定結果を得ている．

$$\text{爆風圧} \quad P = 1.00 \times 10^{-4}(WX_{\pm}/V_\text{t})^{0.55}(A_\text{i}/A_\text{j})^{0.61} \tag{11.5}$$

$$\text{力積} \quad I A_\text{j}/W = 0.2(WX_{\pm}/V_\text{t})^{-0.399} A_\text{i}/A_\text{j})^{0.0275} \exp(-0.25 L/D) \tag{11.6}$$

$$\text{正圧持続時間} \quad t A_\text{j}/W = 8.4(WX_{\pm}/V_\text{t})^{-0.90} (A_\text{i}/A_\text{j})^{0.0349} \exp(-0.48 L/D) \tag{11.7}$$

各式の誤差 σ はそれぞれ 20%，29% 及び 33% であった．

11.1.2 爆風圧の測定方法

以前は，鉛板の凹み深さによって圧力を測定するブラストメーターが使用されていたが，最大値しかわからないので，現在は水晶の圧電現象を利用したピエゾ素子が主に使われている．この測定素子は，最も信頼性が高い．耐久性，機械的性質，感度ともに良く，極小型に組立てが可能で，固有振動数が高くでき，時間分解能が良い．欠点として，出力インピーダンスが極めて大きいため

に，湿気で絶縁不良となりやすく，増幅器には超高入力抵抗が必要となる．その他に，チタン酸バリウム，ジルコン酸鉛などのセラミック素子，コンデンサー式膜型素子などが用いられる．これらの測定素子によって，圧力の時間的変化を求めることができる．

爆風の到達の際に，素子の固有振動が発生する．素子を支持台に取付ける場合には，支持台の振動も加わってノイズとなる．これらの振動を除去するには，次のような方法をとる．
(1) 支持台を十分強固なものとし，素子と支持台との結合を強固にする．
(2) 結合部にゴムなどの緩衝材を使用する．

11.1.3 爆風による被害

爆風による建物などの被害状況を表11.1及び11.2に示す．窓ガラスは取付け方法によって結果が大幅に変化する．

表11.1 爆風による建物などの被害(1)

圧力(kPa)	被害状況	K値	被害状況
		70～80	窓ガラスわずかに破損することあり
6	窓ガラス破損のことあり	74	
8～10	窓ガラスおおむね破損	30～35	
15～20	窓枠雨戸破損	18～32	羽目板外れ，窓枠破損，窓ガラス80～90%，1.5 mm×300 mm×300 mmガラス破損限界
		16.4	
25～35	窓枠雨戸おおむね破損	13～16	
40～50	瓦崩落，羽目板裂く	10～12	3 mm厚ガラス破損限界
60～70	小屋組ゆるむ，柱折れる	8～9	
		8.2	建物半壊，瓦動き，窓ガラス全破
150	小建坪家屋倒壊	5	
		3.4	木造建物倒壊
1000	重木造及び煉瓦建崩壊	2～3	
2000	重量コンクリート構造は著しく損傷	1.5～2	
5000	重量鉄筋コンクリート構造崩壊	約1	

注) $K = D/W^{1/3}$　　D：距離(m)　　W：薬量(kg)

表 11.2 爆風による建物などの被害(2)

静圧(kPa)	よどみ圧(kPa)	反射圧(kPa)	被害状況
8	10	20	鉄骨パネル工場建物中破,ツーバーフォー住宅中破,修復可能
14	15	110	一般木造建築家屋中破,修復可能,鉄骨パネル建物大破
21	23	50	一般木造建築家屋大破,石油タンク大破,船舶小破
27	30	60	ツーバーフォー住宅大破,ボイラー無事
34	37	80	煉瓦2階建大破,コンクリートパネルプレハブ平屋小破,自動車中破,エンジン部無事,送電線鉄塔倒壊,プロパンガスタンク小破,修理可能,大型工作機械無事
70	80	182	船はほとんど沈む,ボイラー破壊,ガスタンク破損
170	260	540	プロパン大型タンク破壊
200	330	670	トラック完全破壊

網入りガラスでも 155 kPa 以下の耐圧である. 20～30 cm のメタクリル樹脂板は,普通ガラスの2～3倍の耐圧性がある.すなわち,5 mm 厚で 500 kPa, 10 mm 厚で 3000 kPa の耐圧を有する.

人体で爆風被害を受けやすい部位は,肺と耳である.肺は換算入射過圧 P_s/P_0 (P_s:入射過圧, P_0:大気圧) が2の時は99%, 4の時は1%の生存率である.鼓膜では最大入射過圧 1～2 kPa で一時的難聴, 500 kPa で鼓膜破損50%となる.

また,爆風で硬い平面にたたきつけられた場合の頭の被害と,全身でたたきつけられた場合について,その被害を表 11.3 に示す.

表 11.3 爆風で硬い平面にたたきつけられた場合の被害

頭の被害(頭蓋骨骨折)	相対的衝突速度 (m/s)	全身でたたきつけられた場合(全身衝突)	相対的衝突速度 (m/s)
ほとんど安全	3.0	ほとんど安全	3.0
臨界値	4.0	致命傷臨界値	6.4
50%	5.5	50%致命傷	16.5
100%近く	7.0	ほとんど100%致命傷	42.1

11.2 地盤振動

11.2.1 爆破による地盤振動の特性
a. 爆破地盤振動の特徴
　地中あるいは地表で爆薬が爆発した場合，そのエネルギーの一部は地盤内を波動となって伝わっていく．この波動によって地盤振動が起こる．爆破による地盤振動は自然地震と比較すると，次のような特徴を有する．
(1) 爆破地盤振動は周波数が数十〜数百 Hz で，時として 1000 Hz を超えることもある．一方，自然地震は周波数が数 Hz の低周波数である．
(2) 爆破による地盤振動の持続時間は 0.1〜0.5 s と短い．自然地震では数秒〜数分の長時間持続する．
(3) 爆破による地盤振動のエネルギーは，自然地震と比べると，はるかに小さい．

　このように爆破地盤振動は自然地震とは異なった特徴を持っているが，両者の間に本質的な差異はない．例えば，爆破によって生ずる地盤内の弾性波の種類には，縦波，横波及び各種の表面波が認められている．これは自然地震の場合と全く異なるところがない．

　爆破地盤振動と使用した爆薬の性能との関係は，次のようになる．爆速が速く，威力が強い爆薬は，圧力の立上り時間が短い．このような爆薬ほど地盤振動は大きく，周波数は高くなる傾向がある．逆に，爆速が遅く，威力の弱い爆薬ほど，地盤振動は小さく，周波数は低くなる．

b. 地盤振動に及ぼす各種要因の影響
　爆破による地盤振動は，爆源からの距離，爆薬の種類と薬量，填塞状態，穿孔パターンなどの爆破条件，地盤の性質，成層状況などさまざまな因子の影響を受ける．したがって，これを一般式で表すことは難しい．しかし，今日まで，爆源からの距離及び使用爆薬量と地盤振動との関係について多数の実験が行われてきた．これらの結果を総合すると，次のようになる．

$$A = K W^m D^{-n} \tag{11.8}$$

　ここで，A：振幅，加速度，速度あるいは変位の最高値，W：爆薬量 (kg)，D：爆源からの距離 (m)，K, m, n：ともに定数であるが，距離，岩盤の性質

などによって変化する．K は場合により 2〜3 桁の幅で変化をする．m は 2/3〜3/4 である．n は距離の近いところでは 3，遠くなると 1 に近づく．

　最大変位振幅 U(mm) は，畑中によれば爆薬量 W(kg)，距離 D(m) の関数として，次のように表される．

　　　15 m＜D＜250 m では，　　　　$U = 40\,kW^{2/3}D^{-2.0}$　　　　(11.9)

　　　250 m＜D＜1500 m では，　　　$U = 0.52\,kW^{2/3}D^{-1.2}$　　　(11.10)

　ただし，k は下記の値をとる．

　　　表土層が波長に比べて厚い場合　　$k = 7.0$
　　　表土層が波長に比べて薄い場合　　$k = 2.5$
　　　表土層がない場合　　　　　　　　$k = 1.0$

　最大変位速度 v(cm/s) について，旭化成（株）と日本化薬（株）から実験式が提示されている．

　旭化成（株）の式：30 m＜D＜1500 m，10 kg＜W＜3000 kg の範囲内では，

　　　$v = KW^{2/3}D^{-n}$　　　　　　　　　　　　　　　　　　　　　(11.11)

　K の値は，

　　　心抜き発破の場合　　　　　$K = 500〜1000$
　　　ベンチ発破の場合　　　　　$K = 200〜500$

　n の値は，

　　　発破地点が粘土層の場合　　$n = 2.5〜3.0$
　　　発破地点が岩盤の場合　　　$n = 2.0$

　日本化薬（株）の式：5 m＜D＜3000 m，0.2 kg＜W＜4000 kg の範囲内では，

　　　$v = KW^{3/4}D^{-2}$　　　　　　　　　　　　　　　　　　　　　(11.12)

　K の値は，

　　　坑道掘進の心抜き発破の場合　　　　　　　　450〜900
　　　坑道掘進の助，払い，天盤発破の場合　　　　200〜500
　　　坑道掘進の踏まえ発破の場合　　　　　　　　300〜700
　　　大口径ベンチ発破の場合　　　　　　　　　　100〜300
　　　盤打ち，ゆるめ発破などの場合　　　　　　　300〜2000

　岩盤の種類の影響では，硬岩ほど変位速度が小さく，振動数も小さく，継続時間は短い．

　地盤中に含まれる水分は地盤振動の振幅を大きくする効果を持っている．例

えば，水で飽和した地盤中の振動は，乾燥状態にある同じ地盤中の振動の 2～2.5 倍になる．

以上は，通常の発破における填塞方法での地盤振動である．地中式火薬庫の爆発のように爆薬の装填密度が小さい場合には，上記関係式に関して補正が必要になる．すなわち，充填度係数 f を掛けて補正する．例えば，最大変位速度 v を求める場合，充填度係数 f の値は，装填密度 $1.6～4.2 \mathrm{~kg/m^3}$ の範囲内では，次のようになる．

$$f = 0.036 (W/V)^{1/2} \tag{11.13}$$

ここで，W：爆薬量（kg），V：薬室容積（m³）である．したがって，旭化成（株）式にこれを入れると次式のようになる．

$$v = 0.036 K W^{7/6} D^{-n} / V^{1/2} \tag{11.14}$$

11.2.2 地盤振動の測定

爆発による地盤振動は速度計あるいは加速度計を用いて測定する．爆破地盤振動の構造物に対する影響は，変位速度によって表現すると，尺度として便利なので，速度計がよく用いられる．最近はポータブルで多点同時測定の可能な記録式振動計が製作販売されているが，その場で直ちにデータが得られるので，よく利用されている．ただ，爆破地盤振動は周波数が大きいので，それに十分追随できる測定器が要求される．

測定方法の一例を図 11.7 に示す．

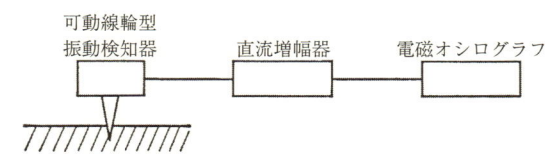

図 11.7 爆破地盤振動の測定方法の一例

11.2.3 爆破地盤振動による被害

爆破地盤振動による建物や構造物の被害は，変位振幅あるいは加速度よりは，変位速度によってよく説明できる．図 11.8 は 10 名の研究者による最大変位速度と被害の程度との関係を示したものである．これを見ると，10 名の示す限

Langefors			目に見える被害なし				要注意	複雑な亀裂	亀裂の発生	大きな亀裂の発生
Banik		ほとんど被害が認められない	軽微な被害が発生する可能性がある	かなりの被害が発生する	非常に大きな被害が発生する			
Grandell			安　全				注意	被害あり	
Wiss	感じない	感じる程度	顕著な感じ	不愉快な感じ	非常に不快騒がしい	壁に亀裂		大きな被害	
Burean of Mines					被害の限界	軽微な被害	大きい被害		
Edwards			安　全			要注意	被害発生		
Bumines			安　全			要注意	軽い被害 複雑な亀裂	大きい被害 亀裂の発生	
雑候	人体に感じない（震度0）	（震度1）	（震度2）	（震度3）	（震度4）	（震度5）	（震度6）	（震度7）	
石井他	感知できない	感知できるが苦情は少ない	顕著で若干苦情がでる	顕著で苦情が多い	構造的に注意	一般家屋モルタル構造物に被害の可能性	基礎コンクリート，家屋等に被害の可能性大		
佐々			被害発生率	1%	10%	50%			

最大変位速度（cm/s）

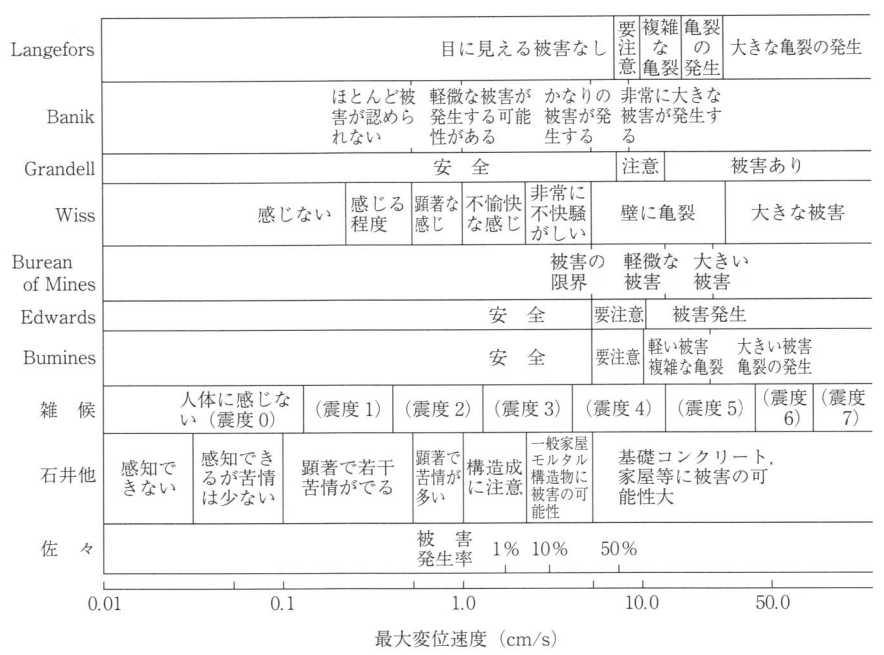

図 11.8 発破振動に対する最大変位速度による許容限界[29]

界値には大差がないといえる．

　変位速度5 mm/sではほとんど被害が認められない．10 mm/sでは軽微な被害が発生する可能性がある．50 mm/sになると，明らかに被害が発生する．100 mm/s以上では大きな被害が発生する．ただ，同じ地盤振動でも，その上に立っている家屋がコンクリート造りの場合と，木造の場合では，建物が受ける振動は非常に異なることに注意が必要である．発破による地盤と建物の振動の関係を表11.4に示す．変位速度について見ると，コンクリート造の場合には建物の方が地盤より小さい．しかし，木造家屋の場合には，建物の方が地盤よりかなり大きくなっている．次に振動数について比較すると，コンクリート造でも木造でも建物の方が地盤よりも振動数が少なくなる．特に木造家屋では振動数の減少割合が大きく，いずれの場合も低周波振動になっている．発破の際に木造家屋の居住区から苦情が多いのは以上のような事情によるものである．

表11.4　発破による地盤と建物の振動の関係

建物,測定点	爆薬量 (kg)	爆源からの距離 (m)	地盤 速度 a (mm/s)	地盤 振動数 (Hz)	建物 速度 b (mm/s)	建物 振動数 (Hz)	b/a
木造2階	24.0	75	0.508	50	3.950	16.6	7.8
木造2階	25.2	405	0.128	63	1.200	33	9.4
木造2階	24.0	405	0.088	63	0.760	20	8.6
木造1階	24.6	310	0.043	63	1.800	25	37.5
コンクリート造1階	3.9	75	1.240	100	0.840	56	0.7
コンクリート造1階	27.0	80	1.330	72	0.600	63	0.5

地盤振動の軽減には次の方法がある．
(1) 装薬量を制限する．
(2) ミリセコンド段発，デシセコンド段発などの段発電気雷管を使用する．
(3) 低爆速爆薬を使用する．
(4) 溝，孔などの掘削によって振動の伝播を防止する．

11.3　爆発騒音

11.3.1　爆発騒音の特性

a．騒音の表示

音波は空気中を伝播するとき過圧を持ち，Paで表すか，又はmbarあるいはμbarで表す．

人間の感覚は刺激が大きくなると，次第に鈍化する傾向を持っているが，音の場合でも全く同じことがいえる．そこで，騒音を問題にするときには，音圧の対数を尺度とすると，人間の感覚に合っている．これを音圧レベルといい，次式によって定義をする．単位にはデシベル（dB）を用いる．

$$S = 20 \log_{10}\left(\frac{P}{P_0}\right) \tag{11.15}$$

ここに，S：音圧レベル（dB），P：対象となる音の音圧，P_0：最小可聴音圧で，1000 Hzにおける $2\times10^{-4}\,\mu\mathrm{bar}$ の音圧（実行値）を採用している．

音圧と音圧レベルとの関係は，次のとおりである．

音圧レベル (dB)	200	194	180	174	160	154	140	134	120	100	60	0
音圧 (bar)	2	1	200 m	100 m	20 m	10 m	2 m	1 m	200 μ	20 μ	0.2 μ	0.0002 μ

b．爆風と騒音

　火薬類が空中，地表面あるいは地中で爆発したとき，爆発エネルギーの一部は弾性波として空中を伝播する．爆源近くでは，それは衝撃波であるが，爆源から遠ざかると，減衰して音波になる．衝撃波はその伝播速度が衝撃圧（あるいは爆風圧）によって変化し，波面の後方では気体分子の流動を伴う．音波の場合には，伝播速度（すなわち音速）は衝撃波速度よりも遅く，密度，温度，比熱比によって決まる一定値をとり，圧力（音圧）には無関係である．また，気体の流動はない．

　このように，音波と衝撃波には明瞭な性質上の差異がある．しかし，衝撃波から音波への移行期間には，両者が混在しており，はっきりした区別は難しい．通常，音圧レベルが160～180 dB以下になれば，音波と考えてよいようである．

　衝撃波から音波へ移行する臨界距離と爆薬量との関係を，地表面上で爆発した新桐ダイナマイトについて求めると，次のようになる．

爆薬量（kg）	1000	100	10	1	0.1
臨界距離（m）	85	39.5	18.3	8.5	4.0

c．各種要因の影響

　爆発による騒音は，爆薬量，爆源からの距離，爆薬の設置方法などの影響を受ける．設置方法では，穿孔内で十分な填塞がされている場合，填塞が不十分な場合，地表面に置かれた場合などで異なってくる．その他，爆薬の種類によっても異なる．

　騒音はまた，爆源と観測点との間の地形及び樹木，構造物などの種類，形状，規模などによっても変化する．更に，気温，風速，風向，湿度あるいは雨や雪などの気象条件によっても変化を受ける．音波の伝播方向と風の方向とが一致する場合，音速は静止している空気中での音速に風速を加えた値となる．湿度の影響は小さいといわれるが，雨や雪の場合には騒音はあまり伝わらない．温度の影響は，伝播経路中に逆転層がある場合，異常な伝播をする．

　地表面上爆発について，多くの実験が行われているが，それらをまとめて，ピーク過圧あるいは音圧レベルと換算距離との関係を図11.9に示す．BRLはアメリカ Ballistics Research Laboratory，B.M.はアメリカ鉱山局で，ともに地表から十分離れた高さで爆発させた場合のデータである．CookとSandia Lab.のデータは，地表面上で爆発させたものである．

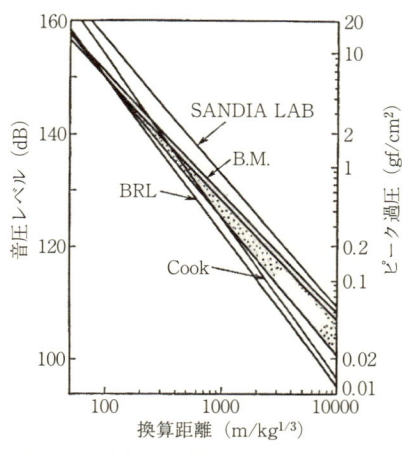

図 11.9 大気中の爆発による騒音の特性

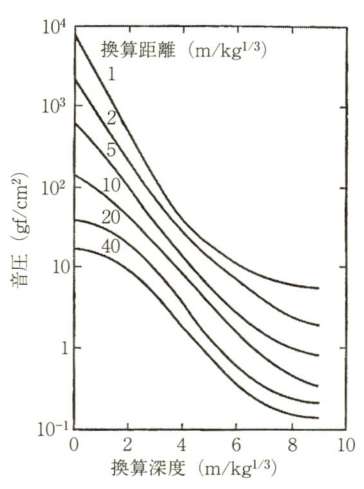

図 11.10 地中爆発による騒音の特性

地中での爆発による爆発音のピーク過圧について，Du Pont のデータでは図 11.10 のとおりである．図では，爆源からの換算距離を変数にとり，換算深度の関数として与えている．なお，爆発による騒音は他の騒音と比較して，次のような特徴を持っている．

(1) 音源エネルギーが大きく，遠く離れたところまで伝播する．
(2) 1 発の爆発の持続時間が短い．すなわち，立上り時間が短く，減衰時間も短い．
(3) 高周波成分と低周波成分を含み，可聴下限周波数あるいはそれ以下の周波数域，すなわち超低周波数域に多量のエネルギーを持っている．

11.3.2 爆発騒音の測定

爆発騒音の測定方法及び評価方法は，まだ確立していない．

騒音計には，普通騒音計，精密騒音計及びインパルス（衝撃）騒音計がある．

普通騒音計は，周波数成分が広い範囲に分布していて，日常われわれが経験する騒音を測定するのに用いられる．しかし，継続時間が短く（200 ms 以下），急激に変化する爆発音に対しては，ピークレベルが同じであっても，指示値が低くなり，騒音計ごとのばらつきが大きくなる．Type 0 又は Type 1 精密騒

音計が爆発騒音の測定には現状では最も適している．

現状では，騒音計の指示計器の振れを読むよりは，騒音計の出力をオシログラフで記録するか，又はいったんデータレコーダに記録したものを再生して測定することにより，音圧，周波数分布，持続時間などを求める方が情報量が多くなる．

11.3.3 爆発騒音の影響

爆発で窓ガラスに破損を生じはじめるのは 6 kPa（表 11.1）であるが，これは 169 dB に相当する．人間は音圧レベルが 150〜160 dB に達すると，瞬時に耳に損傷を受ける．それ以下の音圧でも，長年月それにさらされると，難聴になる．アメリカで採用されている難聴に対する騒音の許容限界では，大体 80 dB 以下ならば，音の種類にかかわらず，聴力障害を起こす可能性は少ない．

人間の耳には 20〜20000 Hz の周波数の音が聞こえる．0.1〜20 Hz の周波数の空気振動は耳に聞こえないが，これを超低周波音という．爆発の際の超低周波音によって，家鳴り，家具や建具の振動が起こり，二次的にがたがたと音を発する．すなわち，窓ガラス，雨戸，障子，ふすま，戸棚，置物などが，超低周波音によって共鳴し，騒音を発する．わが国ではこれによる苦情が多い．

超低周波音の発生源には，海の音，地震，雷，火山の爆発，風，火薬類の爆発，コンプレッサー，ポンプあるいはエンジンなどの吸気あるいは排気，ロケット及びボイラーの燃焼，コンベアー及び高速道路橋の振動，扇風機，ダムの放流などがある．

火薬及び爆薬の爆発，火砲の発射，ロケットの打上げ，発破などは超低周波の発生の原因となっている．火薬類の爆発によって生じた衝撃は，大気中を伝播すると急速に減衰し，超低周波が主となる．音は周波数が高いほど減衰が顕著で，周波数が低いと減衰が少ないという特性があるためである．例えば，クラカトア大噴火のときは，超低周波の圧力波が地球を数回廻ったという記録があるほどである．また，発破の際の大量のガスの噴出，応力波の自由面での反射，岩盤の移動，地盤振動などによっても超低周波音が発生する．

図 11.11 は地表面上で爆発した 45 kg のコンポジション B による爆発音を，距離 1 万 m の位置で測定した周波数の分析結果である．周波数は 4〜40 Hz にわたっており，8 Hz にピーク強度がある．

11.3 爆発騒音

図 11.12 は TNT の薬量と爆発音の卓越周波数ならびに爆源からの距離の関係を示したものである．距離が大きくなり，薬量が多くなると，卓越周波数は低い方へ移行している．

日本家屋の旧来の建具は，共振点をいくつか持ち，固有振動数はかなり低い．木製の戸やガラス窓は5〜10 Hz，それに対して鉄及びアルミ

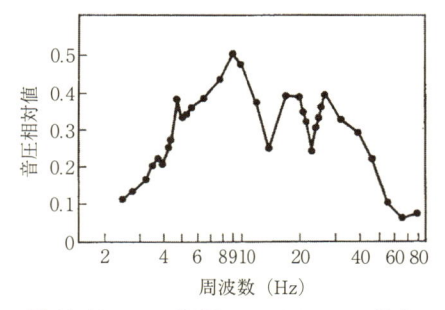

図 11.11 コンポジション B 45 kg の地表面上爆発による距離 1 万 m での騒音周波数スペクトル

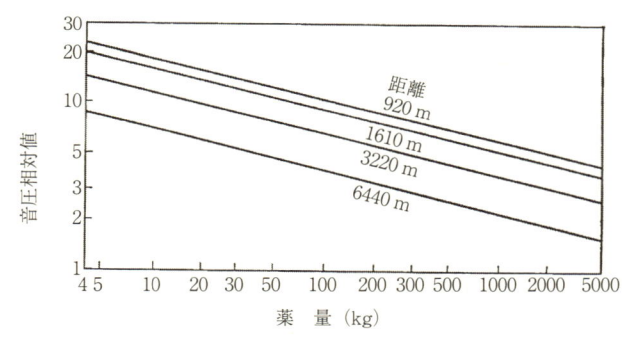

図 11.12 TNT の地表面上爆発の卓越周波数

サッシでは若干高く，10〜20 Hz が共振周波数である．この周波数で，75 dB 程度以上の音圧レベルになると，がたがたと二次的な騒音を発生する．爆発の際の騒音だけでなく，地盤振動にも超周波数成分がある（11.2.3 項参照）．これによって家屋が共鳴現象を起こし，家屋内では数倍に増幅されて，二次的な騒音となることがしばしばある．

爆発騒音の軽減法は，地盤振動の軽減法（11.2.3 項参照）の（1）〜（3）がそのまま適用できる．その他，填塞を完全に行う，外部装薬をできるだけ避けて覆土を十分に行う，ポリエチレン袋に水を入れてかぶせるなどの方法がある．水入りポリエチレン袋の使用により，音圧が約 1/3 に減少したという報告もある．

11.4　飛石

　発破によってできる岩盤の破砕片は，その初速度，形状及び質量に応じて飛散する．これを飛石という．この飛石による事故は意外に多く，2008年度（平成20年度）の産業火薬類の消費中に発生した事故のうちで，飛石による事故は80％以上という大きな割合を占めている．しかも，火薬類の消費の際に発生する事故の件数が年々減少するなかで，飛石による事故は一向に減少の傾向が見られない．

a．飛石の要因

　発破の際に起こる岩盤の破壊には，火薬類の爆発によって岩盤内に誘起される応力波（衝撃波）による破壊と，爆発生成ガスの圧力による破壊の2つがある．まず応力波が自由面に達すると，自由面で反射し，引張応力となって自由面近傍の岩盤を剥離する．この剥離をスポーリングという．

　岩盤内を鋸歯状の平面圧縮波が伝播し，自由面に垂直に入射して反射し，単一スポーリングを生じたとする．このときの破砕片の飛翔の初速度 V_{S1} は次式のようになる．

$$V_{S1} = (2\sigma_0 - S_t)/(\rho c) \tag{11.16}$$

ここで，σ_0：衝撃波の波頭応力値，S_t：岩盤の動的引張強さ，ρ：岩盤の密度，c：岩盤中の衝撃波の伝播速度である．

　σ_0 が S_t の数倍以上のときは，スポーリングは単一層ではなく，連続的に複数の層になって起こる．その場合，n 層目のスポーリングによる破砕片の飛翔速度 V_{Sn} は，

$$V_{Sn} = [2\sigma_0 - (2n-1)S_t]/(\rho c) \tag{11.17}$$

となる．最初の層が最も初速度が大きいことがわかる．

　一例として，岩盤の特性を $\rho = 2.6\,\mathrm{g/cm^3}$，$c = 4\,\mathrm{km/s}$，$S_t = 10\,\mathrm{MPa}$ と仮定して，V_{Sn} と σ_0 の関係を図 11.13 に示す．図から，σ_0 が 100 MPa ならば，破砕片の初速度は約 20 m/s となる．

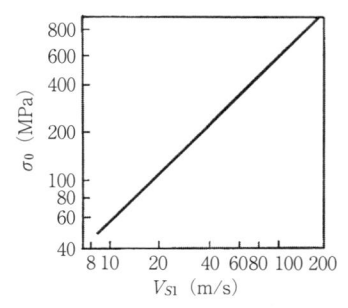

図 11.13　飛石の初速 V_{S1} と衝撃波の波頭応力値 σ_0 の関係

11.4 飛石

次に，爆発ガスの圧力による飛石についてであるが，応力波によって岩盤中にできた亀裂にガス圧力が作用すると，更に亀裂が助長され，破壊される．そして，残余のエネルギーによって破砕片を飛翔させる．岩盤にあらかじめ亀裂あるいは断層など脆弱な部分があると，全体の破壊が十分に行えずに，その部分からガスが突出し，予想外の飛石が発生する．過装薬の場合，填塞が不十分な場合，又は荷が重すぎて，穿孔からガスと込め物が吹き出すいわゆる鉄砲の場合など，いずれの場合も遠距離まで岩石を飛ばす．

種々の発破条件で測定した破砕片の飛翔の際の初速度の測定値を表11.5に示す．表では94 m/sまで測定されている．

表11.5 破砕片の飛しょう初速度の測定例

測定者名	岩盤の種類	火薬類の種類	装薬量 (g)	発破方法	穿孔長 (cm)	最小抵抗線の長さ (cm)	破砕片の飛しょうの初速度 (m/s)
大川禎三	石灰石	新桐ダイナマイト	35 85	MS発破	34 120	60 75	3.6 3.5
Noren	花こう片麻岩	40% Extra dynamite		単発発破	180 180 180 180	18 23 28 54	94 77 52 34
Patterson	石炭	Unigel	570	ウェッジカット	140	97～100	11.5
	頁岩	Gelignite	570	ウェッジカット	120	90	15.0

b．飛距離

このようにして発生した飛石の飛翔距離について，真空中で投射角度45°の場合，飛石の飛翔初速度が100 m/sならば，飛距離は1000 mに達するという計算がある．しかし，実際の発破では，破砕片の飛翔の際には空気の抵抗がある．破砕片は複雑な形状をしていて，個々に空気抵抗の受け方が異なる．

過去の飛石による事故の統計によると，最大飛翔距離400 mが記録されている．また，13 kgの飛石が130 m飛翔して事故を起こしたという報告，背面へ150 m飛翔したという例などもある．これらの報告から見ると，発破地点から500 mまでは飛石が飛散する可能性は十分にある．安全を考えれば，

1000 m までの距離では飛石の対策をとるべきである．特に，小割発破では，装薬量が少ないにもかかわらず，飛距離は意外に大きく，200～400 m も飛翔して事故を起こした例がいくつかあるので，注意が必要である．

c．飛石の防止対策

上記の飛石による事故は非常に多いから，発破を行う際には飛石に対する防護措置を十分にとってから行うべきである．

飛石の防護対策としては，次のことが挙げられる．

(1) 適正発破の実施：岩盤の状況をあらかじめよく調査し，亀裂や断層の有無をよく確かめた上で，試験発破を行って適正発破の資料を得，それに基づいて適正な装薬量で正しい填塞を行って，発破を実施する．
(2) 飛石防止マット，古畳，金網，むしろなどの利用：発破を適切に行っても，ある程度の飛石はまぬがれない．また，予期しない遠距離への飛石もないとはいえない．小割発破や外部装薬の場合には，当然遠距離への飛散があり得る．そこで，上記の資材を利用して自由面を覆い，飛石を防止する．飛散物から特に保護したい特定の建築物，構築物などに対しては，飛石の飛んで来る方向に金網を張るなどして，飛石を防ぐ．

d．飛石などの飛散物が人体に及ぼす影響

飛散物が体に侵徹せず，打撲を与える場合，飛散物の運動エネルギー $mv^2/2$ (J) と死亡率との関係を，体の部位別に図 11.14 に示す．

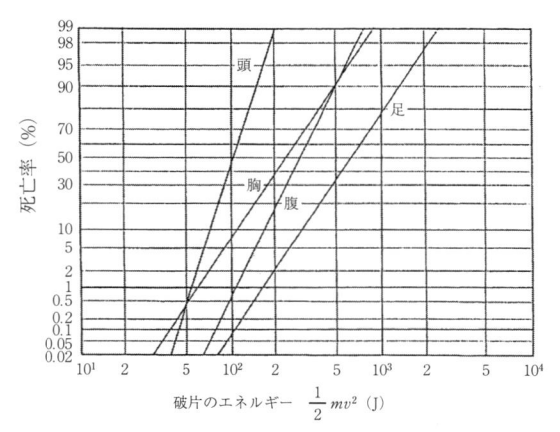

図 11.14 体に侵徹しない飛散物の体の部位別打撲による死亡率

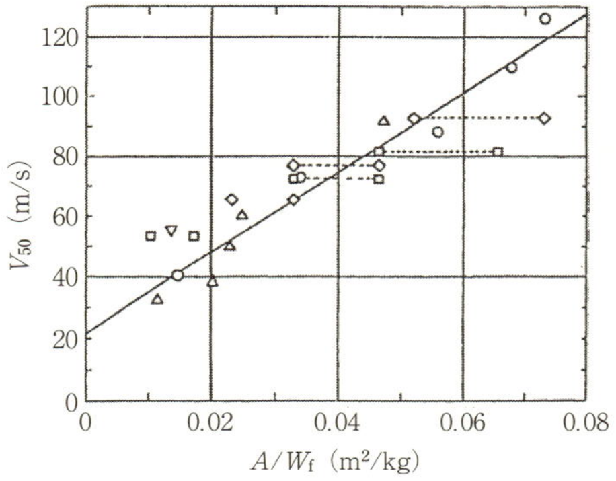

図 11.15　飛散物が体に侵徹する場合の（飛散物面積）/（質量）と弾道速度限界

なお，飛散物の飛翔方向における断面積が A で，質量が W_f の場合に，その50％が人体に侵徹するときの速度と弾道速度限界 V_{50} との関係を図 11.15 に示す．侵徹する場合には打撲の場合の被害に傷の被害が加わる．

11.5　モンロー効果（ノイマン効果）(Munroe effect, Neumann effect)

図 11.16 のように，爆薬に V 字形の凹みをつけて，V 字部分に円錐形の金属ライナーを入れて爆轟させると，ライナーの崩壊に伴って金属微粒子が放出され，これが棒状の集団となって進行し，ジェットを形成して，爆薬の威力は下方の金属に集中される．この効果はモンロー効果あるいはノイマン効果といわれているが，最初の発見者は von Foerster（1883 年発表）である．

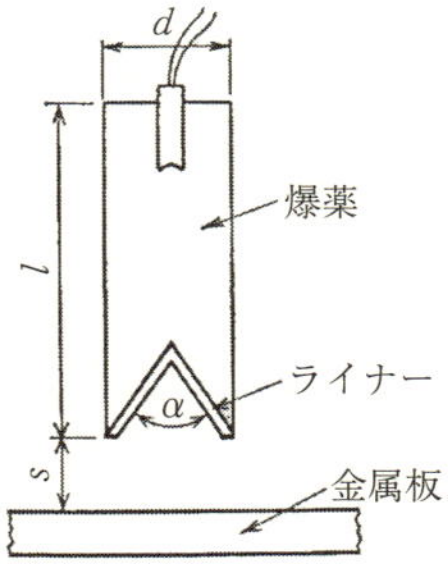

図 11.16　モンロー効果説明図

11.5.1　機構及び要因

図 11.17 は円錐形ライナーが崩壊し，ジェットが形成されて次第に成長していく過程を，時間を追って模式的に図示したものである．ジェットのあとには，ライナーの一部が塊状となって放出される．これをスラグ（残渣）という．円

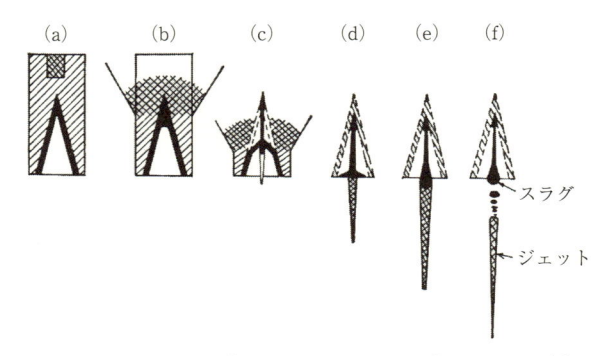

図 11.17 モンロー効果におけるジェットとスラグの形成

錐形ライナーでは,ジェットになるのが20〜30%,スラグになるのが70〜80%である.

頂角が30〜60°で,厚さ1mm前後の鋼又は銅のライナーを使用した場合には,ジェットの平均速度は数km/s〜11km/sで,スラグの速度は0.5km/s〜1km/sになる.これが物体に衝突すると,局所的に20GPa前後の高圧を与える.

モンロー効果は金属の穿孔に利用されるが,ジェットによる穿孔の深さP(cm)は,次式で示される.

$$P = L(\rho_J/\rho)^{1/2} \tag{11.18}$$

ここで,L:ジェットの長さ(cm),ρ_J,ρ:それぞれジェットと目標物質の密度(g/cm^3)である.

ジェットを有効に利用するには,ジェットの長さLを十分に発達させなければならない.そのためには,爆薬は旋回してはならない.また,爆薬を目標物からある程度離さなくてはならない.これをスタンドオフ(stand-off)という.

モンロー効果を利用して金属板を穿孔する場合に影響する因子は次のとおりである.

(1) 爆薬柱の長さl:少なくとも$4d$(d:爆薬の直径)は必要である.
(2) スタンドオフs:金属板からある程度離さなくてはならないが,あまり離れすぎると,ジェットの長さは増大する一方で密度が減少するので,効果も減少する.スタンドオフは$(1〜3)d$がよい.
(3) ライナーの内角α:30〜45°がよい.
(4) ライナーの材質:静止試験において,穿孔深さはライナーの種類によって

次のように異なる．

ライナー	なし	ガラス	金属
穿孔深さ	d 以下	d 以上	$(3\sim 4)d$

金属が最も有利である．金属でも，他の条件が全て同じ場合には，密度の大きい方が有利がある（表11.6）．実際には銅又は鉄が使用される．

表 11.6 モンロー効果における金属ライナーの種類の影響

金属	密度 (g/cm³)	穿孔の深さ (mm)	穿孔の径 (mm)
銅及び銅合金	8.5	58	14
深絞り板金鋼	7.7	55	15
亜鉛	7.2	51	17
アルミニウム及び同合金	2.7	29	23
アグネシウム合金	1.7	23	25

(5) ライナーの厚さ：約 1 mm あればよい．これ以上厚くても効果はない．
(6) ライナーの形状：一般に円錐状のものが用いられるが，半球形でもよい．
(7) 爆薬の種類：爆速 5 km/s 以上の高猛度爆薬でないと，効果は期待できない．
(8) 爆薬の回転：爆薬が回転すると，穿孔深さは減少する．回転数が 0 rpm から 200 rpm になると，穿孔深さは約 50％に減少する．

11.5.2 モンロー効果の利用

a．軟質成形爆薬

軟質成形爆薬は断面が V 字形をした鉛のような軟質金属管内に高猛度爆薬を充填したもので，モンロー効果により主として金属板を切断するのに用いられる．その 2 種類についての断面図を図 11.18 に示す．断面の幅は 2～33 mm，高さは 2～25 mm で心薬量は 1～330 g/m である．図の凹んだ側を金属板に接触させて固定し起爆すると，この線に沿って金属板が切断される．最大切断厚さをステンレス鋼板，アルミニウム板及び堅木について求めると，心薬の爆薬が 7.6 km/s の場合，表 11.7 のようになる．

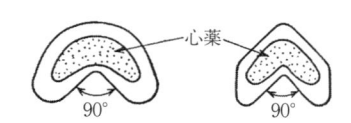

図 11.18 軟質成形爆薬の断面図

表11.7 軟質成形爆薬の金属板切断能力

心薬量 (g/m)	最大切断板厚 (mm)		
	ステンレス鋼板	アルミニウム板	堅　木
1.05	0.7	1.8	
2.1	1.1	2.3	
4.2	1.8	2.5	
10	2	3	25
25	3	6	50
40	5	10	56
80	10	12	
100	12	14	
120	13	16	
180	15	20	

b．グラスジェット

石油を採取するために地中に打ち込んだ鉄管に孔をあけて，石油噴出孔をつくるために使用する（図11.19）．銅製ライナーをつけたプラスチック容器に爆薬を17gくらいに装填し，外側はガラスで密封する．ガラスの代わりにプラスチック又は金属で密封してもよい．

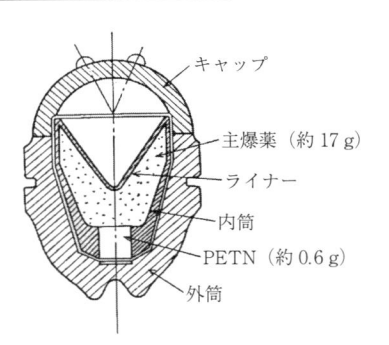

図11.19　グラスジェットの断面図

c．カッターロード

石油採取用に地中に打ち込んだ鉄管の不用部分を切断して回収するために使用する火工品である（図11.20）．周辺にV字形の凹みをつけた円形容器に爆薬を充填する．電気雷管と伝爆薬によって中心から起爆すると，円周方向にモンロー効果が働いて鉄管が切断される．

図11.20　カッターロードの断面図

d．ジェットタッパー（爆発穿孔器）

製鉄会社で平炉から溶湯を出鋼する場合，出鋼口のドロマイトの除去に使用する火工品である（図11.21）．従来は，手前にある軟質部をかき出したのち，奥に

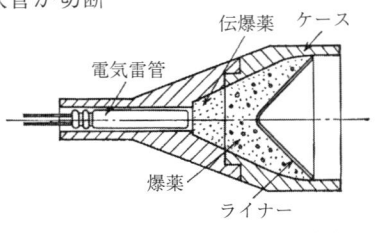

図11.21　ジェットタッパーの断面図

ある焼結部分を人力によって穿孔していたが，この火工品を使用すると，時間も労力も少なくてすみ，危険性も少ない．爆薬量は約50gで，電気雷管によって起爆すると，モンロー効果により周辺を破壊することなくドロマイトが穿孔される．出鋼口の奥は約1000℃であるから，ジェットタッパーの温度は挿入後4分で120℃，5分で160℃に上昇する．したがって，4分以内に発火させるようにする．平炉は日本では使われていないので，現在国内では使用されていない．

e．成形りゅう弾

モンロー効果を利用した弾薬に，成形りゅう弾（対戦車りゅう弾）がある．成形りゅう弾は旋回しないように尾翼がついている．起爆方法には弾頭点火弾底起爆信管又は弾底無延期信管を使用する．侵徹力は撃角に関係するが，弾丸速度には無関係で，むしろ遅い方がよい．直径の3～5倍侵徹するという．しかし，旋動弾では直径の1～1.5倍となる．ライナーには密度の大きい金属を使用する．

f．自己鍛造破片弾

成型炸薬の前面に凹状皿形ライナーが取付けてあり，爆発と同時にそのライナーは1個の弾丸形状の破片に鍛造され，焦点軸に沿って約3km/sの速度で発射される．この破片の形状はライナーの材質，厚さ，直径，湾曲度，爆轟波の形状等によって変えることができる．破片の空気抵抗による速度損失が非常に小さく，スタンドオフは数十～数百mである．

11.6　スポーリング（ホプキンソン効果）（spalling, Hopkinson effect）

鋼板や岩石などに爆薬を密着させて爆発すると，その裏面に剥離を生じる．この現象をスポーリング（ホプキンソン効果）という．爆発によって材料の中に衝撃波が投射されるが，これは圧縮波であって，自由面で反射すると引張波となる．これらの材料では引張強度は圧縮強度と較べると，かなり弱い．そのため，爆薬の爆発による圧縮応力では破壊しない場合でも，引張応力に対して材料の引張強度の方が弱ければ，スポーリングによって剥離を生ずる．

発破による岩石の破砕にはスポール破壊が作用しているが，その他にこの効果を利用した弾薬として粘着りゅう弾がある．この弾丸は薄い鋼板の外殻から

できていて，弾着により変形しやすいようになっている．信管には弾底無延期信管を使用する．粘着りゅう弾では弾着角の影響はほとんどなく，60～70°までは同程度の効果を持っている．また，旋動にも影響されない．通常，弾丸の直径の1.2～1.5倍の厚さを有する鋼板に対して裏面剥離を起こさせる．ただし，二重装甲の場合には効果は減少する．

第12章

爆発加工，爆発合成

12.1 爆発加工の特徴と使用爆薬

　爆薬は従来，爆破薬や炸薬のように，物体の破壊に利用されてきた．しかし，第二次世界大戦以降，爆薬を材料の加工に利用する方法が開発された．これを爆発加工（explosive working）という．爆発加工の開発の背景には，
(1) 高速度現象の測定方法が進歩し，衝撃荷重下における材料の挙動に関する基礎的な研究が進み，種々の関連データが蓄積されてきたこと，
(2) 爆発加工に適合する爆薬の製造が可能になり，爆発エネルギーの量及び方向性（例えば平面爆轟波をつくること）について，制御が可能になってきたこと，
(3) 爆発成形で大型の成形品が，加工精度よく，低コストでできるようになり，爆発圧接で異種金属の各種クラッドメタルができて，化学プラント，航空機などに利用できるようになったことなど，爆発加工では，従来の機械的塑性加工にはない特徴のある製品ができるようになり，市場のニーズが大きくなったこと，
などが挙げられる．
　通常の機械的方法による塑性加工では，作用する荷重は静的平衡荷重とみなすことができる．また，荷重の加えられる時間は，任意に加減でき，最終荷重になるまでの時間経過は，あまり重要性がない．それに対して，爆発加工では，次のような特徴がある．
(1) 荷重は，爆薬を使うため，衝撃的である．

(2) 荷重と被加工品の応力との関係は，非平衡的である．
(3) 被加工品の変形速度は，非常に高速度で，短時間に変形が行われる．
(4) 加工に利用されるエネルギーは，爆薬からの開放総エネルギーの15～40％でその利用率はあまり高くない．
(5) 装置が簡単で，初期設備が少なくてよい．したがって，被加工物が非常に大きくて，機械的方法の対象にならない場合や，多品種少量生産の場合に適する．
(6) 爆薬を使用するので，特殊技術が要求され，また，騒音，振動などの環境問題が常に伴う．

爆発加工には，爆薬として通常の産業爆薬が使用されているが，その他に専用の爆薬もある．可塑性爆薬がそれで，種々の形状に手細工で変形できるので，便利である．そのため，線状爆轟波や平面爆轟波の形成が容易になった．

組成の一例を示すと，

PETN	85.0%
ブチルゴム	7.5%
熱可塑性テルペン樹脂	7.5%

なお，無煙火薬をエネルギー源とすることがかつて考えられた．しかし，無煙火薬の場合には，その分解速度が遅いから，爆発生成ガスを利用するには，爆発を密閉容器内で行う必要がある．すなわち，火薬ガスの膨張を利用して，ピストンを駆動させて加工する．この方法では，装置が複雑となり，費用がかさむ．更に，この方法では荷重の加わる形式が，機械的加工法と類似していて，火薬類を使用する利点が特に認められない．そのため，爆薬の場合ほど発展していないのが現状である．

爆発加工には，直接法（接触法）と間接法（間隔法）とがある．

直接法とは，爆発を直接試料と接触させる方法である．そのため，被加工物は爆轟ガスの作用を直接受け，10～20 GPaの衝撃荷重を受ける．間接法では，爆薬と試料をある距離だけ隔てて水中に置き，爆発エネルギーをいったん水圧エネルギーに変換させて作用させる．この方法では，爆発熱の作用を被加工物は受けない．間接法における有効荷重には，水中衝撃圧，水槽の壁で反射した衝撃波の圧力，媒体の流動運動による荷重など，さまざまな荷重が作用してい

る．

　直接法では，実用上，破壊防止と荷重の調整のため，爆薬と被加工物の間に種々の材料を介在させることもある．したがって，直接法と間接法の区分は，荷重調整上の便宜的区分といえよう．また，間接法では被加工物の面積と較べて小さい面積を持った爆薬を爆発させても，水中に生じた衝撃波は被加工物の全面に及ぶので，薬量は少なくてよい．一方，直接法では被加工物の全面に爆薬を置くことになり，使用する爆薬量は多くなる．

12.2　直線爆轟波，平面爆轟波

　爆発加工では，直線爆轟波及び平面爆轟波を精度良くつくることが必要である．

a. 直線爆轟波

　平面状の爆薬（シート爆薬）中に，直線状の爆轟をつくるには，図 12.1 の方法をとる．シート爆薬に対して，図のように角度 α の傾きを持って金属板を取付け，棒状爆薬を張付ける．棒状爆薬を雷管で起爆すると，爆薬に張付けられた金属板が，シート爆薬の左端を全面同時起爆するように，シート爆薬に高速度で衝突させる．

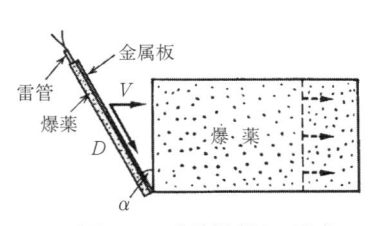

図 12.1　直線爆轟波の形成　　図 12.2　平面爆轟波の形成

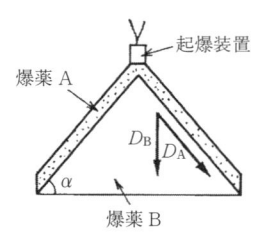

b. 平面爆轟波

　平面状の爆轟波を生起するための，簡単で最も標準的な方法を図 12.2 に示す．
　爆薬 B は円錐形をなし，爆薬 A はそれを一定の厚さで覆う形状をしている．爆薬 A の頂点で起爆して，円錐の底面で平面爆轟波を得るための条件は，

$$\alpha = \sin^{-1}(D_B/D_A) \tag{12.1}$$

ここで，α：円錐の底角，D_A：爆薬 A の爆速，D_B：爆薬 B の爆速である．なお，図 12.2 のような装置を爆薬レンズという．

12.3 爆発加工方法

12.3.1 爆発成形（explosive forming）
a．方法

爆発成形とは，爆薬の爆発圧力を金属板あるいは金属管に作用させて，金属に塑性変形を起こさせ，所定の形状に成形加工する方法である．爆発成形には，直接法と間接法がある．板の成形では，通常，水を媒体として使用し，被加工物，型，その他の部品に損傷を与えないようにする．

図 12.3 は標準的な爆発成形方法による板の加工を示すものである．水槽の中に排気系を備えた金型を設置し，加工する金属板を治具で金型に固定する．水槽に水を入れ，爆薬と雷管を水中に敷設する．金属板の変形速度が大きいので，きれいな成形をするためには，金属板と金型との間の空間を真空にしておかなければならない．また，金型と金属板の間の気密性を保ち，変形時においてフランジ部に発生するしわを防ぐために，しわ押えリングを取付ける．

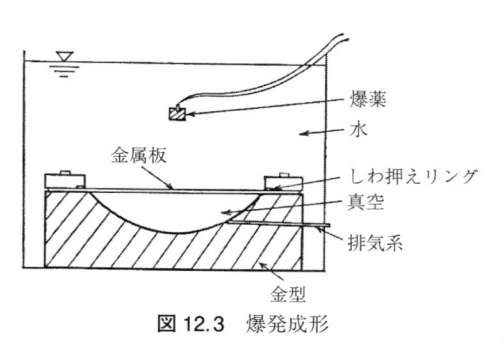

爆薬が爆発すると，水中衝撃波が発生し，金属板を直撃するとともに，壁面における反射波も金属板に作用する．爆薬から発生した気体は，水の運動と関連して膨張，収縮を繰返す．これらの圧力波が金属板に何回も作用し，その結果として，変形が行われる．

図 12.3 爆発成形

金属板の塑性変形には，水中衝撃波の最高値よりは，変形の間において繰返し行われる作用圧力の積分値，すなわち力積の方が問題になる．したがって，爆薬の種類はあまり問題にならず，むしろ爆薬の薬量，形状，寸法の方が重要になる．また，爆薬と金属板及び水面との距離も大きな影響を持っている．これらは，金属の材質，寸法，形状などにより大きく変動する．そこで，予備実

験を行い，データを取っておく．

b．特徴
　爆発成形はプレス加工と比較して，次のような特徴を持っている．
(1) 水圧，油圧などによる塑性加工では，雌雄両金型が必要であり，プレス機械など高額の初期設備投資を要する．爆発成形の場合には，金型は雌型だけでよく，水槽と真空ポンプ程度の設備で足りるから，初期設備は廉価である．パラボラアンテナのような大型の成形品の場合，特に爆発成形の利点が現れる．また，航空機部品やミサイル弾頭のような多品種少量生産に適している．
(2) 通常の方法では成形困難な特殊金属板，高張力鋼などでも成形可能である．また，機械的方法よりも深しぼりができる．
(3) 機械的方法では，圧力解放後に被加工物に弾性復元（スプリングバック）が起こり，製品の加工精度が十分でない場合もある．しかし，爆発成形ではこのような現象は極めて少なく，加工精度は非常に良好である．
(4) 製作個数が少ない場合には，高価な金型を使用しなくても，コンクリートやプラスチックの型でよい．
(5) サイクルタイムが長く，型の消耗が激しいので，同一製品の大量生産には適しない．
(6) 爆薬を使用するので，騒音，振動などの環境問題が常に伴う．また，安全対策の点から，爆薬の取扱いに習熟した技術者が必要となる．

c．製品
　爆発成形によって加工した製品あるいは部品には，大型パラボラアンテナ，金属義歯床，ジェットエンジン燃料フィルター，ロケットエンジン部品，アルミパネル板への模様つけなどのようなものがある．

12.3.2　爆発圧着 (explosive cladding)
　2種類の金属を，爆薬の爆発力によって高速で衝突させ，両金属を接合させることを爆発圧着といい，通常，2枚の金属板の圧着に使用される．爆発圧着は，図12.4のように行われる．
　母材と合せ材を平行にある距離はなしておくか，あるいはある角度を持って図のように配置する．合せ材の上にバッファーを介して爆薬をのせる．爆薬の一端から雷管で起爆すると，爆発が右に進行するのに伴い，合せ材は下方へ曲

図 12.4 爆発圧着

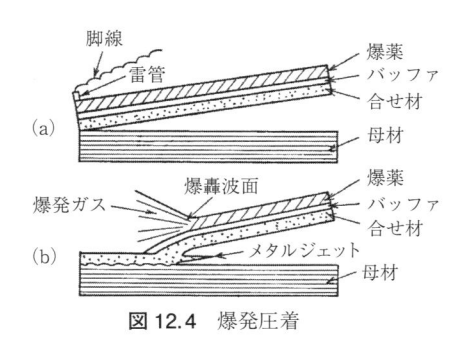

がり，母材と高速で衝突する．衝突点ではメタルジェットが発生し，そのため両材の内側の表面フィルム（酸化物，吸着ガスなど）が吹き飛ばされて，金属の清浄な面が露出し，両金属が原子間引力距離まで押し付けられる．このようにして金属板は前面にわたって連続的に金属間結合を有する接合面を形成する．接合面が規則正しい波形をしているのが，爆発圧着の特徴である．

爆発圧着には，メタルジェットの発生が必要である．2 枚の金属板の衝突点における衝突角度を γ，衝突点の移動速度を V_c，接合しようとする金属中の音速を S とすると，メタルジェットの発生する条件は次のとおりである．

$V_c < S$ ならば，全ての γ でジェットが発生する．
$V_c \geq S$ で，$\gamma > \gamma_c$ ならば，ジェットが発生する．
$V_c \geq S$ で，$\gamma \leq \gamma_c$ ならば，ジェットが発生しない．

なお，γ_c は臨界角である．

母材と合わせ材が平行に置かれている場合，爆薬の爆速を V_D とすると，$V_c = V_D$ である．また，両金属中の音速のうちで速い方を S_f とすると，ジェットの発生条件，すなわち圧着が起きる条件は，次のとおりである．

$$V_D < 1.2 S_f \tag{12.2}$$

爆発圧着は本質的に冷間で行われる接合であるため，接合に伴う金属の組成変化や成分の拡散がない．

異種の金属板を全面にわたり連続的に冶金的に張り合せた金属の合板をクラッドという．クラッド板の引張り強さ σ は，次のとおりである．

$$\sigma \geq \frac{\sigma_1 t_1 + \sigma_2 t_2}{t_1 + t_2} \tag{12.3}$$

ここで，σ_1, σ_2：合せ材と母材の引張り強さ，t_1, t_2：それぞれ合せ材と母材の板厚である．

曲げについては，外曲げ（合せ材を外側にして曲げる）では合せ材の規格を，また，内曲げ（合せ材を内側にして曲げる）では母材の規格を満足する値が得

られる．伸びに関しては，素材規格の伸びを満足する値が得られる．

爆発圧着によって，従来の方法では不可能であった物性に大差のある金属間の圧着が可能になった．実例をあげると，融点の差が大きいアルミニウムとタンタル，熱膨張の差が大きいチタンとステンレス鋼，硬度に大きな差のあるステライト 6B と鋼などの圧着が可能である．また，厚さ数 μ m という極く薄い金属板でも異種金属の圧着ができるようになった．更に，従来はめっきが困難とされていたチタン，ジルコニウムなどにニッケル，金，銅などを圧着できるようになった．

爆発圧着の主な用途は，クラッド鋼の製造である．高価な耐食性金属と安価で強度の強い軟鋼のクラッド鋼板は，そのよい例で，化学反応容器，熱交換器など塔槽類に大量に使用され，その使用先は化学工業だけでなく，火力発電，原子力発電にも及んでいる．

アメリカの硬貨にはクラッド板が使われていた．その他，冷蔵庫やクーラーの銅とアルミのパイプジョイント，ステンレスパイプとアルミニウムパイプのカップジョイント，バイメタルなどの用途がある．

12.3.3 爆発接合 (explosive jointing)

爆発圧力によって，2種類の管をかしめて接続すること，フランジとパイプを接合すること，熱交換器の管と管板を接合することなどを爆発接合という．

爆発接合による送電線鉄塔の組立てでは，くぼみ部分を有する丸棒を 2 つの鋼管の接合部に通す．その外側に爆薬を巻き，爆発させると，鋼管が丸棒のくぼみに密着し，強固な結合ができる．同時起爆によって一度に全ての接続を行い，爆発による負荷のアンバランスを避ける．

熱交換器における伝熱管と管板の接合を，図 12.5 に示す．パイプの内部に爆薬を挿入し，爆薬とパイプの間には，クッション材を置いて，パイプの損傷を防ぎ，圧力の調整を行う．爆薬を爆発させると，その部分のパイプが膨張して，管板と密着する．このような爆薬の挿入を全てのパイプについて行い，同時に起爆して，一挙に伝熱管へ

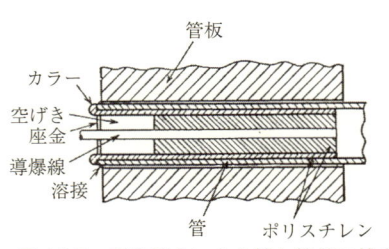

図 12.5 爆発接合による管と管板の接合

の接合を完了する．この方法は，爆発拡管ともいわれている．

12.3.4 爆発硬化（explosive hardening）

爆薬の爆発力によって，金属の表面を硬化する方法である．金属表面に爆薬を接触させて爆発させると，衝撃波が金属の中に伝わり，金属は圧縮される．衝撃波が通過したのちには，金属は大体元の密度に戻るが，この瞬間的な圧縮により，金属組織の変化を起こす．高マンガン鋼では，ブリネル硬度180～200度のものが，爆発硬化によって500～700度となり，抗張力は元の約2倍，降伏値は約4倍になる．爆薬の量を多くすると，硬化の度合と硬化深度を大きくすることができる．

このような硬化は，ロール加工など他の機械的方法では達成できないが，爆薬の使用によって容易に可能である．ただし，衝撃反射圧によってクラックが生じ易い金属には，この方法は適用できない．

12.3.5 爆発圧搾（explosive compaction）

この方法は，爆薬の爆発エネルギーを利用して，金属粉末やセラミック粉末を圧搾結合する方法である．爆発圧搾は高圧を得ることが容易であるが，作用時間は短い．そのため，大型のものを1回の圧搾で均一な密度分布が得られるように圧搾することは，極めて難しい．

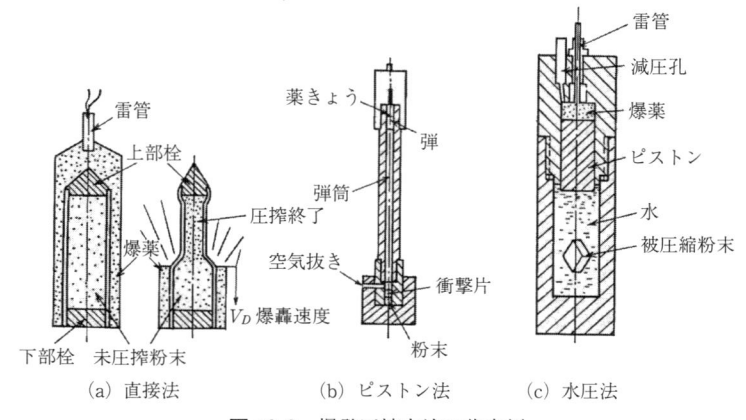

図 12.6 爆発圧搾方法の代表例

(a) 直接法　(b) ピストン法　(c) 水圧法

図12.6は爆発圧搾の3つの代表的な方法である．図12.6（a）は円柱状の被加工物を外側から爆薬で包み，爆轟波の進行により，一方から他方へ粉末を直接圧搾する方法である．(b)はピストンを介して圧力を伝達する方法であり，(c)は水中で爆発させ，水圧によって圧搾する方法である．爆発圧搾により，理論密度に対して90数％以上の最終密度が多数の粉末について得られている．本法の特長は，従来法では圧搾固化できなかった金属に適用できる点にある．タングステンカーバイド，ステライトなどで効果を挙げている．
　純金属材料，電磁気材料，バネ材料，バイメタルなどの素材となる圧搾体を提供する方法として，爆発圧搾は有用である．

12.4　爆発合成（explosive synthesis）

　爆薬の爆発によって得られる2000℃以上の高温と，数十GPaに及ぶ高圧を利用して合成を行う方法である．このような高温高圧を他の方法で得るには，高額の設備投資が必要なのに対して，爆薬を使用すれば容易に得られる点に，この方法の利点がある．

12.4.1　ダイヤモンドの合成
a．超高圧プレス法（機械的方法）
　爆発法と対比するために，まず機械的方法について略記する．
　グラファイトは1.3GPa以上ならば，常温でもダイヤモンドになることがわかっている．しかし，この条件では反応速度が極めて遅く，実用性がない．工業的にダイヤモンドを得るには，更に圧力を上げるとともに，温度を上げ，触媒（鉄，コバルト，ニッケル，ロジウム，イリジウム，クロム，タンタル，マンガンなど）を使用するなどの方法をとる必要がある．
　超高圧プレスによる人造ダイヤモンドの合成は，現在の工業的ダイヤモンド合成技術の主流である．その方法は，ニッケル触媒を添加したグラファイトを，7GPa，2000℃でダイヤモンドに転換するというものである．合成されたダイヤモンドは，ほとんどが砥石となり，研磨，研削，切断などに使用される．
b．平面波法
　爆薬を使用して平面爆轟波をつくり，その高温高圧の作用によってダイヤモ

ンドを工業的に合成する方法は，1960年に行われた．できたダイヤモンドの大きさは数万分の1 mm 程度のものであった．しかし，次第に改良され，1964年には 0.1 mm 以下のものができるようになり，研磨材として使用されている．

その方法は図12.7のとおりである．12.2節で記した方法によって平面爆轟波を発生させる．次に，コンポジションBのような高性能爆薬からなる主爆薬の中を平面爆轟波が進む．その底面に貼りつけられた鋼又は真ちゅうの飛翔板は爆発によって数 km/s の高速で飛ばされて，鉛ブロックの表面に埋め込まれたグラファイト−金属ホットプレス体の表面に衝突して，数十〜百 GPa の圧力を発生する．ホットプレス体の多くの部分は，垂直に鉛ブロックの中に打ち込まれるので，回収できる．平面爆轟波がうまくできないと，ホットプレス体は四散し，回収できないおそれがある．

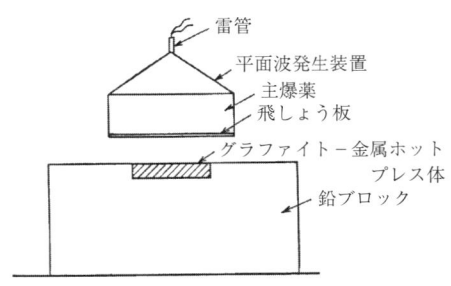

図 12.7 平面波法によるダイヤモンド合成

c．円筒法

円筒法は，金属円筒内に原料を詰め，両端に栓をして全体を爆薬で包み，その一端から爆発させて金属管内の原料に高圧を与える方法である．爆薬としては，9 km/s 前後の高爆速を有する可塑性爆薬を使用するとよい．

円筒法では，数百 GPa 程度の圧力ならば，ほとんど100％製品の回収が可能である．数 TPa に達する高圧の場合には，通常の方法では容器金属管が破裂してしまうことがほとんどで，製品は全く回収不能といってよいほど回収が困難となる．しかし，金属管の軸中心に鋼の丸棒を通し，金属管と鋼棒の間の環状の空間に原料を充填する方法により，数十 GPa からときには百 GPa を超える高圧の場合でも，ほとんど100％の回収率で製品が確保できるようになった．

製造方法を図12.8に示す．上端の雷管によって爆薬が起爆されると，原料は容器の金属管を介して急激に求心的な圧力がかけられ，下方に向って高速で投射される．下には水を張った鋼製の円筒容器があり，製品は水で減速されて，円筒容器の底に止まる．原料に加えられる圧力は 20〜100 GPa 程度である．製品は金属管から機械的に取り出し，電解又は酸溶解で金属粉を取り除く．残っ

12.4 爆発合成

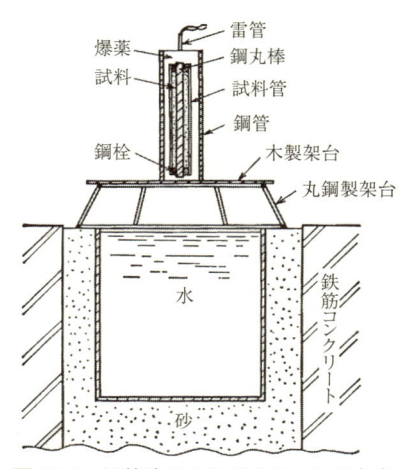

図 12.8 円筒法によるダイヤモンド合成

(図中ラベル：雷管／爆薬／鋼丸棒／試料／試料管／鋼管／鋼栓／木製架台／丸鋼製架台／水／鉄筋コンクリート／砂)

たものはグラファイトとダイヤモンドの混合物で，原料全体のうち 10～40％程度がダイヤモンドになっている．

グラファイトはダイヤモンドより酸化しやすいので，液相酸化又は気相酸化によってグラファイトを除去する．このようにしてできたダイヤモンドには，不適当な形状のものがあるため，機械的に整粒処理を行い，分級処理によって粒子径ごとに分けて製品とする．

爆発合成ダイヤモンドは，一つの粒が微細な結晶の集まりからなる，いわゆる多結晶体である．それに対して，天然ダイヤモンドのほとんどと，機械的プレスによって合成した人造ダイヤモンドは，各粒が一つの結晶からなっている単結晶である．そのため，爆発合成ダイヤモンドは，ダイヤモンド砥石として使用するよりは，粉末のまま，宝石や超硬合金の研磨に利用するのに適している．

12.4.2 ウルツ鉱型窒化ホウ素

グラファイト型窒化ホウ素からウルツ鉱型窒化ホウ素を製造するのに，爆発合成法が利用されている．

窒化ホウ素は切削工具として使用されているが，一般にはジンクブレンド型窒化ホウ素が用いられている．ジンクブレンド型窒化ホウ素は切粉の排出性が良好で，切れ味もよいが，もろいという欠点があった．爆発合成で製造したウルツ鉱型窒化ホウ素を更に機械的超高圧法によって，ウルツ鉱型とジンクブレンド型の 2 相混合物にすると，切れ味とともに強じん性も加わり，高い周速での耐摩耗性に優れた特徴を有し，鉄系難削材用の切削工具として，優れた性能を示す．

爆発合成はダイヤモンドと同様に円筒法によるので，図 12.8 の合成方法がそのまま適用できる．原料はグラファイト型窒化ホウ素と鉄粉の質量比 20/80

混合物である．両粉末とも，粒子径 75 μm 以下とする．鉄粉を混ぜるのは，衝撃時の内圧が2倍以上に高まるためである．銅製円筒に原料を詰めてプレスし，円筒の両端には，鋼栓を溶接する．

円筒の周囲を可塑性爆薬で包み，雷管で起爆する．金属管内の試料は，数十 GPa の衝撃圧力と，約 2000℃ の高温を約 1 μs 受けて，その約 60% がウルツ鉱型に変換する．回収された金属管から粉末を取り出し，酸溶解で鉄粉を除去し，残留するグラファイトを溶融アルカリで除去する．このようにして精製されたウルツ鉱型窒化ホウ素は，粒子径数十 nm ～数十 μm の多結晶である．これを沈降分級法で研磨用粗粒と焼結用細粒に分ける．

焼結用細粒に添加物を加えて混合し，ペレット状に成型したのち，機械的超高圧装置中で 6 GPa 超，1400～1500℃ の条件で，15～20 分間焼結する．この焼結で，ウルツ鉱型の一部が，本来，状態図上で安定に存在するジンクブレンド型に相転移する．相転移の比率は，温度と圧力によって変わる．

12.4.3　爆発合成法の特徴

爆発合成法の利点は，次のとおりである．
(1) 100 GPa 以上の高圧力が低コストで得られること．
(2) 合成処理時間が短時間で，生産性が良いこと．
(3) 機械的高圧法のような大がかりな装置を必要としないこと．
　一方，問題点として，次のことが挙げられる．
(1) 機械的高圧法のように，高圧力持続時間が長くとれないこと．
(2) 爆発により，騒音と振動が伴うため，密閉爆発室で爆発させて消音させる必要が生ずる場合もあること．
(3) 爆薬を取扱うので，特殊な技術が必要であること．

引用・参考文献

1) 工業火薬協会編：工業火薬ハンドブック，1966，共立出版
2) 工業火薬協会編：発破ハンドブック，1976，山海堂
3) 山川道雄編：産業火薬，1979，日本産業火薬会
4) 山本祐徳：一般火薬学，1966，一橋書房
5) 千藤三千造：火薬，1969，共立出版
6) 須藤秀治，大久保正八郎，田中一三：火薬と発破，1971，オーム社
7) 木村　真：火薬読本，1981，白亜書房
8) 疋田　強監修：火薬・爆発危険性の測定法，1977，日刊工業新聞社
9) 木村　真：スラリー爆薬，1975，山海堂
10) 工業火薬協会：工業火薬協会誌
11) 全国火薬類保安協会：火薬と保安
12) Karl O. Brauer：Handbook of Pyrotechnics, 1974, Chemical Publishing Co. Inc.
13) Tadeusz Urbański：Chemistry and Technology of Explosives, Vol. 1～3, 1964, Pergamon Press.
14) Kirk-Othmer：Encyclopedia of Chemical Technology, Second Ed., 1968, John Wiley & Sons, Inc.
15) Basil T. Fedoroff et al.：Encyclopedia of Explosives and Related Items, 1960～1980, U.S. Army, Large Caliber Weapon Systems Laboratory.
16) Herbert Ellern：Military and Civillian Pyrotechnics, 1968, Chemical Publishing Co. Inc.
17) AMCP 706-181, Engineering Design Handbook, Explosions in Air, Part One, 1974, U.S. Army Material Command.
18) 日本国内火薬メーカーカタログ

19) 日本工業規格
20) 火薬学会規格
21) 工業火薬協会編：工業火薬ハンドブック追補版，1980，共立出版
22) 日本火薬工業会資料編集部：火薬学　第2版，2013，日本火薬工業会資料編集部
23) 工業火薬協会編：火薬ハンドブック，1987，共立出版
24) 火薬学会編：エネルギー物質ハンドブック，1999，共立出版
25) 弾道学研究会編：火器弾薬技術ハンドブック（改訂版），2003，防衛技術協会
26) ADA 111849, A Manual for the Prediction of Blast and Fragment Loading on Structures, U.S. Department of Energy, 4-161〜179, 6-144〜151 (1980)
27) P.W. Janser：Lethality of Unprotected Persons due to Debris and Fragments, ADP 000495 (1982)
28) 火薬学会編：エネルギー物質ハンドブック　第2版，2010，共立出版
29) 火薬学会発破専門部会編：現場技術者のための発破工学ハンドブック，2001，共立出版
30) 公益財団法人　矢野恒太記念会：日本国勢図会　2013/14年版，2013，公益財団法人　矢野恒太記念会
31) 火薬学会プロペラント専門部会編：プロペラントハンドブック，2005，火薬学会
32) 志田正二編集代表：化学辞典　普及版，1981，森北出版

索　引

A
AN　6
ANFO 爆薬　83
AP　6
Arrhenius 式　156

B
Ballistite　49
BAM 式摩擦感度試験　171
Berthelot 式　156
B 火薬　49

C
Chapman-Jouguet 点（C-J 点）　147
Cordite　49

D
Dambrum の方法　223
DDNP　6, 35
DS（デシセコンド）電気雷管　103

E
E.C. 火薬　48
EqS 爆薬　189
EqS-Ⅰ爆薬　189
EqS-Ⅱ爆薬　189

H
Hauser の式　221, 222, 246
HBX　95
HMX　33

I
IC 雷管（半導体集積回路雷管）　111

L
Lares の方法　223
LOVA 発射薬　60
Lüdenberg の式　200
Lüdenberg の理論　192

M
MOX　95
MS（ミリセコンド）電気雷管　103

N
NC　15, 50, 54, 59
NG　19
Ng　23

O
oil-in-water 型含水爆薬　89
o-ニトロトルエン　27

P
PBX　93
PETN　24

R
RDX　6, 31
RWS　181

S

Sellite 法　　27

T

TNT　　2, 6, 9, 26
TNT 連続製造装置　　27

V

Vieille の法則　　144
V カット　　232
V バンド型分離　　134

W

water-in-oil 型含水爆薬　　89
Werner 型捏和機　　51, 55, 66

あ　行

アクレマイト　　85
アジ化鉛　　6, 37
アゾジカルボンアミド　　133
アジ化銅　　38
アジ化ポリマー　　69, 70
圧延　　57, 65
圧延法　　57
圧搾填薬　　121
圧伸　　51, 57, 65, 66
圧磨　　46
圧力指数　　145
後ガス　　5, 231
アマトール　　95
アルミニウム　　63, 71, 88, 95
アングルカット　　232
暗黒層　　141
安全度　　188
安全度試験　　188
安全被筒付爆薬　　189
安定剤　　50, 54, 59, 60, 63

安定度　　155, 156
安定度試験　　18, 19, 156
アンホ爆薬　　83
アンモニアダイナマイト　　77, 79, 80
アンモン爆薬　　91

硫黄　　45
イオンギャップ法　　187
イグナイター　　130
一次爆薬　　6
1 級火薬庫　　196, 198
威力係数　　222, 224, 225
インジェクター式　　20, 21
インシュレーション　　72, 74
インパルス騒音計　　265

海の火　　10

エアバッグ　　133
鋭感剤　　88
影響感応　　126
曳光剤　　126, 127
曳光弾　　115, 126
液体推進薬　　62
液体酸素爆薬　　3
エッジランナー型混和機　　92
エマルション型含水爆薬　　89
エマルション爆薬　　86
煙火　　7
煙火火薬庫　　196, 199, 200
煙火用　　47
延期信管　　125
円形造粒　　46
延時装置　　104
延時秒時　　109
延期薬　　47
延時薬　　104, 106
炎色剤　　126
鉛柱圧潰試験　　182

索　引

鉛とう拡大値　179
鉛とう試験（トラウズル試験）　179
円筒法　286
鉛板試験　101

オクトーゲン　33
オーバーバーデン　250
オーバーバーデン工法　250
親コード　111, 113
親ダイ　203, 213, 217
音圧　263
音圧レベル　263
温洗　52
温度感度　145

か 行

加圧煮洗　18
海水電池　127
外部装薬法　242, 248
外面燃焼方式　144
過塩素酸アンモニウム　6, 69, 74
過塩素酸アンモニウム系推進薬　74
火炎層　146
化学的爆発　1
火管　7, 117, 122, 123
架橋剤　89, 93
拡散層　146
隔壁付きイニシエーター　130, 131
化合火薬類　8
火工所　203-206
火工弾薬　119
火工品　5, 7
ガス試験　188, 189
カスト猛度試験　183
カスト猛度値　183
ガス発生剤　132, 133
ガス発生装置　132
ガス比容　178
加背　231

過装薬　222, 223
可塑剤　60, 63, 69, 93, 95
可塑性爆薬　95
カッターロード　274
カットオフ　217, 230, 232
カードギャップ試験　165
加熱試験　160
可燃剤　80
火砲弾薬　116
雷警報器　210
雷コード　111, 113
火薬　5, 6
火薬系列　97
火薬庫　191, 196
火薬の力　60, 177
火薬類　1
火薬類取扱所　203, 204
カラムカット　232
カーリット　91, 218
がん具煙火貯蔵庫　196
換算距離　254
含水爆薬　9, 12, 78, 86, 218, 229
岩石抗力係数　222, 224
乾燥　47, 52, 56, 66, 71
管体　99, 103, 105, 111
感度　162
緩燃剤　50, 52, 55

起縁　120
輝炎層　141, 142
機械信管　126
機械的衝撃　163
基剤　50, 54, 59, 60, 63
キシロイジン　15
起爆　2, 150, 152
起爆感度試験方法A法　168
起爆感度試験方法B法　169
起爆筒　99, 123
起爆筒装薬　31

希薄波　147, 148
起爆薬　6, 7, 97-100, 105
逆起爆　190, 230
脚線　103-105
キャスティングソルベント　67, 68
キャスティング　68
キャスティングパウダー　66, 68
救命浮力体　133
強綿薬　16, 19, 51
魚雷　7, 95
ギリシャ火　10, 11
緊急保安炎筒　140
均質型推進薬　62
近接信管　125
金属添加爆薬　95

グアニジン　43
空包　7, 115
くぎ試験　102
駆水　51
クッションブラスティング　241
組合せ信管　125
グラスジェット　274
クラッド　282
グレインキャスト方式　67, 68
グレイン形状　144

珪藻土ダイナマイト　11, 79, 80
撃発火管　122
撃発電気火管　122
ケーネン試験　175
建設用びょう打ち銃用空包　135
懸吊発破　248
検定爆薬　188, 189
検定雷管　188
減熱消炎剤　80

腔圧　61
高温希釈法　32

硬化　68, 69, 71, 73, 93
膠化　19, 49, 77, 80, 82
膠化剤　49
硬化剤　71
工業雷管　7, 11, 99, 202, 205
膠質ダイナマイト　78-80
高速爆轟　150
光沢　47
光沢剤　47
口締器　207
坑道式発破　237
高爆速　23
腔発　61
鋼板試験　183
固化　79
庫外貯蔵　193
庫外貯蔵所　193
庫外貯蔵数量　193
固化防止剤　79
黒色火薬　6, 10, 11, 45
黒色鉱山火薬　45, 47, 97
黒色小粒火薬　45, 48
黒色粉火薬　45, 47
国連勧告　10
固体推進薬　62
固体ロケット　62
固定弾　117
コロマントカット　233
小割発破　241
コンクリートの破壊　243
コンクリート破砕器　7, 135, 243
コンクリート破砕薬　6
混合火薬類　8
混合炸薬　94
混合ダイナマイト　78, 79
混酸　15, 20
混酸倍数　16
コンデンサー式発破器　209
混同　53, 56, 65

索　引　　　　　　　　　　295

コンポジション A-3　　95
コンポジション C　　95
コンポジション B　　9, 33, 95
コンポジット化ダブルベース（CMDB）
　　推進薬　　74
コンポジット推進薬　　6, 69, 146
コンポジットダブルベース（CDB）推進
　　薬　　74
混和　　56, 67, 73, 82, 92

さ　行

最小起爆薬量　　101
最小抵抗線　　221-224
最大貯蔵量　　197
細断　　17
裁断　　51
炸薬　　9, 31, 94, 95, 98, 99
炸薬系列　　98
砂上殉爆試験　　166
雑弾薬　　119
サブドリリング　　236
3級火薬庫　　196
三次爆薬　　6
三硝酸グリセリン　　19
酸素バランス　　4
三味混和　　46
残留　　214

ジアゾ化　　36
ジアゾジニトロフェノール　　35
死圧　　38, 41, 232
死圧現象　　86, 149, 228
シアピン分離　　135
ジェットタッパー　　274
シクロテトラメチレンテトラニトラミン
　　33
シクロトリメチレントリニトラミン　　31
シクロナイト　　31
時限信管　　125

試験爆薬　　189
自己鍛造破片弾　　275
仕事効果　　177
仕込み　　51
示差走査熱量測定（DSC）　　175
示差熱分析（DTA）　　175
地震探鉱用電気雷管　　103
自然爆発　　155
自然分解　　19, 26, 155
事前測合　　126
湿餅混和　　64
実包　　7
実包火薬庫　　196
湿綿薬　　18, 19, 64
自動車用エアバッグガス発生器　　137
シーベルト引張り固定器　　138
地盤振動　　259
ジフェニルアミン　　50, 155
弱装薬　　222
弱電管試験　　170
弱綿薬　　16, 19
煮洗　　17
周縁発火型　　120
銃撃感度試験　　164
銃砲用雷管　　121
自由面　　221, 227
充填度係数　　261
熟成　　56
銃用雷管　　40, 41
受爆薬　　166
シュルツェ火薬　　48
殉爆　　166
殉爆感度　　167
殉爆距離　　167
殉爆試験　　163, 165, 166
殉爆度　　167
瞬発信管　　125
瞬発電気雷管　　102
硝安爆薬　　91

296　　　　　　　　　　索　引

硝安油剤爆薬　　9, 12, 78, 83, 229, 231
焼夷剤　　11, 115, 118
焼夷弾　　115
焼夷爆弾　　118
消炎剤　　50, 59, 63
小火器弾薬　　115
小ガス炎試験　　177
硝化綿　　15
小径導爆線　　134
衝撃感度　　162
衝撃効果　　182
衝撃騒音計　　265
衝撃波　　6, 146
硝酸アンモニウム　　6, 42, 69, 79, 83, 86, 91, 132
硝酸エステル　　151, 155, 157
硝酸エステル化　　20
硝酸カリウム　　11, 45
硝酸グアニジン　　42, 132, 137
硝酸ナトリウム　　45
硝酸法　　31
照明剤　　126
照明弾　　126
植樹発破　　246
指令（コマンド）誘導　　118
信管　　6, 31, 124
シングルベース発射薬　　50
シングルベース無煙火薬　　11
腎結石破砕装置用火工品　　138
信号焔管　　139
信号火箭　　139
信号弾　　126
信号雷管　　139
震天雷　　12
振子摩擦感度試験　　173
振動燃焼抑制剤　　63, 69
心抜き発破　　231
心薬　　26, 111, 114

水圧　　46
水圧信管　　125
推進効果　　177
推進的爆発　　6, 62
推進薬　　8, 62
水洗　　17
水蓄火薬庫　　196
水中穿孔発破　　248, 250
水中吊し発破　　248, 250
水中爆力試験　　184
水中発破　　247
水中張付け発破　　248, 250
水中油型含水爆薬　　89
スクイブ　　129
スター内面燃焼方式　　144
スタンドオフ　　272
スチフニン酸鉛　　38
捨て導火線　　208
ストレートダイナマイト　　77, 79, 80
スネークホール法　　242
スパイラルカット　　232
スーパーレート燃焼　　145
スポーリング　　268, 275
スムースブラスティング　　241
スラグ　　271, 272
スラリー型　　89
スラリーキャスト方式　　66, 67
スラリー爆薬　　86

正起爆　　189, 229, 230
制御発破　　229, 240
制御発破用コード　　114
成型爆薬　　134
成形りゅう弾　　275
精洗　　18
静的効果　　177
静電気測定器　　210
斉発　　107
精密騒音計　　265

索　引

脆綿薬　　16, 19
赤熱鉄鍋試験　　177
赤熱鉄棒試験　　177
接触感応　　126
切羽　　231
セリウム－鉄火花試験　　177
セルウィヒ・ランゲ式　　17
セルロースナイトレート　　15
穿孔法　　242
旋条　　63
尖頭圧　　147
旋動式ロケット弾　　118
セントラリット　　49, 155
閃絡表示器　　139

騒音計　　265
造粒　　46
塞栓　　104
速火線　　47, 112, 113
側溝発破　　246

た 行

第1種導爆線　　114
耐火感度試験　　176
耐水試験　　110
耐静電気雷管　　103
対戦車りゅう弾　　275
ダイナマイト　　2, 9, 77, 78
第2種導爆線　　114
耐熱試験　　158
耐熱電気雷管　　40, 103
耐熱雷管　　38
ダークゾーン（暗黒層）　　141
ダブルベース発射薬　　54
ダブルベース無煙火薬　　11
弾丸　　120
単孔管状薬　　142
単孔内面燃焼方式　　144
炭じん試験　　190

弾着標示薬　　47
弾底信管　　125
弾道臼砲試験　　181
弾道臼砲比　　181
弾頭信管　　125
弾道振子試験　　180
段発電気雷管　　103
段別爆発試験　　110
端面燃焼方式　　144
弾薬　　115

窒素量　　15, 16, 18, 19, 51, 79
着色照明剤　　126
着発信管　　125
着火試験　　176
チャンネル効果　　217, 228
注型　　73
中間起爆　　230
中空粒子　　89
注型法　　66
中心発火型　　120
超高圧プレス法　　285
直線爆轟波　　279
直填法　　71
直並列結線　　108
直列結線　　108
チリ硝石　　45

土発破　　246
トラウズル試験　　179

定温加熱発火点試験　　174
低温希釈法　　32
抵抗測定器　　209
定速加熱発火点試験　　173
低速爆轟　　150
低爆速　　23
デカップリング　　228
適正装薬　　222

デッキチャージ　237
徹甲弾　115, 116
テトラセン　40
テトラゾール化合物　132
テトラニトロメチルアニリン　29
テトリル　29
デュポン式　16, 17
転移点　79
点火時間　106
点火点爆薬類　9
点火電流試験　110
電気火管　122
電気信管　126
電気導火線　113
電気発破　208
電気発破器　209
電橋切断時間　107
電気雷管　7, 102
填塞　225
填塞係数　222, 224, 225
添装薬　7, 31, 100
点爆時間　107
伝爆薬　9, 30

導火管システム　138
導火管　138
導火線　7, 47, 111
導火線庫　196
導火線試験　176
導火線発破　207
銅柱試験　183
導通検査　106
導通試験　209
導通試験器　209
導爆線　7, 114
導爆線発破　211
特定無煙火薬判定用鋼管試験　170
ドートリッシュ法　186
飛石　268

トーホール　236
トムソン式　17
トリシネート　38
トリニトロレゾルシン鉛　38
トリプルベース発射薬　43, 59
トレンチ発破　246
鈍性爆薬試験（ハイド法）　101

な 行

内外面燃焼方式　144
内管　100, 105
内部装薬法　248
ナサン式　20
7孔管状薬　142
75℃安定度試験　160
軟質成形爆薬　273

2級火薬庫　196
二次爆薬　6
22 mm 鋼管試験　168
28 mm 鋼管試験　167
二硝酸グリコール　23
二硝酸ジエチレングリコール　49
2成分系爆薬　95
ニトラミン系推進薬　74
ニトロ化合物　80
ニトログアニジン　42
ニトログリコール　23, 77, 78
ニトログリセリン　2, 6, 11, 19, 54, 59, 77
ニトロゲル　23, 77, 78
ニトロゲル系ダイナマイト　78
ニトロセルロース　2, 15, 50, 54, 59, 77
二味混和　46
入射圧　253
2, 4, 6-トリニトロトルエン　26
2, 4, 6-トリニトロフェニルメチルニトラミン　29
2, 4, 6-トリニトロフェノール　41

索　引

捏延　56, 57, 65
捏和　51, 55, 66, 82
熱感度　173
燃焼機構　141, 146
燃焼触媒　63, 71
燃焼速度　141
燃焼波　141, 146
燃焼秒時　113
燃焼秒時試験　215
燃焼表面　141, 146
燃焼抑制剤　59
燃速　141
粘着りゅう弾　275
粘稠剤　88
燃料兼結合剤　62

ノイマン効果　271

は　行

バインダー　62, 69, 93
配合　51
ハイド法　101
パイロキシリン　15
破壊効果　153, 182
破壊薬　9
爆轟波　147
迫撃砲弾　116
爆轟　6, 141, 146
爆轟圧　147, 153, 253
爆轟圧力　153
爆轟性　88
爆轟速度　3, 141, 148, 186
爆轟伝播　91
爆轟中断　217, 228, 230
爆轟頭　148
爆轟波　141, 147
爆轟反応　3
爆速　3, 141, 148, 186

爆弾　7, 117
爆燃　6, 141
爆発　1
爆発圧搾　284
爆発圧着　281
爆発温度　80, 178
爆発加工　277
爆発硬化　284
爆発合成　285
爆発時間　107
爆発始動ピストン　131
爆発衝撃　163
爆発成形　280
爆発性物質　1, 87
爆発接合　283
爆発穿孔器　274
爆発騒音　263
爆発ナット　134
爆発熱　4
爆発反応　4, 6
爆発物　1
爆発ボルト　133
爆破　221
爆破薬　9, 31
爆破薬起爆用雷管　138
爆破薬系列　97
爆風　253
爆力　80, 82, 88
爆薬　5, 6
爆薬レンズ　280
破砕　46
8号雷管　100
発煙剤　128
発火点試験　173
抜根発破　247
発射薬　8, 48
発射薬系列　98
発熱剤　88
発破　3, 9, 11, 47, 207, 208, 211, 221

発破器能力試験器　210
発破係数　222, 224
発破母線　209
発破用爆薬　78, 85
払い発破　231, 233
バラ状薬　142
パラレルカット　232
張付け法　242
パワーカートリッジ　129
反応帯　147
半起縁　120
半固定弾　117
反射圧　253

比エネルギー　177
光ファイバー法　187
ピクリン酸　41
比推力　70
ピストン　131
ビックフォード式　112
ひも状薬　142
標準装薬　222
表面膠化　52
ピラミッドカット　232
ピンプラー　131

フィズゾーン（発泡層）　141
風晒　53
不揮発性溶剤火薬　49
不均質型推進薬　62
普通弾　115
物理的爆発　1
不凍ダイナマイト　78
不透明化剤　63
不爆　217
不発　214
ブラスティングゼラチン　78, 80
プラトー燃焼　145
プリズムカット　232

プリル硝酸アンモニウム　85
プレスプリッティング　240
プログラム誘導　118
ブロックボンディング法　71, 73
分散装薬　237
粉状ダイナマイト　78, 80
分離装填弾　117
分離促進剤　20
分離弾　117

平面爆轟波　279
平面波法　285
並列結線　108
ヘキソーゲン　31
ヘス猛度試験　182
蛇穴法　242
ベローズ　131
ペンスリット　24
ペンタエリスリトールテトラナイトレート　24
ベンチ発破　235
ペントライト　26

保安距離　191, 200
保安物件　191
放出薬　47
砲弾　7
法定安定度試験　157
爆粉　41, 121, 122
補助母線　209
ホットスポット　152
ポットライフ　71
ホプキンソン効果　275
ホーミング誘導　118
ポリウレタン　70
ポリエステル　70
ポリエチレン　70
ポリブタジエン　69
本圧　51

ボンディング剤　69

ま　行

摩擦火管　122
摩擦感度　171
松ダイナマイト　78, 80
マルチベース発射薬　59

ミサイル　118
溝堀発破　246

無煙火薬　6, 19, 48
無延期信管　125
無ガス延時薬　2, 104
無起縁　120
無水酢酸法　32
無溶剤圧延法　58
無溶剤圧伸法　55
無溶剤火薬　49
無溶剤法　64

迷走電流検知管　209
メサ燃焼　145
メタルジェット　282
メチルバイオレット試験　161
綿火薬　15
綿薬　15

猛度　153
木炭　45
モーターケース　71
モンロー効果　134, 271

や　行

薬厚　143
薬粒　142
薬きょう　119

有翼式ロケット弾　118
遊離酸試験　158
油剤　85, 89
油中水型含水爆薬　89
ユニバーサル式　112

予圧　51
溶剤圧延法　58
溶剤圧伸法　50, 55, 59
溶剤法　65
溶填　29
溶融填薬　120
予混和　72
予洗　21
予捏和　82
四硝酸ペンタエリスリトール　24
400グラム爆薬　189

ら　行

雷管　6
雷管起爆感度試験　167
雷こう　11, 42
ライナー　271
ラインドリリング　240
落つい感度試験　163
ラジカル分解　155

離型　67
理想爆速　149
りゅう弾　116
猟用黒色火薬　45, 48
猟用装弾　136
臨界ギャップ長　166
臨界点火エネルギー　107
臨界薬径　149

励爆薬　166
レストリクター　57

漏洩（迷走）電流検知器　209
老化　83
漏斗孔　221
漏斗半径　221
6号雷管　100
六硝酸ジペンタエリスリトール　26

ロケット　6
ロケット弾　118
ロッド分離　135
600グラム爆薬　189
ロングヒューズ　114

〈著者略歴〉

中原正二（なかはら・しょうじ）
- 1953 年　東京大学工学部応用化学科火薬学専修卒業
- 1953 年　日本化薬株式会社入社
- 1961 年　工学博士
- 1984 年　防衛大学校化学教室勤務　教授（火薬及び爆薬系列担当）
- 1994 年　退官

蓮江和夫（はすえ・かずお）
- 1973 年　早稲田大学大学院理工学研究科修士課程応用化学専攻修了
- 1973 年　防衛大学校化学教室勤務（火薬及び爆薬系列担当）
- 1991 年　工学博士
- 1999 年　防衛大学校　教授（火薬学分野担当）
- 2013 年　退官

甲賀　誠（こうが・まこと）
- 1987 年　防衛大学校本科理工学専攻応用化学科卒業
- 1994 年　防衛大学校化学教室勤務
- 1999 年　博士（工学）
- 2013 年　防衛大学校　教授（火薬学分野担当）

伊達新吾（だて・しんご）
- 1998 年　東京大学大学院工学系研究科化学システム工学専攻博士課程修了　博士（工学）
- 1998 年　防衛大学校化学教室勤務
- 2010 年　防衛大学校　准教授（火薬学分野担当）

新編 火薬学概論
2014 年 4 月 10 日　初　版
2025 年 2 月 20 日　第 2 刷

著　者　中原正二・蓮江和夫
　　　　甲賀　誠・伊達新吾

発行者　飯塚尚彦

発行所　産業図書株式会社
　　　　〒102-0072 東京都千代田区飯田橋 2-11-3
　　　　電話　03(3261)7821(代)
　　　　FAX　03(3239)2178
　　　　http://www.san-to.co.jp

装　幀　菅　雅彦

印刷・製本　平河工業社

Shoji Nakahara
Kazuo Hasue
© Makoto Kohga　2014
Shingo Date

ISBN978-4-7828-2616-4 C3058